W0403632

Dr. Michael Bax, Hans-Rudi Bratschke, Michael Gollert,
Harald Mertins, Eckart Pflüger,
Susanne Rautmann, Klaus Rieckmann,
Bernd-Wolfgang Vahldiek, Dieter Vorrath

Trio 1

Geschichtlich-soziale Weltkunde

Neubearbeitung

Haide Wellenreuther
Sept. 2002

Schroedel

Autoren:
Dr. Michael Bax,
Hans-Rudi Bratschke,
Michael Gollert,
Harald Mertins,
Eckart Pflüger,
Susanne Rautmann,
Klaus Rieckmann,
Bernd-Wolfgang Vahldiek,
Dieter Vorrath

in Zusammenarbeit mit der Verlagsredaktion

Zu diesem Schülerband gibt es
einen Lehrerband mit Arbeitsblättern, Best-Nr. 36031

CHLORFREI

Gedruckt auf Papier, das nicht mit Chlor gebleicht wurde. Bei der Produktion entstehen keine chlorkohlenwasserstoffhaltigen Abwässer.

ISBN 3-507-36029-2

© 2002 Schroedel Verlag GmbH, Hannover

Alle Rechte vorbehalten. Dieses Werk sowie einzelne Teile desselben sind urheberrechtlich geschützt. Jede Verwertung in anderen als den gesetzlich zugelassenen Fällen ist ohne vorherige schriftliche Zustimmung des Verlages nicht zulässig.

Druck A $^{5\ 4\ 3\ 2\ 1}$ / Jahr 2006 2005 204 2003 2002

Alle Drucke der Serie A sind im Unterricht parallel verwendbar, da bis auf die Behebung von Druckfehlern untereinander unverändert. Die letzte Zahl bezeichnet das Jahr dieses Druckes.

Umschlag: Janssen Kahlert Design & Kommunikation, Hannover
Zeichnungen: P. Langner, Hannover; D. Griese, Hannover; G. Wandrey, Hemmingen
Karten: Freier Redaktionsdienst, Berlin; Heidolph, Eching
Satz: Utesch GmbH, Hamburg
Druck: Universitätsdruckerei Stürtz, Würzburg

An dieser Stelle wird eine bestimmte Arbeitstechnik oder ein bestimmtes Verfahren vorgestellt. Nach dem vorgestellten Beispiel lassen sich ähnliche Arbeitsaufgaben besser und leichter lösen. Fach- und Methodenkompetenz werden so gefördert.

Spielerisch kannst du auf diesen Seiten das Gelernte noch einmal überprüfen, z. B. mit Aufgaben oder Rätseln. Außerdem kannst du dir zusätzliches Wissen aneignen.

Inhalt

Liebe Schülerinnen, liebe Schüler!

Eines der zentralen Ziele der Schule ist es, euch Selbstständigkeit und Selbsttätigkeit zu vermitteln. Um selbstständiges Arbeiten in vielen Unterrichtsfächern zu lernen, ist das **Methodenlernen** eine wichtige Voraussetzung.

Dieses Buch will euch **wichtige Methoden** für die Arbeit im Unterricht vorstellen, die ihr in vielen Fächern anwenden könnt.
Methoden und Arbeitstechniken werden dabei in einer sinnvollen Schrittfolge vorgestellt. Die Methoden machen euch mit den *elementaren Lern-, Arbeits-, Kommunikations- und Kooperationstechniken* vertraut.

Die nachfolgende Übersicht zeigt euch, welche Methoden wir in diesem Lern- und Arbeitsbuch vorstellen. Die Übersicht ist nach den Fächern und dem fachübergreifenden Bereich gegliedert.

Fach	*Kapitel* (Kurztitel)	Methode	Seite im Buch
Geografie	**Unsere Region**	Erkundung – Tatort Schule	16/17
		Wir erstellen eine Wandzeitung	18/19
	Naturkatastrophen	Wir bauen ein Vulkanmodell	109
		Wir messen die Fließgeschwindigkeit eines Baches	112
	Regenwald	Wir zeichnen und lesen ein Klimadiagramm	120/121
	Tourismus	Der Gemeinderat tagt	218/219
	Landwirtschaft	Wir erkunden einen Bauernhof	226/227
Geschichte	**Mittelalter**	Bildarbeit – Die Kaufleute	28/29
	Streit	Wir werten historische Texte aus	42
	Kolonialismus	Wir entschlüsseln Geschichtskarten	56/57
		Wir führen eine Erkundung durch *(Obst im SB-Markt)*	67
	Industrialisierung	Wir lesen eine Wirtschaftskarte	153
		Wir zeichnen ein Kreisdiagramm	163
Sozialkunde	**Massenmedien**	Wir erstellen ein Medientagebuch	73
	Das will ich …	Das Rollenspiel	97
	Fremde	Wir interpretieren Karikaturen	175
	Politische Mitbestimmung	Planspiel – Der Gemeinderat fasst einen Beschluss	206/207

Unsere Region – Entwicklung auf Kosten der Umwelt?

6.1 Gewerbegebiet in Pattensen, Niedersachsen 1995

7.1 … und im Jahr 2002

Umweltprobleme in unserer Gemeinde

Neues Wohn- und Gewerbeviertel
Der Rat der Stadt beschließt den Bebauungsplan

Baubeginn des „Technologie- und Gründerzentrums Oldenburg" im Sommer 2002
4000 m² entstehen im ersten Bauabschnitt

Ausbau der Hauptstraße beschlossen
Alleebäume werden gefällt

Neue Umgehungsstraße dem Verkehr übergeben

Neustadt plant einen neuen Industriepark

Die neue Mülldeponie wird eröffnet

Firmen begrüßen Anbindung an die Autobahn

8.1 Zeitungsmeldungen

Unsere Gemeinde – ein Standort mit Zukunft!?

Unsere Kommunen und Gemeinden stellen sich heute dem Besucher im Internet und mit Prospekten vor. Hier werden wichtige Veränderungen der letzten Jahre hervorgehoben. Besonders betont werden die wirtschaftlichen Errungenschaften: Ansiedlung wichtiger Industrien, stadtnahe Einkaufparks mit Supermärkten, Einrichtungshäusern, Tankstellen sowie Gaststätten, Restaurants und Hotels. Wichtig für die Selbstdarstellung ist auch die verkehrsgünstige Lage für den Verkehr: eine gute Anbindung an Autobahnen, Bundesstraßen, Flughäfen und ICE-Strecken der Bahn.

Städte und Gemeinden wollen wachsen. Deshalb weisen sie Neubaugebiete aus, um so junge Familien mit Kindern anzuziehen. Hier planen die Verwaltungen dann auch neue Kindergärten und Schulen sowie Straßen. In den Städten werden Straßen verbreitert und Parkhäuser errichtet, damit die Menschen aus der Umgebung bequem und gut in der Innenstadt einkaufen können. Touristen werden mit Freizeitangeboten, z. B. mit einem Spaßbad oder einem nahe gelegenen Freizeitpark angelockt.

Folgen und Auswirkungen

Die Veränderungen in unseren Städten sind für ihre Einwohner wichtig und nützlich. Aber sie bringen auch Probleme und Gefahren für den Menschen und die Umwelt mit sich. Durch den Bau von Straßen, Parkplätzen, Industrieanlagen und Wohngebieten werden immer mehr Flächen versiegelt, d. h. sie werden bebaut oder asphaltiert und betoniert.
Dadurch verschwinden in den Städten oft Bäume und grüne Flächen. Felder und Wiesen werden durch die Ausdehnung der Städte zurückgedrängt. Autos sorgen für mehr Lärm und schlechtere Luft. Darunter haben besonders die Kinder und die alten Menschen zu leiden. Die Haushalte und Industrieanlagen erzeugen Abwässer, die in neuen größeren Kläranlagen gereinigt werden müssen. Und überall entstehen große Müllmengen, die gesammelt und entsorgt werden müssen.

Durch die Verschmutzung von Luft, Wasser und Boden entstehen große Umweltprobleme, mit denen sich die Menschen in den Städten auseinander setzen müssen.

1. Mit welchem Bild verbindest du ein bestimmtes Umweltproblem in deiner Gemeinde?
2. Beschreibe die Auswirkungen auf Mensch und Natur.

Müll gibt es überall

Woher kommt der Müll?
Die Klasse 7 b setzte sich in einem Projekt ausführlich mit dem Thema „Der Müll in unserer Gemeinde“ auseinander. Eine Schülergruppe befragte den Umweltbeauftragten, Herrn M., zu dem Thema:
„Woher kommt eigentlich der viele Müll?“

Der Umweltbeauftragte, Herr M., antwortete:

„Durch den Wohlstand sind wir zu einer Wegwerfgesellschaft geworden. ‚Ex und hopp‘ ist heute die Devise.

Die Industrie will durch immer neue und interessante Produkte Käufer an sich binden. Wir, die Verbraucher, kaufen neue technische Geräte, weil dies billiger ist als die Reparatur der alten Geräte. Möbel und Kleidung wandern auf den Müll, weil sie uns nicht mehr modisch genug erscheinen.
Im Supermarkt kaufen wir Fleisch, Gemüse, Milchprodukte und andere Produkte. Gleichzeitig kaufen wir die Verpackung mit, die Folie, in die die Gurke eingeschweißt ist, die Plastikschale, in der der Braten folienverschweißt liegt. Plastikbecher für Milch, Jogurt und Sahne. Alles soll hygienisch verpackt und leicht zu transportieren sein.
Wir trinken aus Dosen, damit wir keine leeren Flaschen zurückbringen müssen. Wir kaufen leichte Einwegkameras, die nach der Belichtung eines Films weggeworfen werden.“

Die Folge ist: Die Müllberge wachsen ständig. Würden wir in Deutschland allen Müll zu einem Berg aufschütten, so würde ein Müllberg in der Höhe des Montblanc (4807 m) entstehen. Im Jahr 2000 entfielen z. B. auf jeden Bundesbürger ca. 420 kg Hausmüll.

Der niedersächsische Müllberg/Abfallaufkommen (öffentliche Abfallentsorgung 1998)		
Abfallart	**Menge in Mio t**	**Anteil in %**
Hausmüll	1,42	27
Sperrmüll	0,41	8
Hausmüllähnliche Gewerbeabfälle	0,71	13
Wertstoffe	2,13	41
Schadstoffe	0,01	< 1
Sonstige Siedlungsabfälle und ähnliche Abfälle	0,57	11
Gesamtaufkommen	**5,24**	
(Niedersächsisches Umweltministerium, Niedersächsische Abfallbilanz 1998)		

10.1,2 *Pralinen verpackt und unverpackt*

1. Welches sind nach Meinung des Umweltexperten die Gründe für die wachsenden Müllberge?
2. Nennt Waren, die aufwendig verpackt sind.
3. Suche Beispiele für die angeführten Abfallarten (Tabelle). Informiere dich dazu bei der Abfallberatung deiner Gemeinde.

Müll in unseren Haushalten

In einem 4-Personen-Haushalt sammeln sich jährlich ca. 1500 kg = $1^1/_2$ Tonnen Müll an. Damit nicht der gesamte Müll auf einer Mülldeponie landet, sollten die Abfälle bereits in den Haushalten getrennt werden.

So wird unser Hausmüll getrennt

Restmüll (11 %)
ist alles, wofür es kein Sammelsystem gibt.
Er kommt in die graue Tonne oder einen grauen Plastiksack.

Sperrmüll
besteht aus größeren Gegenständen (z. B. Möbel, Bettgestelle, Regale, Stühle ...) ,die zu bestimmten Zeiten abgeholt werden können.

Biomüll (40 %)
besteht aus Stoffen, die biologisch abbaubar sind.
Sie werden in der grünen Biotonne entsorgt.

Alttextilien (2 %)
wie Hosen, Pullover oder Schuhe können zu besonderen Sammelstellen gebracht werden.

Sondermüll
z. B. Farben, Lacke und nicht verbrauchte oder alte Arzneien müssen bei besonderen Sammelstellen abgegeben werden.

Verpackungsmüll (47 %)
besteht aus den unterschiedlichsten Verpackungsmaterialien wie Glas, Papier, Pappe, Karton, Weißblech, Aluminium, Kunststoffe.
Sie werden in Glas- und Papiercontainern bzw. im „Gelben Sack" gesammelt.

Von Stadt zu Stadt, von Landkreis zu Landkreis gibt es unterschiedliche Behälter und Sammelsysteme.

1999 verbrauchte jeder Bundesbürger ca. 90 kg Verkaufsverpackungen

Davon entfielen auf:

Glas	48 kg
Papier, Pappe	19 kg
Kunststoff	12 kg
Weißblech	9 kg
Aluminium	1,5 kg
Sonstiges	0,5 kg

1. *„Mülltrennung sorgt für eine Entlastung der Mülldeponien."* Erkläre!
2. Wie kannst du den Verpackungsmüll verringern?

Wohin mit dem Müll?

Wir erkunden wie Müll in unserer Gemeinde gesammelt wird

Die Schüler der Klasse 7 b wollten ihre Mitschüler und Mitschülerinnen informieren, wo in ihrer Umgebung der Müll gesammelt oder abgeliefert werden kann.

Auf einer Lageskizze verzeichneten sie alle Sammelstellen in ihrem Wohnviertel. Sie erstellten für jede Sammelstelle einen Steckbrief und machten auf Fotos deutlich, ob sie auch sauber gehalten werden. Anschließend markierten sie die Lage ihrer Wohnungen. So konnte jeder Schüler sehen, welche Sammelstellen in seiner Nähe liegen.

Sammelstelle für Textilien und Schuhe

Sammelstelle für Altglas

Bioabfall, Restmüll und Verpackungen warten auf die Müllabfuhr.

Hier wird Metallmüll abgeholt.

Steckbrief

Sammelstelle an der Alexanderstraße:

Hier wird in einem großen Container Altpapier gesammelt. Es können auch größere Verpackungen eingeworfen werden. Gute Parkmöglichkeiten. Leider wird oft etwas daneben gestellt, wenn der Container voll ist.

Hier wird der Sperrmüll abgeholt.

So könnt ihr vorgehen:

1. Bildet Schülergruppen eines Wohnviertels.
2. Erstellt eine Lageskizze oder klebt den entsprechenden Ausschnitt aus dem Stadtplan auf.
3. Markiert eure Wohnungen.
4. Wo befinden sich die Sammelstellen?
5. Erstellt für jede Sammelstelle einen Steckbrief.
6. Was muss ich unternehmen, damit der Sperrmüll eingesammelt werden kann?
7. Wo gibt es in eurer Umgebung „wilde Müllhalden“?

Abfallbeseitigung in der Gemeinde

Wir werfen den Müll in die Tonne. Dann kommt die Müllabfuhr, leert die Tonne und wir sind den Müll los. Doch für die Gemeinde beginnt nun die Entsorgung.

Der meiste Müll landet auf Mülldeponien. Weiterer Müll wie z. B. Glas, Papier und Plastik wird in Recycling-Verfahren weiterverarbeitet.
Müll wird auch in Verbrennungsanlagen verbrannt und in Kompostierungsanlagen für die Düngung von Böden vorbereitet.

14.2 Müllentsorgung in der Stadt

1. Wie wird bei euch in der Gemeinde Müll entsorgt?
2. An welchen Plätzen in eurer Gemeinde gibt es *wilde Müllberge*?
3. Erkundigt euch, wie eine Deponie aufgebaut ist.

14.1

Oft müssen neue Standorte für **Deponien** gesucht werden. Aber niemand will sie vor seiner Haustür haben, da die Geruchsbelästigung oft sehr stark ist. Die Anlagen müssen so angelegt werden, dass das **Sickerwasser** aufgefangen werden kann, um das Grundwasser zu schützen.

Einfälle statt Abfälle – Was kann ich tun?

Jute statt Tüte

Ich habe immer eine Jutetasche bei mir. Wenn ich einkaufe, kann ich auf Plastik- und Papiertüten verzichten. Der Wechsel von der Plastik- zur Papiertragetasche ist zwar umweltfreundlicher, aber kein großer Vorteil bei der Abfallentsorgung. Für größere Einkäufe nehme ich den Rucksack.

Die umweltfreundliche Federmappe

Meine alte Federmappe war die ***reinste Sondermülldeponie:*** Tintenkiller, Einwegkugelschreiber, lösemittelhaltige Filzstifte und Marker, Radiergummi aus PVC, Tintenpatronen.

Heute benutze ich unlackierte Blei- und Buntstifte, einen Federhalter mit nachfüllbarem Tank und Druckkugelschreiber mit auswechselbarer Mine. Als Textmarker habe ich einen fluoreszierenden Buntstift mit dem Umweltzeichen.

Umweltzeichen
weil aus 100 % Altpapier

Recycling-Papier

Beim Einkauf meiner Schreibhefte achte ich auf das Umweltzeichen. Ich weiß dann, dass meine Hefte aus Altpapier hergestellt wurden.

TRIO-Methode: Erkundung – Tatort Schule

Unsere Schule – eine „saubere“ Schule?
Jeden Tag das gleiche Bild in unseren Schulen:
Es ist Pause. Die Schüler drängeln sich am Schulkiosk. Sie kaufen Getränke, Süßigkeiten oder Puddingbecher. Andere stehen zusammen, verzehren ihr Pausenbrot und trinken aus ihren mitgebrachten Plastikflaschen.

Die Schülerinnen und Schüler bringen das Butterbrotpapier, die leere Getränkedose oder die Bananenschale zu den Abfallbehältern. Hier müssen sie darauf achten, dass sie den Müll auch richtig trennen. Das ist nicht immer ganz einfach.
Aber es bleibt auch häufig Papier liegen, manchmal sind es auch platt getretene Getränkedosen oder Tetrapacks. Der Ordnungsdienst sammelt dann den restlichen Müll auf.

16.1 *Der Pausenkiosk*

Wie ist es an eurer Schule? Ihr könnt in einem Projekt erkunden, wie an eurer Schule der Müll entsorgt wird. So könnt ihr vorgehen:

1. Vorbereitung und Planung
Zuerst werden schriftlich die Erkundungsziele festgelegt. Dabei geht es auch um die Suche nach sinnvollen Alternativen.

16.2 *Unsere Sammelbehälter für Müll*

Was interessiert uns?
(Bestimmung der Inhalte)

Zum Thema Müll:
- Einstellung von Schülern und Lehrern zur Müllsituation an der Schule *(Bin ich mit der Situation an der Schule zufrieden? Was stört mich?)*
- Frühstücksgewohnheiten der Schüler und Lehrer *(Was wird mitgebracht? Wie ist es verpackt? Was wird am Schulkiosk gekauft?)*
- Bestandsaufnahme zum Sammeln und Trennen von Müll *(Wie wird im Klassenraum, im Gebäude, auf dem Schulhof gesammelt und getrennt?)*
- Abfallbilanzen *(Welche Arten und Mengen von Müll fallen an?)*
- Entsorgung *(Wie wird entsorgt? Welche Kosten entstehen?)*

2. Durchführung

Auch die Durchführung muss gut geplant sein.
Unsere Leitfrage ist:

Wie gehen wir vor?
(Bestimmung der Untersuchungsmethode)

Wir können

- beobachten, wie die Schülerinnen und Schüler mit ihren Abfällen umgehen (auf dem Schulhof/vor dem Kiosk)
- Interviews durchführen (mit dem Hausmeister, Putzfrauen, der Schulleitung und dem Sekretariat)
- Umfragen durchführen (unter Schülern, Lehrern, Eltern)
- fotografieren (Das Angebot am Kiosk, unsere Müllcontainer und Abfallbehälter, Flure und Forum nach Schulschluss)
- skizzieren (Lageskizzen: Wo sind in der Schule welche Behälter aufgestellt?)
- protokollieren (mithilfe von Tabellen, Diagrammen oder Zustandsbeschreibungen)

Vorlagen für Untersuchungen und Umfragen findet ihr im Schülerarbeitsheft.)

3. Auswertung

Wie können wir unsere Ergebnisse veröffentlichen?
Geeignet sind: Wandzeitungen (s. S. 18/19), Informationsstände, Flugblätter, Aktionen

Kontakte:
- www.umweltschule.de
- Greenpeace: Tat-Ort Schule Müll. Berlin, Eigenverlag, 1998
- Jugendumweltbüro Göttingen, Güterbahnhofstr. 10, 37073 Göttingen

Pausenaktionen
Das alternative Frühstücksangebot
Der Tagesmüll auf einer Wäscheleine
Müllmonster und -skulpturen
Müllausstellung „Der Müllhimmel"
Modenschau mit Müllklamotten
Müllllieder nach bekannten Songs

Bei unserem weiteren Vorgehen müssen wir darauf achten, dass uns auch die Hilfsmittel zur Verfügung stehen (Fotoapparat, Recorder, Auswertungstabellen). Und zum Schluss noch ganz wichtig: Arbeiten wir einzeln, mit dem Partner oder in der Gruppe?

TRIO-Methode: Wir erstellen eine Wandzeitung

Euer Projekt oder eure Erkundung ist abgeschlossen. Jetzt wollt ihr die Ergebnisse veröffentlichen. Die Wandzeitung ist dafür ein sehr geeignetes Mittel.

Die Vorteile einer Wandzeitung sind:
- Sie ist ohne großen Aufwand herzustellen und verursacht geringe Kosten.
- Auf der Wandzeitung können Entwicklungen und Zusammenhänge gut verdeutlicht werden.
- Sie kann leicht umgestaltet oder mit zusätzlichem Material ergänzt werden.
- Sie kann bei verschiedenen Anlässen eingesetzt werden.

1. Vorbereitung

Es ist nicht immer leicht, alles Material und alle Ergebnisse, die ihr in einem Projekt oder während einer Erkundung zusammen getragen habt, auch zu veröffentlichen. Deshalb solltet ihr behutsam und in kleinen Schritten vorgehen:

1. **Material** zum Thema *zusammentragen*
   - Fotos, Tabellen, Texte, Schaubilder, Zeitungsausschnitte
   - Ergebnisse aus Interviews, Bücher aus Bibliotheken
2. **Material** *sichten* und *auswählen*
   - Welche Inhalte will ich vorstellen?
   - Sind die Bilder und Texte für jeden verständlich?

Erst dann geht es an die Gestaltung der Wandzeitung.

2. Gestaltung der Wandzeitung

Wir brauchen:
- eine freie Wandfläche im Klassenraum
- großflächiges Papier (Tapete, Packpapier, Tonkarton)
- Schreibmaterial, z. B. Stifte, Wachsmalstifte
- Arbeitsmaterial (Papier, Schere, Klebstoff, Klebeband)
- Prospekte, Aufzeichnungen, Notizen

1. **Material** *aufkleben* und *gestalten*
   - Material übersichtlich und gut lesbar anordnen.
   - Auf Sauberkeit achten.
   - Besonderheiten mit Farbstiften markieren.
2. **Ergänzungen und Erläuterungen**
   - Sie werden je nach Bedarf hinzugefügt.

Beim Aufbau der Wandzeitung solltet ihr bedenken:

- Überschriften machen neugierig.
- Bilder und Texte können erfreuen, erstaunen oder provozieren.
- Texte groß schreiben, damit sie gut gelesen werden können.
- Text und Bild müssen eine Einheit sein.
- Eine gute Gliederung unterstützt die Aussage.
- Hinweise auf Bücher und Anschriften regen an sich weiter mit dem Thema zu beschäftigen.

Die Gestaltung ist besonders wichtig!

Mit grafischen Symbolen, besondere Umrahmungen, Farbgebungen oder verschiedenen Schrifttypen könnt ihr auf **Dinge oder Aussagen** hinweisen, die euch besonders wichtig sind.

Hier findet ihr einige Anregungen.
Mit dem Computer und geeigneten Programmen habt ihr vielfältige Möglichkeiten der praktischen Umsetzung (s. unten).

⇳, {{, ✂, 👓, ☎, !

Schrift **Schrift** `Schrift`

Umweltbewusst leben!

Nicht nur reden, auch handeln! – Aber wie?

Strom ohne Netz: kein Problem – dank Batterien?
Aber: Batterien sind ein Problem!

Das müssen wir wissen!
2000 wurden in Deutschland über eine Milliarde **Batterien** verkauft.

Sie enthalten:
640 t Cadmium *(hochgiftig)*
3 t Quecksilber
11 t Silber
1050 t Nickel *(hochgiftig)*
4700 t Zink
Dazu kommen:
190 000 t Blei (aus Autobatterien)
Die in den Batterien enthaltenen Schwermetalle sind schädlich für die Umwelt und die Gesundheit der Menschen.

Wie sollen wir entsorgen?

- Batterien und Akkumulatoren nicht in den Hausmüll werfen!
- Dem Händler zurückgeben!
- Bei kommunalen Sammelstellen abgeben!

(Es besteht für den Käufer eine Rückgabepflicht und für den Verkäufer eine Rücknahmepflicht!)

1995 wurden in Oldenburg nahezu 15 t Hausmüll aus städtischen Park- und Grünanlagen entfernt. Im Bereich der Containerstellplätze mussten sogar neben wild abgestellten Altglas und Altpapier rund 12 t nichtgetrennter Hausmüll, Autoreifen, Autobatterien, Fahrräder u. ä. entsorgt werden.
(nach einer Pressemitteilung der Stadt Oldenburg vom 6. 12. 1996)

Leben in der mittelalterlichen Stadt

Und jetzt ist ein Lärmen und Schreien! Wie ein lautes Summen tönt das vielfache Rufen der Menschen über den Platz und wird von den Hausfronten zurückgeschlagen. In den Lärm mischt sich das Schnattern der Gänse, Kinder brüllen. (...)

„Kauft meine schönen Glasbecher!" ruft Lena laut. „Fünfzehn Pfennige das Stück!"

Sie muß den Mann am Nachbarstand übertönen, der mit schriller Stimme seine Krüge und Schüsseln feilbietet. „Irdenware" schreit er. Hier kauft man Irdenware, von der besten nur!". Gegenüber beim Stand der Trödlerin drängen sich die Leute. Es gibt dort Bänder und Garn in allen Farben zu kaufen, Schnallen und Häkchen und Heftlein, und glänzende Seidenbändel aus Italien ...

Lena wird es fast schwindelig, wenn sie daran denkt, was man damit alles nähen könnte.

Aber sie hat tatsächlich ein flaues Gefühl im Magen, es ist schon weit über die Mittagszeit, und sie hat heute außer Haferbrei noch kaum etwas gegessen. Jetzt weht der wunderbare Duft von frischgebackenen Brötchen über den Platz. Lena hält es fast nicht mehr aus.

Da – endlich sieht sie ihren Vater in der Menschenmenge. Er kommt zum Stand. „Es ist gut", sagt er „Du kannst jetzt gehen. Aber bleib nicht zu lang weg. Ich hab noch zu tun."

„Wie lief das Geschäft?" Lena lacht. „Nicht schlecht", sagt sie „Neun hab ich schon verkauft."

Lena drängt sich zwischen den Leuten hindurch über den Platz zur Seitengasse. Sie hat dort den Bäcker gesehen, der jeden Markttag hier ist. Er stößt seinen kleinen Ofen auf einem Karren vor sich her. Lena kauft eines der Brötchen, die eben frisch aus dem Feuer kommen. Ganz schnell muss sie hineinbeißen. Warmes Weißbrot! Gibt es etwas Besseres?

In der Trinkstube gleich nebenan geht es schon jetzt hoch her. Gelächter tönt aus der Tür, ein paar Männer prosten sich zu.

Im Vorbeigehen öffnet Lena ihre Geldkatze, die sie am Gürtel trägt, und wirft einem der Bettler, die dort hocken und ihre schorfigen Hände von sich strecken, einen Pfennig vor die Füße. Man muß barmherzig sein, wenn man in den Himmel kommen will ...

In der Nähe des Fischstandes stinkt es fürchterlich. Kein Wunder, bei dieser Hitze! Sie grüßt den Fischer freundlich. Und dort bei der Theke des Baders mit den Schröpfnäpfen, sitzt einer auf dem Schemel, hat das Maul aufgesperrt und jammert kläglich. Der Ärmste! Lena weiß aus eigener Erfahrung, wie schmerzhaft das Zahnziehen ist. Sie jedenfalls hielt es kaum aus vor Schmerzen, obwohl ihr der Bader zwei Zinnbecher Branntwein die Kehle hinunter geleert hatte, bevor er ihr den vereiterten Backenzahn zog.

(aus: Jörg Müller u. a., Auf der Gasse und hinter dem Ofen, Sauerländer, Frankfurt/M. 1995, o. S.)

Der Markt

Mittelpunkt des Lebens in der mittelalterlichen Stadt war der Markt. Mehrmals in der Woche wurde dort „Wochenmarkt" gehalten. Eine Marktordnung bestimmte, welche Waren zu welchem Preis verkauft wurden.
Alle Händler, Handwerker und Bauern erhielten nach Berufsgruppen geordnet ihre Stände in einer Reihe. So konnten sich Käufer und Käuferinnen besser zurecht finden. Es bildeten sich im Laufe der Zeit kleine eigene Märkte, deren Namen noch heute daran erinnern, z. B. Holz-, Korn- oder Fischmarkt.
Zugleich war der Markt aber auch Treffpunkt, wo man Bekannte traf und Nachrichten austauschte.

Die Gebäude am Marktplatz

Das wichtigste Gebäude am Marktplatz war das Rathaus. Seine Größe und kunstvolle Gestaltung waren Ausdruck des Reichtums einer jeden Stadt. Auf dem Platz mahnt das Marktkreuz während der Markttage zur Einhaltung des Marktfriedens. Wer die Marktordnung verletzte, konnte auf der Stelle verurteilt und zur Strafe an den Pranger, den Schandpfahl, gestellt werden.

Weitere Gebäude am Markt waren, abhängig von der Größe der Stadt, die Münze, die Fronerei (die städtische Polizei) und die öffentliche Waage. Die anderen Häuser am Marktplatz gehörten meist den angesehensten Familien der Stadt.

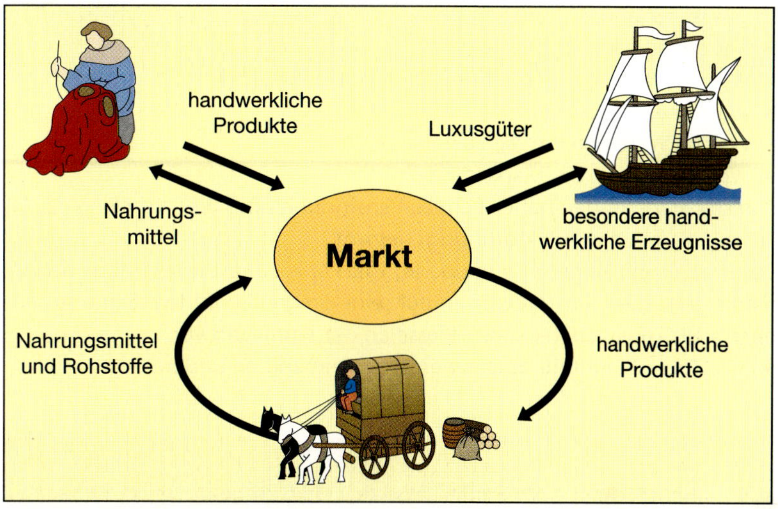

23.1 Der Markt als Handelsplatz

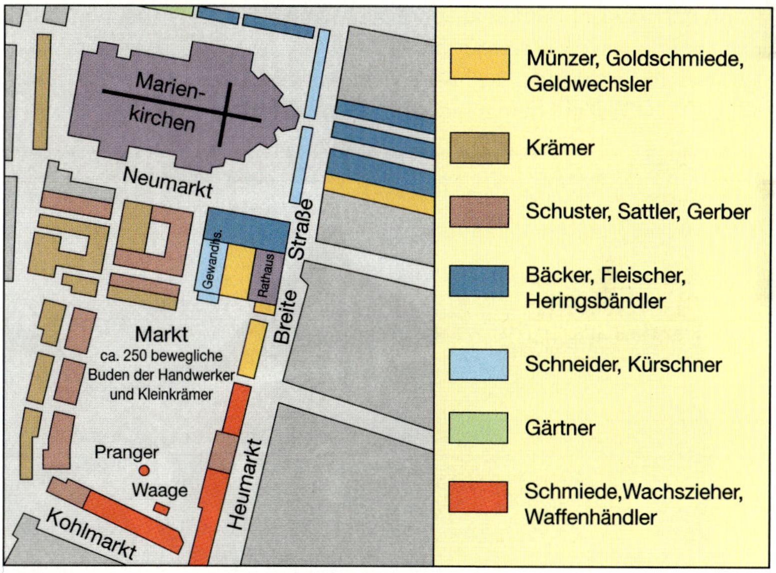

23.2 Der Marktplatz von Lübeck im 14. Jahrhundert

1. Überlege, warum Städte an den in Abb. 22.3 genannten Stellen entstanden.
2. Suche im Atlas Städte mit den Endungen: furt, burg, berg.
3. Was brachten die Handwerker und Bauern vom Markt mit?
4. Nenne alle im Text genannten Gebäude und Objekte des Marktes. Vergleiche mit Abb. 23.2.

Wir erkunden einen Wochenmarkt

Tobias ist 13 Jahre alt und Schüler einer 7. Klasse der Schule Wybelsum/Emden. Er will es genau wissen:

- Welche Händler sind heute auf dem Wochenmarkt?
- Wo stehen die Stände?
- Welche Waren bieten die Händler an?
- Wer kontrolliert die Marktstände?

Von der Stadt Emden hat er sich die Verordnung über die *„Regelung des Marktverkehrs"*, die heutige Marktordnung, besorgt.

Dann ist er mit seinem Fotoapparat, mit Papier und Bleistift über den Wochenmarkt gegangen, um Antworten auf seine Fragen zu finden. Seine Arbeitsergebnisse stellt Tobias später seiner Klasse an der Pinnwand vor.

So wie Tobias könnt ihr auch einen Wochenmarkt erkunden.

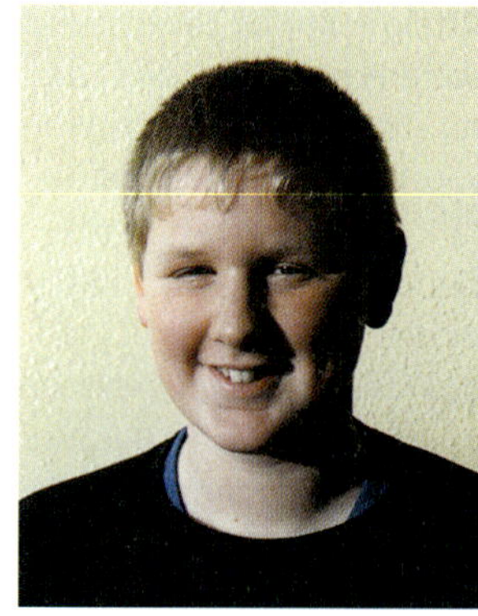

24.1 Tobias

Ich habe mich auf dem Emder Wochenmarkt umgesehen. Dort gibt es Stände mit den verschiedensten Waren: Es gibt drei Fleischer. Alle stehen mit der Rückwand nach Süden, damit die Sonne nicht in den Wagen scheint. Das ist besser für die Hygiene.

Es gibt fünf Obststände. Sie haben viele verschiedene Waren, z. B. Obst aus dem Alten Land, Salat aus Frankreich, Bananen aus Südamerika und Apfelsinen aus Spanien.

Es gibt zwei Pferdeschlachter und drei Fischwagen. Außerdem gibt es sechs Blumenstände und zwei Geflügelwagen, die dort ihren festen Stand haben. Wenn diese nicht da sind, dürfen dort die „fliegenden Händler" stehen.

Das Ordnungsamt und das **Veterinäramt** der Stadt Emden überwachen die Händler auf dem Markt. Wochenmarkt ist dreimal wöchentlich: jeweils von 8.00 bis 13.00 Uhr. Der Marktplatz ist dann für Autos gesperrt.

Das Ordnungsamt achtet sehr genau auf Sauberkeit. Die Händler müssen den Platz so verlassen, wie sie ihn vorgefunden haben.

Ich kaufe hier ein, weil die Ware frisch ist. Außerdem treffe ich immer viele Bekannte auf dem Markt und die Bedienung ist freundlich.

Woher kommen die Waren?

Blumen: eigener Anbau, Großgärtnerei, Versteigerung

Obst und Gemüse: eigener Anbau, Großhandel, Großauktionshallen

Käse: Holland, eigene Herstellung

Fleisch und Wurst: eigene Schlachtung

Fisch: eigener Fang und Zukauf in Auktionshallen

Geflügel: eigener Legebetrieb, eigene Schlachtung

Fliegende Händler: Zukauf, eigene Herstellung von Trockensträußen und Fensterbildern, Trödel

Das Veterinäramt kontrolliert in regelmäßigen Abständen die Fleischer und Fischhändler.

Verordnung über die Regelung des Marktverkehrs der Stadt Emden (gekürzt)

§ 2

Die Marktstände werden den Marktbeziehern von dem Marktmeister zugewiesen. Nach Möglichkeit erhalten die regelmäßigen Marktbezieher dieselben Standplätze …

§ 3

Marktbezieher … müssen richtige, … geeichte Maße, Waagen und Gewichte verwenden. Die Maße und Wiegevorrichtungen sind so aufzustellen, dass der Käufer das Messen und Wiegen nachprüfen kann.

§ 4

Jeder Marktbezieher muss an seinem Stand eine Tafel mit seinem vollen Namen und seinem Wohnort deutlich sichtbar anbringen.

§ 5

Alle zum Verkauf feilgehaltenen Nahrungs- und Genussmittel müssen sich auf sauberen Wagen, Karren, Tischen, in sauberen Körben … befinden … Personen, die Lebensmittel anbieten, müssen stets sauber gekleidet sein.

§ 6

Personen, die die Ordnung auf den Märkten stören oder den Anweisungen des Marktmeisters nicht Folge leisten, können … vom Markt verwiesen werden.

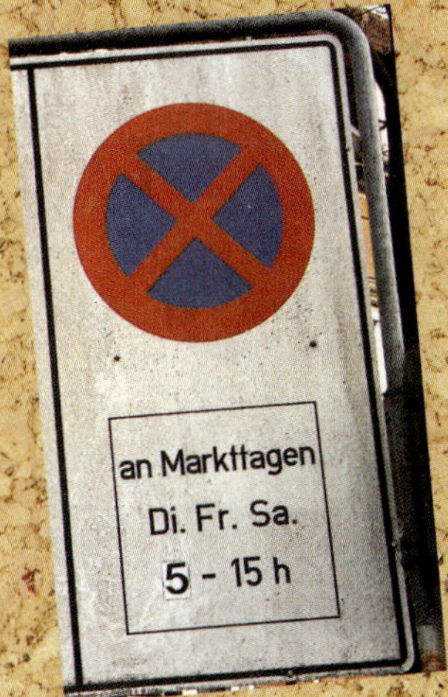

Heute werden die Waren nicht mehr mit lautem Schreien angeboten wie im Mittelalter.

Leben in der Stadt

Die Handwerker
Die Handwerker der Stadt schlossen sich zu Zünften zusammen. So schlossen sich zum Beispiel alle Bäcker zur Bäckerzunft, alle Schmiede zur Schmiedezunft oder alle Weber zur Zunft der Weber zusammen. Die Zunft bestimmte die genaue Anzahl der Meister, die in der Stadt arbeiten durften. Die Zunft legte die Anzahl der Waren, die ein Handwerker herstellen durfte, fest. Außerdem bestimmte sie die Preise, das Gewicht und die Qualität. So gab es keine Konkurrenz für die Handwerker, ihr Auskommen war gesichert.

Auch die Ausbildung hatten die Zünfte genau vorgeschrieben. Wer Lehrling werden wollte, musste ein Christ sein, ehelich und frei geboren worden sein. Der Lehrjunge zog aus seinem Elternhaus aus und lebte in der Familie seines Meisters. Für die Ausbildung hatten seine Eltern an den Meister ein monatliches Lehrgeld zu zahlen.
Nach einer zwei- bis achtjährigen Lehrzeit konnte der Lehrling Geselle werden. Ziel eines jeden Gesellen war die Meisterprüfung. Aber nur die Zunft konnte ihn zur Prüfung zulassen. Oft war die Heirat einer Meistertochter oder einer Meisterwitwe die einzige Möglichkeit für Gesellen Handwerksmeister zu werden.

Das Bürgerrecht
Heute haben die Menschen in der Stadt die gleichen Rechte und Pflichten wie die Menschen auf dem Land. Das war im Mittelalter anders. Die Menschen auf dem Land waren nicht frei. Wer aber in einer Stadt lebte, der war persönlich frei und keinem Herrn Untertan. So galt der Satz: „Stadtluft macht frei". Bürger konnte aber nicht jeder Bewohner einer Stadt werden. Nur wer reich genug war und der Stadt Steuern zahlte, durfte das Bürgerrecht erwerben.
Der Bürger durfte Grundbesitz kaufen und vererben. Und nur ein Bürger konnte bei Streitigkeiten vor dem Stadtgericht klagen. Mit diesen Rechten waren aber auch Pflichten verbunden. Ein Bürger musste seine Stadt mit Waffen verteidigen und beim Löschen von Bränden helfen.
Vom Bürgerrecht waren zum Beispiel Handwerksgesellen, Mägde, Knechte, Bettler, Henker und Totengräber ausgeschlossen.

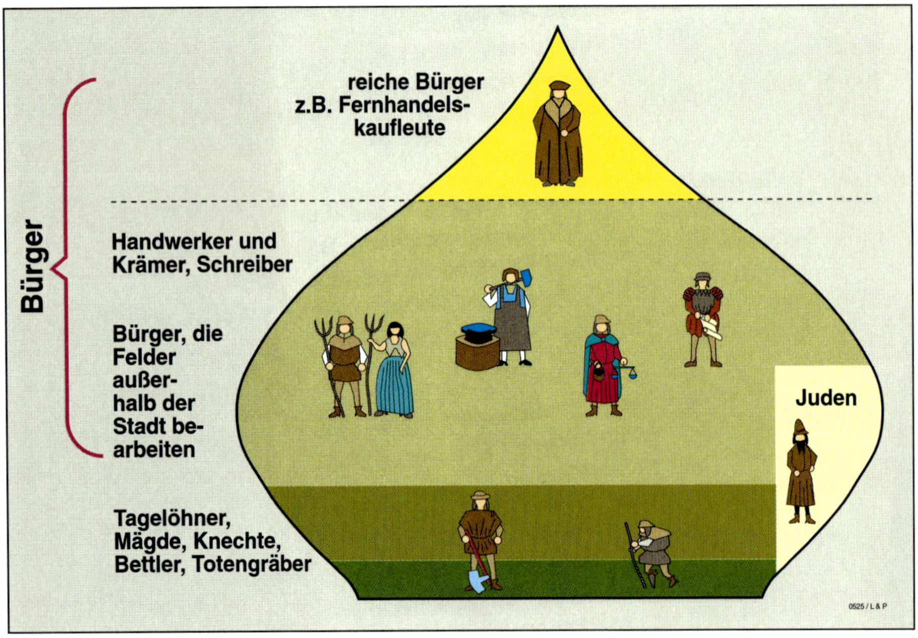

26.1 Soziale Stellung der Stadtbewohner

1. Erkläre den Satz:
„Stadtluft macht frei."
2. Notiere die jeweiligen Rechte und Pflichten eines Bürgers.
3. Was legte eine Zunft fest?

Gehörte ein Bürger in Göttingen einem zünftigen Handwerk an, so hatte er unter dem Kommando eines Ratsherren einen zugewiesenen Abschnitt der Stadtmauer zu verteidigen (siehe Abb. 25.2).

4. Lies anhand der Abbildung 25.1 ab, welche Zünfte es in Göttingen gab.
5. Welche Zünfte hatten den größten Anteil an der Verteidigung der Stadtmauer?
6. Suche die Wohnorte der jeweiligen Handwerker. Was fällt dir auf?

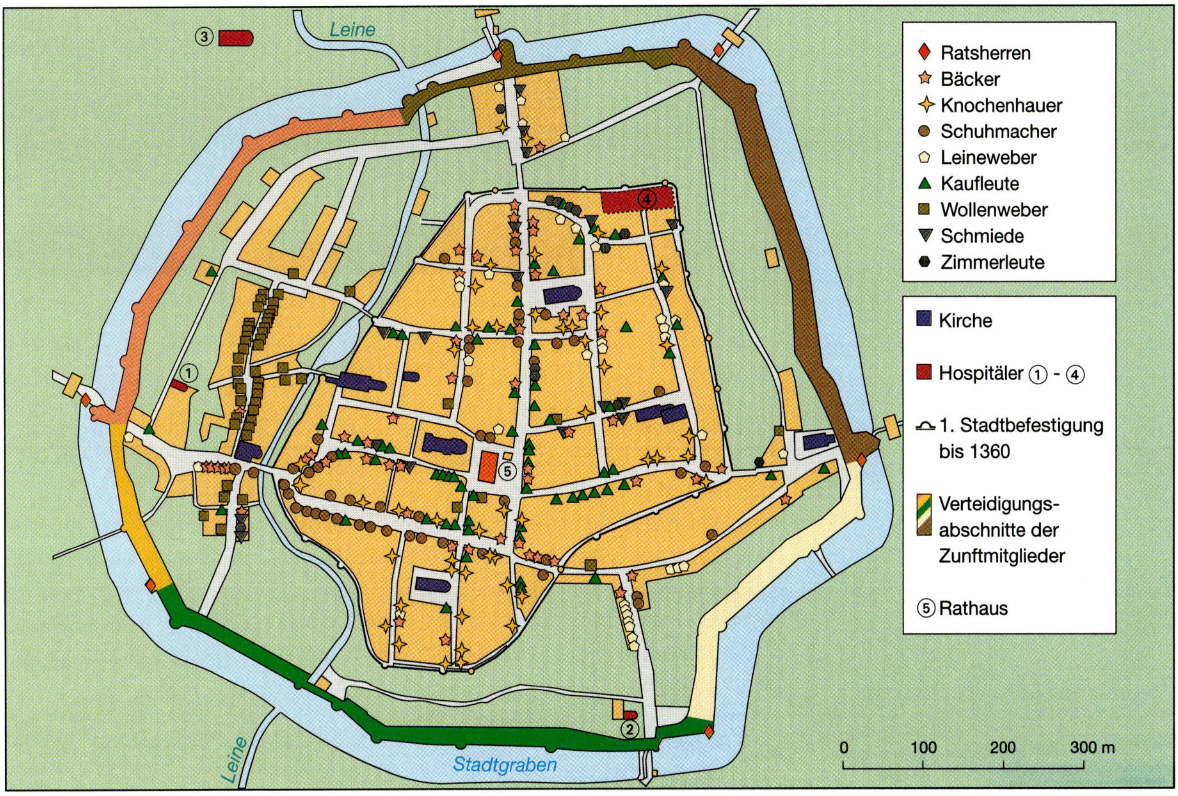

27.1 Stadtplan von Göttingen im Jahre 1459. Verteilung der Wohnorte und der Verteidigungsabschnitte Göttinger Zunftmitglieder

TRIO-Methode: Bildarbeit – Die Kaufleute

Die Kaufleute

Die reichsten und mächtigsten Bürger einer Stadt nannte man **Patrizier**. Die meisten von ihnen waren vermögende und einflussreiche Kaufleute.

Sie waren in Gilden zusammengeschlossen, um ihre Interessen besser vertreten zu können. Viele waren Fernhandelskaufleute, die in ganz Europa Waren kauften und verkauften. Sie gründeten Handelsgesellschaften und Niederlassungen in weit entfernten Handelsstädten.

Im Unterschied zum größten Teil der Stadtbevölkerung waren die Kaufleute gebildet: Sie mussten ihre Rechnungen überprüfen, rechnen und lesen können, Bestellungen und Anweisungen schriftlich mitteilen können.

Fast jede Stadt hatte eine andere Münzwährung. Die Kaufleute mussten also den entsprechenden Münzwert umrechnen und mit einer Feinwaage den Goldgehalt bestimmen können.

28.1 Kaufleute prüfen die Münzen der Währungen. Gemälde des n

Planung

Bilder können uns über Ereignisse, Personen und Gegenstände informieren. Zeichnungen, Gemälde oder Fotografien ergänzen und verschönern Texte, machen auf ein Problem aufmerksam oder vermitteln uns neues Wissen.
Aber wir dürfen nicht vergessen, dass alle Bilder von einem Menschen, gemacht worden sind. Dieser stellt – bewusst oder unbewusst – auch immer seine eigene Meinung in dem Bild dar.
Um diese Meinung des Zeichners herauszufinden und um so viele Informationen wie möglich von diesem Bild zu erhalten, müssen Bilder genau befragt werden.

lischen Malers Marinus von Reymerswaele

Durchführung

Die folgenden Fragen sollen euch eine Hilfe für alle Bildbetrachtungen sein. Untersucht anhand dieser Fragen die Abbildung oben.

1. Um welche Art von Abbildung handelt es sich (*Zeichnung, Gemälde, Foto*)?

2. Welchen Titel/Bildunterschrift hat die Abbildung?

3. In welchen Farben ist das Bild gezeichnet oder gemalt (*dunkle, helle Farben*)?

4. Was ist dargestellt?

5. Was befindet sich im Vorder-, Mittel- und Hintergrund des Bildes?

6. Wie sind die Personen dargestellt? Beschreibe:
   – *die Körperhaltung*
   – *die Tätigkeiten*
   – *die Kleidung*

7. Wie ist die Frau dargestellt?

8. Wie ist der Mann dargestellt?

Wer im Rat sitzt, hat die Macht

30.1 Rat der Stadt Augsburg, 1368

So wie auf dem Bild oben tagte in vielen mittelalterlichen Städten der **Rat** in seinem prunkvollen Ratssaal.
Der Rat bestimmte über fast alle Bereiche des täglichen Lebens. Er führte die Aufsicht über Markt und Handel. Er entschied über die jährlichen Steuerabgaben und wofür das Geld wieder ausgegeben werden sollte. Er regelte die Sicherung der Stadt bei Feuergefahr und teilte den Wachdienst ein. Sogar die Anzahl der Schüsseln bei einem Hochzeitsessen konnte der Rat festsetzen.

An der Spitze des Rates stand der **Bürgermeister**, der von den Ratsherren gewählt wurde. Ein Aufnahme in den Rat galt als hohe Ehre und wurde nicht entlohnt. So waren nur reiche Bürger im Rat.
Den Handwerkern war es bis ungefähr 1400 nicht möglich, Ratsherren zu werden. Da jedoch viele von ihnen wohlhabend geworden waren, wollten auch sie mitregieren.
Deshalb kam es in vielen Städten zu Aufständen der Handwerker.

1. Notiere die Aufgaben des Rates.
2. Berichte, weshalb Handwerker auch Ratsherren werden wollten.

Szenisches Spiel: Kampf um die Macht im Stadtrat

1. Die Szene

Das Bild links (Abb. 30.1) zeigt eine Szene des Aufstandes der Handwerker in Augsburg. Im Vordergrund betreten gerade sechs Abgesandte der Handwerker die Ratssitzung. Der Vorsteher der Weberzunft, Ulrich Weiß, fordert vom Rat die Übergabe der Schlüssel zu den Stadttoren und zum Rathaus, die Ablieferung des Stadtsiegels, der Kasse und des Stadtrechtsbuches. Die dreißig Ratsherren, teilweise in pelzbesetzten Mänteln und einem Barett (ein flacher Hut) auf dem Kopf, sitzen sich zugewandt auf gepolsterten Bänken.

Auf einem Kissen in der Mitte liegen die Schlüssel, das Stadtbuch und vermutlich die Kassette mit dem Stadtsiegel. Links vom Kissen sitzt der Stadtschreiber mit seinem Gehilfen und führt Protokoll.

Vor den Schranken der Ratsversammlung, im Bildvordergrund, warten weitere drei Handwerker oder Stadtknechte, bis sie vorgelassen werden.

2. Zum Hintergrund des Ereignisses

Das Bild zeigt eine Szene des Zunftaufstandes. Zuvor hatten die Zünfte gewaltsam die Tore und das Rathaus besetzt. Die Söhne der Ratsherren mussten auf dem Rathausplatz einer veränderten Ratszusammensetzung zustimmen. Zunftmitglieder hatten sie zu diesen Veränderungen gezwungen.

Der Aufstand endete damit, dass auch Handwerker in den Rat der Stadt aufgenommen wurden.

3. So geht ihr vor:

- Baut mit Stühlen und Tischen in eurem Klassenraum den Ratssaal nach.
- Besorgt euch ein Kissen, Schlüssel, ein Buch und einen Kasten für das Stadtsiegel. Ordnet die Gegenstände wie auf dem Bild an.
- Verteilt unter euch folgende Rollen:
  - *Fünf Abgesandte der Zünfte*
  - *der Abgeordnete Ulrich Weiß*
  - *der Schreiber und sein Gehilfe*
  - *die Ratsherren (gespielt durch den Rest der Klasse)*
- Überlegt gemeinsam, was Ulrich Weiß sagen könnte und wie er seine Forderungen begründen könnte.
- Wie könnten sich die Ratsherren verhalten?
- Spielt jetzt die auf dem Bild dargestellte Szene und findet eine Lösung des Konfliktes.

4. Auswertung

- Können die Spieler durch ihr Auftreten und die Argumente überzeugen?
- Wie haben sich die Spieler in ihren Rollen gefühlt?

Am Rande der Gesellschaft: Bettler und Aussätzige

Bettler

„Almosen für die Armen, Almosen für die Armen!" Dieser Ruf gehörte zum Alltag einer jeden mittelalterlichen Stadt. In den Gassen und vor den Kirchen saßen in Lumpen gehüllte Bettler, Blinde und Lahme und baten um eine milde Gabe. Betteln galt im Mittelalter nicht als Schande. Denn Armut, so glaubte man, sei Gottes Wille. Wer den Armen Almosen gab, der würde dafür nach dem Tode mit dem himmlischen Paradies belohnt werden.

32.1 Randgruppen der mittelalterlichen Gesellschaft

Aussätzige

So hießen die Menschen, die von der damals unheilbaren Krankheit, der Lepra befallen waren. Lepra war ansteckend. Es bildeten sich Geschwüre und Knoten am ganzen Körper.

Um sich vor Ansteckung zu schützen, wurden die Kranken ausgewiesen. Sie mussten als Aussätzige weit ab von menschlichen Siedlungen leben.

„Einmal im Jahr durften sie die Stadt betreten, und es wurde ihnen reiches Almosen zugeteilt. Man begleitete den Kranken feierlich in die Kirche. Dort las der Priester die Totenmesse, die der Sieche, auf der Bahre liegend, von Kerzen umstellt, über sich ergehen lassen musste. In ein schwarzes Tuch gehüllt, führte man ihn anschließend hinaus auf den Kirchhof, wo er in ein offenes Grab steigen musste. Der Priester warf dreimal Erde auf ihn, zum Zeichen, dass er für die menschliche Gemeinschaft der Gesunden gestorben war."

(zitiert aus: H. Maas, Nürnberg – Geschichte und Geschichten, Nürnberg 1992, S. 144 f.)

1. Beschreibe in ganzen Sätzen die Situation der Bettler im Mittelalter.
2. Woher erhielten die Kranken ihren Namen „Aussätzige"?

Wie lebten die Frauen in der Stadt?

33.1 *In einer Bürgerstube*

33.2 *In einer Schreibkammer*

Für alle Frauen im Mittelalter galt die Aussage der Bibel, dass sie dem Manne Untertan seien. Frauen verrichteten meist schlecht bezahlte Arbeiten als Mägde, Dienerinnen und Wäscherinnen.
Verheiratete Frauen führten den Haushalt, versorgten die Kinder und übernahmen die Pflege kranker Familienmitglieder. Einige halfen in der Werkstatt ihres Mannes. Sie führten auch die Geschäfte, wenn ihr Ehemann als Kaufmann unterwegs war.

Besonders unverheiratete Frauen und Witwen führten ein hartes Leben. Oft hausten sie in einer Bude an der Stadtmauer und fristeten als Bettlerinnen, fahrende Sängerinnen oder Dirnen ihr Leben.

In vielen Städten konnten die Frauen zwar auch das Bürgerrecht erwerben. Sie wurden aber selten in die Zünfte aufgenommen. Nur wenige Frauen waren selbstständig. Diese arbeiteten als Krämerinnen, Bäckerinnen oder Hebammen.

Im Stadtrecht von Lübeck heißt es:

Ein Mann darf ... Eigentum, das er mit seiner Frau erhalten hat, ohne Zustimmung seiner Frau und ihrer Kinder versetzen, verkaufen oder weggeben ...
Keine Frau darf ihr Gut verkaufen ... ohne Vormund.
Wenn jemand stirbt und seinen Kindern und seiner Frau keinen Vormund bestimmt hat und sie auch keinen Verwandten haben, so gebührt dies der Stadt ...

1. Beschreibe nach den Abbildungen 33.1 und 33.2, was die Frauen tun.
2. Notiere anhand des Textauszuges aus dem Stadtrecht von Lübeck, welche Rechte Frauen hatten.

Wohnen in der mittelalterlichen Stadt

34.1 Blick in ein Bürgerhaus

Das Bürgerhaus

Mittelpunkt eines Bürgerhauses war die Diele, ein großer hallenartiger Raum im Erdgeschoss. Hier wurde gearbeitet, gekocht und gegessen. Ein großes Feuer brannte den ganzen Tag und verbreitete beißenden Rauch. Im Winter war die Diele der einzige geheizte Raum.
Im oberen Geschoss befand sich die „gute Stube“, die für Feste genutzt wurde.

Möbel kannte man kaum. Auf Böcke gelegte Holzplanken dienten als Tisch und roh gezimmerte Bänke als Sitzmöbel. Die wenigen kleinen Fenster wurden gegen die Witterung mit Holzläden verschlossen.

Leben in der Stadt

Dicht gedrängt standen die Häuser in der Stadt. Da die Häuser meist aus Stroh und Lehm gebaut waren, bedeutete ein Feuer häufig eine Katastrophe für die ganze Stadt.

Die Stadtbewohner warfen ihre Abfälle auf die Straße. Schweine, Hühner und Enten fanden so reichlich Nahrung. Kaum eine der Straßen war gepflastert, so dass man sich bei Regen durch Schlamm und stinkenden Abfall den Weg bahnen musste.
Es gab auch keine Kanalisation. Die Kloakengruben waren nicht weit entfernt von den Häusern. Nicht selten gab es mit dem Nachbarn Streit über die Lage der Aborte oder Kloakengruben.

1. Beschreibe die Räume des Hauses. Wie werden die Räume genutzt?
2. Erstell eine Liste aller Möbel, die in diesem Haus zu sehen sind.
3. Betrachte die Szene im 2. Stockwerk.
   a) Wie sind die Personen gekleidet?
   b) Was tun sie gerade?

Essen und Trinken

Nachlässige Menschen beissen vom Brot ab und tunken es wieder in die gemeinsame Schüssel nach bäurischer Sitte, solch schlechtes Benehmen legen die edlen Menschen ab.
Mancher macht Folgendes: Wenn er den Knochen abgenagt hat, wirft er ihn wieder in die gemeinsame Schüssel, das ist aber ein Verstoss gegen das gute Benehmen.
Wer sich räuspert, wenn er gerade isst und sich in das Tischtuch schneuzt, der soll wissen, dass sich dies nicht ziemt.
Wenn du dich kratzen musst beim Essen, tue es nicht mit der blossen Hand, sondern nimm den Rock dazu.

(aus: Siebert, Der Dichter Tannhäuser. Leben, Gedichte, Sagen, Halle 1934, S. 196 ff.)

35.1 Tischsitten der vornehmen Bürger

Der Tisch der einfachen Leute war schnell gedeckt: eine Holzschale als Ess- und Trinkgeschirr, eine große Schüssel für alle und Holzlöffel, die jeder nach dem Essen sauberleckte. Arme Stadtbewohner mussten sich jeden Tag mit einer Schale Hirsebrei und einem trockenen Stück Schwarzbrot begnügen. Abwechslung gab es kaum. Fleisch und Fisch wurden mit Salz gepökelt und waren nur begrenzt haltbar. Nicht selten aßen die Menschen im Mittelalter verdorbenes Essen. Nur kräftig gewürzt waren diese Speisen dann überhaupt genießbar.

Gewürze aus Indien, z. B. Pfeffer, Zimt oder Anis, waren Kostbarkeiten. Nur reiche Bürger konnten sie sich leisten. Auch religiöse Gebote bestimmten die Essgewohnheiten. Während der Fastenzeit war es Christen verboten, Eier, Milch, Käse oder Fleisch zu essen.
Zu den Mahlzeiten trank man Bier. Die Stadt vergab an die Bürger Braurechte, so dass der jeweilige Haushalt sein eigenes Bier brauen durfte.

35.2 Beim Essen

Das Rezept für „Pavesen“ stammt aus dem 14. Jahrhundert.
Ihr könnt das Rezept für Pavesen mit der modernen Anleitung selbst kochen.
Deckt dann eine mittelalterliche Tafel und denkt auch an die mittelalterlichen Tischsitten.
Viel Spaß beim Essen wie im Mittelalter!

Pavesen für 4 Personen (modernisiertes Rezept)

Zutaten:

Füllung:
2 reife Birnen
2 saure Äpfel
Pfeffer, Anis, Zimt
1 Stiel Zitronenmelisse
50 g Butter zum Andünsten
1 Eigelb
8 dünne Weißbrotscheiben

Pfannkuchenteig:
150 g Mehl
4 Eier
knapp 1/2 l Milch
1 Prise Salz
40 g Schmalz oder Butter zum Ausbacken

Zubereitung:
Birnen und Äpfel schälen, vom Kerngehäuse befreien, fein würfeln und in etwas Butter glasig dünsten. Mit Eigelb binden, mit Pfeffer, Anis, Zimt und Zitronenmelisse abschmecken und die Masse auf vier Weißbrotscheiben streichen, mit den anderen vier Scheiben abdecken. Aus den angegebenen Zutaten einen Pfannkuchenteig herstellen, acht große Pfannkuchen goldgelb ausbacken, die Brotscheiben darin einschlagen und sogleich servieren. Man kann auch die gefüllten Weißbrotscheiben in den Pfannkuchenteig tauchen und dann in heißem Schmalz ausbacken.

Streit um Glauben und Gerechtigkeit

Das Altarbild zeigt einen geteilten Weinberg. Auf der linken Hälfte arbeiten der Papst und die Würdenträger der katholische Kirche, auf der rechten Seite Martin Luther und seine Anhänger.

Worin liegen die Unterschiede?

Kann man herausfinden, auf wessen Seite der Maler, Lucas Cranach, steht?

Kirche und Gesellschaft um 1500 – Das Geschäft mit der Angst

38.1 *Die Strafen der Hölle von Hieronymus Bosch*

Der Papst steht an der Spitze der katholischen Kirche. Er versteht sich als „Stellvertreter Christi auf Erden".

Im Jahr 1502 beschloss der Papst, in Rom eine besonders große Kirche zu bauen, den Petersdom. Für diesen gewaltigen Bau für über 60 000 Menschen wurden große Geldsummen gebraucht. Deshalb bot die Kirche den Gläubigen an, sich durch Geld von ihren Sünden freizukaufen. Das wurde **Ablass** genannt. Prediger zogen mit so genannten Ablassbriefen durch das Land und nutzten die Angst der Christen rücksichtslos aus. Das konnten sie leicht, denn die Menschen glaubten, dass Gott am Ende des Lebens über ihre guten und schlechten Taten urteilt. Die Vorstellungen von der Hölle waren schrecklich.

Wenn die Seele den Körper verlässt

Die Christen glauben: Wenn die *Seele* den Körper verlässt, kommt sie vor ein *Gericht*. Hat der Mensch viele Sünden begangen, muss die Seele sofort in die *Hölle*. Hat er nach Gottes Geboten gehandelt, darf sie gleich in den *Himmel*. Die meisten Menschen sind weder ganz böse noch ganz gut. Für ihre Sünden kommen die Menschen ins *Fegefeuer*. Dort bleiben sie so lange, bis das Feuer sie von den Sünden gereinigt hat. Die Ablassprediger verkündeten, die Menschen könnten die Zeit im Fegefeuer verkürzen, wenn sie Geld zahlten. Sie sagten: *„Sobald der Gulden im Becken klingt, im Hui die Seele in den Himmel springt."*

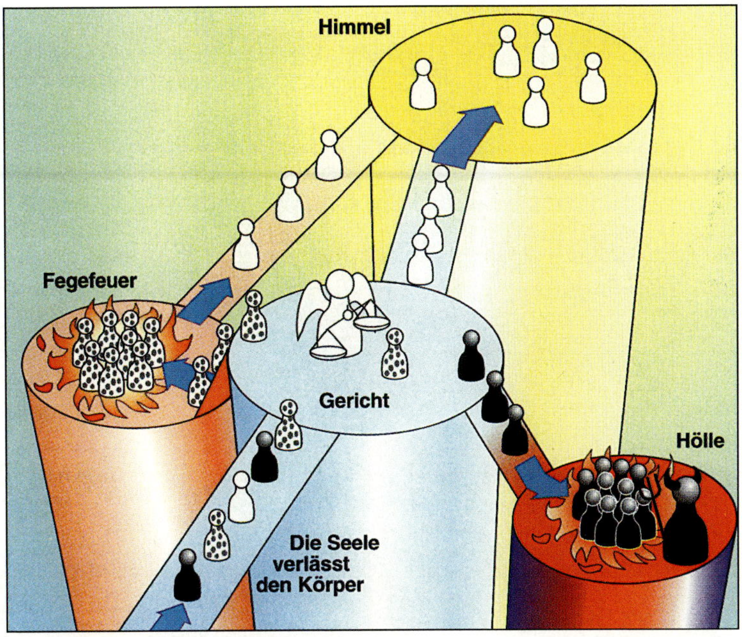

39.1 Vorstellung der Gläubigen von Himmel und Hölle (Schemazeichnung)

39.2 Ablasshandel des Dominikanermönchs Tetzel, Flugblatt 1517

Der luxuriöse Lebenswandel vieler kirchlicher Würdenträger stieß zunehmend auf Ablehnung. Hinzu kam, dass geistliche Ämter für Geld verkauft wurden.

Viele Priester konnten nur mühsam lesen und schreiben und hatten oft keine Ausbildung.

Die Bauern mussten jedoch an die Kirche hohe Abgaben zahlen.

Gegen diese Zustände in der Kirche protestierten zu Beginn des 16. Jahrhunderts einige Geistliche. Einer von ihnen erhob 1517 vor allem gegen den Ablasshandel seine Stimme: Martin Luther.

1. Beschreibt das Altarbild *Die Strafen der Hölle* (38.1). Welche Ängste hat es bei den Gläubigen angesprochen?
2. Warum kauften viele Menschen Ablassbriefe?
3. War die Kritik an der Kirche berechtigt?

Martin Luthers Kritik an der Kirche

Martin Luther wagte es, die Missstände in der Kirche zu kritisieren. Besonders empörte er sich über den Ablasshandel. Darin sah er eine Gotteslästerung. Am 31. Oktober 1517 handelte er. Er veröffentlichte seine 95 Thesen über den Ablasshandel. Damit wollte er die Gelehrten auf die Zustände in der Kirche aufmerksam machen. Aber Luthers Kritik wurde auf Flugblättern sehr schnell im Lande verbreitet. Möglich wurde das durch die kurz vorher von Johannes Gutenberg erfundene Drucktechnik. So konnten erstmals in kurzer Zeit massenhaft Texte hergestellt werden. Luther fand bei vielen Menschen begeisterte Zustimmung.

In immer neuen Kampfschriften entwarf Luther seine neue Lehre. In einer Kampfschrift hieß es: *„Nur wer wirklich glaubt und ehrlich bereut, findet Gottes Vergebung – kaufen kann man sie nicht. Gottes Wort steht allein in der Bibel und nicht in den Forderungen und Aussagen des Papstes und der Bischöfe."* – Die **Reformation** begann.
Luthers Kritik rüttelte an den Grundfesten der Kirche. Diesen aufrührerischen Mönch konnte die Kirche nicht dulden. Er wurde vom Papst aus der Kirche verstoßen. Diese so genannte „**Bannbulle**" verbrannte Martin Luther nun auch noch öffentlich. Deshalb wurde er schließlich vom Kaiser Karl V. vor den Reichstag nach Worms geladen.
Dort sollte Luther seine Lehre widerrufen. Aber Martin Luther lehnte dieses Ansinnen mit den berühmten Worten ab:
„Hier stehe ich, ich kann nicht anders. Gott helf mir! Amen."
Nun verhängte der Kaiser die **Reichsacht** über ihn. Luther war damit „vogelfrei" und durfte von jedem festgenommen oder getötet werden.

40.1 *Martin Luther, gemalt 1529 von Lucas Cranach dem Älteren, Öl auf Holz*

Auf dem Weg von Worms zu seinem Heimatort wurde er im Auftrag seines Landesherrn überfallen und auf die Wartburg gebracht. Dort übersetzte Luther einen Teil der **Bibel**, das Neue Testament, ins Deutsche. Nun konnte es jeder verstehen. Das Neue Testament wird auch das Evangelium genannt. Daher wurde Luthers Lehre später als „evangelisch" bezeichnet.

Das Besondere an seiner Übersetzung war aber, dass Luther, wie er es ausdrückte, *„dem Volk aufs Maul schaute"*. Seine einfache klare Sprache verstanden die Menschen. Die Bibel wurde zum Volksbuch. Sie wurde in Schulen, zu Hause und in der Kirche gelesen oder vorgelesen. Luther schuf so unsere deutsche Umgangs- und Schriftsprache. Das war – neben der Reformation – seine größte Leistung.

In Wittenberg durfte Luther ab 1521 wieder predigen, weil sein Landesherr die Reformation unterstützte. Obwohl er als Mönch ehelos bleiben musste, heiratete er die ehemalige Nonne Katharina von Bora. Damit handelte er aber wieder gegen die von der Kirche aufgestellten Regeln.

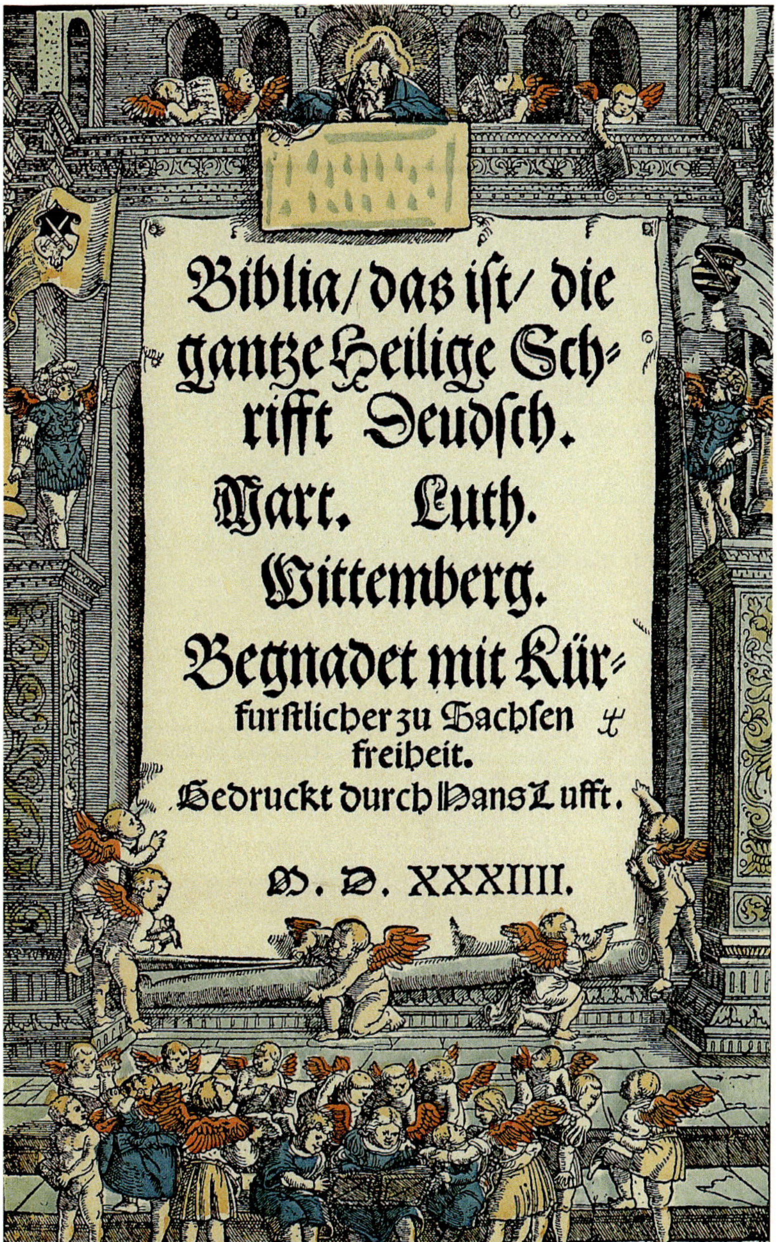

41.1

1. Nenne die Kritik Luthers an der Kirche.
2. Wie reagierte die Kirche auf diese Kritik? Was unternahm der Kaiser?
3. Vergleicht die Schrift und die Sprache auf dem Titelblatt der Lutherbibel mit unseren heutigen Büchern. Findet die Unterschiede heraus.

Trio-Methode: Historische Texte auswerten

Historische Textquellen informieren uns über die Ereignisse, Personen oder Vorgänge aus der Vergangenheit. Es sind z. B. Tagebücher, Briefe, Gesetzestexte oder Flugblätter.
Was auch immer der Verfasser einer schriftlichen Quelle aufgeschrieben hat: Er gehört immer einer bestimmten Zeit und einer Nation an, ist Mann oder Frau, Adeliger oder Bauer. Seine Stellung in der Gesellschaft und seine Sichtweise bestimmen das, was er aufschreibt. Deshalb muss jede Quelle kritisch geprüft werden.

Luther hat seine 95 Thesen ursprünglich auf Lateinisch verfasst. Das war damals die Sprache der Gelehrten. Erst später hat er sie ins Deutsche übersetzt.

Die erste deutsche Übersetzung können wir heute nur schwer verstehen.

27. These: Die predigen Menschentand, die da furgeben, das, so bald der groschen in den kasten geworffen, klinget, von stund an die Seele aus dem fegefeuer fare.

(In dem Kasten landet das Geld für den Kauf der Ablassbriefe.)

36. These: Ein jeder Christ, so ware reu und leid hat über seinen suenden, der hat vollige vergebung von pein und schuld, die im auch ohne Ablasbrieve gehoeret.

1. Schritt
- Lies den Text in Ruhe durch.

2. Schritt
Markiere unbekannte Wörter:
Menschentand

3. Schritt
- Schlage fremde Wörter nach oder suche ähnliche Wörter, die du kennst
Tand: wertloses Zeug
furgeben: vorgeben

4. Schritt
- Schreibe die wichtigsten Aussagen in eigenen Worten auf:
Die predigen wertloses Zeug, die vorgeben, dass …

5. Schritt
Werte aus:
- Wann, von wem und für wen ist der Text geschrieben worden?
- Welchem Zweck soll deiner Meinung nach der Text dienen?
- Welche Meinung vertritt der Verfasser?

42.1 *Luther schlägt die Thesen an die Schlosskirche, 1517*

Die Ausbreitung der Reformation

Die Zahl der Anhänger Martin Luthers wuchs ständig. Auch viele Landesherren im Deutschen Reich schlossen sich der Reformation an. Sie nutzten die neue Lehre, um sich der Macht des katholischen Kaisers zu entziehen.
Schon bei seiner Wahl zum Kaiser hatte sich Karl V. nur durch hohe Bestechungsgelder gegen seinen Konkurrenten behauptet. Einige Kurfürsten hätten ihn sonst nicht gewählt.

Der Kaiser konnte seine Interessen in Deutschland nicht alleine durchsetzen. Er war an die Zustimmung der **Reichsstände** gebunden. Diese hatten aber schon längere Zeit versucht, sich aus der Macht des Kaisers zu lösen.
Nun übernahmen die evangelischen Fürsten in ihren Territorien die Verwaltung der Kirchengüter. Sie eigneten sich einen großen Teil des früheren Kirchenbesitzes an und waren außerdem jetzt der oberste Dienstherr der Pfarrer.

Kaiser Karl V. war der Schutzherr der Kirche. Er erkannte, dass er Macht verlieren würde. Deshalb versuchte er durch einen Krieg, die früheren Verhältnisse wiederherzustellen. Dieser Versuch scheiterte.

Auf dem Reichstag in Augsburg 1555 schloss sein Nachfolger einen Religionsfrieden. Darin wurde zum Beispiel festgelegt:

- *Die katholische und die evangelische Kirche sind gleichberechtigt.*
- *Der Landesherr bestimmt, welche Religion seine Untertanen haben: „Wessen Land dessen Glaube“.*
- *Wer die Religion nicht wechseln wollte, musste auswandern.*
- *Die Anhänger der beiden Konfessionen gelobten Religionsfrieden.*
- *Die verstaatlichten Kirchengüter blieben im Besitz der Landesherren.*

Damit war die Spaltung der Kirche besiegelt.

1. *„Wessen Land – dessen Glaube“.* Erkläre.
2. Weshalb konnte sich die Reformation gegen den mächtigen Kaiser durchsetzen?
3. Der Kaiser hatte an Macht verloren. Erkläre.
4. In welchen Ländern hatte die Reformation gesiegt?

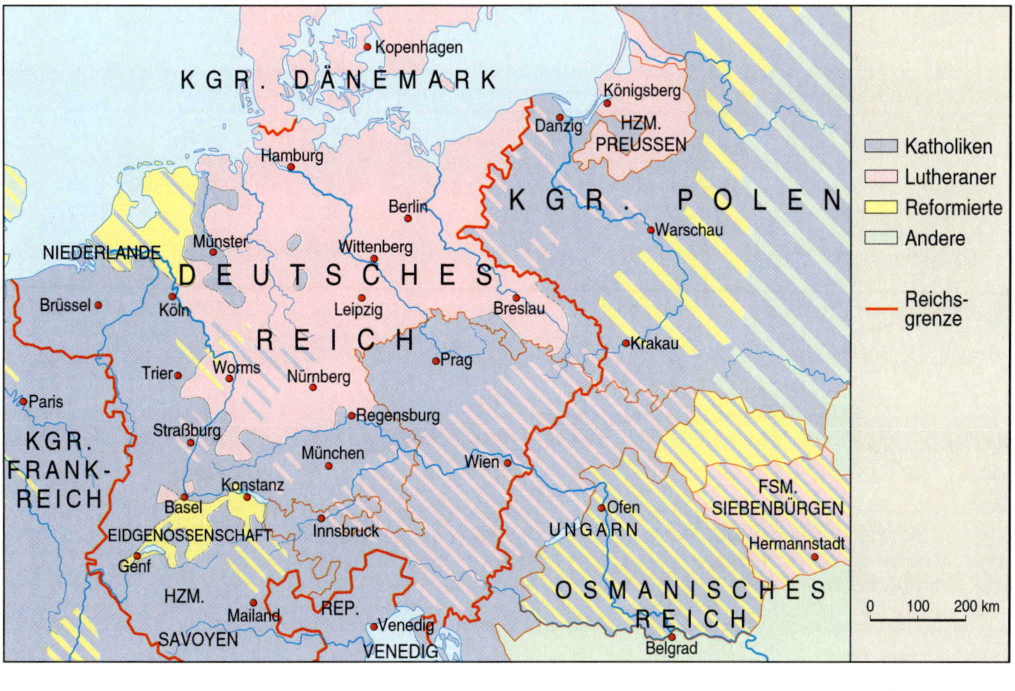

43.1
Konfessionen in Europa

Die Bauern kämpfen um Gerechtigkeit

Um 1520 waren die meisten Menschen in Deutschland Bauern. Sie mussten schwer arbeiten, um den Boden zu bestellen und ihre Familien zu ernähren. Das Ackerland gehörte meist dem **Grundherrn**. Diesem mussten sie hohe **Abgaben** und **Frondienste** leisten.
Früher hatten die Bauern noch einen gemeinsamen Besitz an Weiden, Wäldern und Gewässern, den jeder benutzen durfte. Die Grundherren eigneten sich den früheren Gemeindebesitz an und schränkten die Selbstverwaltung der Dörfer ein. Außerdem erhöhten sie die Abgaben und forderten von den Bauern mehr Frondienste. Die Lage der Bauer wurde unerträglich.

1520 erschien Luthers Schrift „Von der Freiheit eines Christenmenschen". Dort hatte er geschrieben:

„Ein Christenmensch ist ein freier Herr über alle Dinge und niemandem untertan."

Luther meinte damit nur die Freiheit im Glauben. Aber die Bauern verstanden ihn anders. Sie bezogen Luthers Lehre auf ihr wirkliches Leben und sahen die Ungerechtigkeiten viel klarer. Sie lehnten sich nun gegen die Grundherren auf und griffen zu ihren Waffen. Ihre Waffen waren: Sensen, Knüppel und Beile.
Wie ein Lauffeuer verbreiteten sich die Bauernaufstände in Süd- und Mitteldeutschland.

Im März 1525 arbeiteten die Bauern im schwäbischen Memmingen 12 Artikel aus, die die Beschwerden der Bauern zusammenfassten.

Aus den 12 Artikeln der Bauernschaft

Die Bauern wollen keinen Aufruhr und keine Gewalt, sondern nur die Lehren des Evangeliums: Frieden, Geduld und Einigkeit sollen Wirklichkeit werden.
Art. 1: Jede Gemeinde wählt ihren Pfarrer selbst.
Art. 2: Die Bauern wollen den Viehzehnten abschaffen, den Kornzehnten aber weiter zahlen. Davon soll der Pfarrer ernährt werden.
Art. 3: Die **Leibeigenschaft** soll abgeschafft werden. Der Obrigkeit wollen sie freiwillig gehorchen.
Art. 4: Die Bauern wollen frei fischen und jagen.
Art. 5: Die Wälder sollen wieder wie früher der Gemeinde gehören.
Art. 6: Die Bauern bitten, die Frondienste wieder auf das alte Maß zu beschränken.
Art. 11: Die Abgabe an den Herrn beim Tod eines Leibeigenen soll wegfallen.
Art. 12: Sollte eine Forderung dem Wort Gottes nicht gemäß sein, dann werden die Bauern sie fallen lassen.

44.2 Auszug aus den 12 Artikeln der Bauern

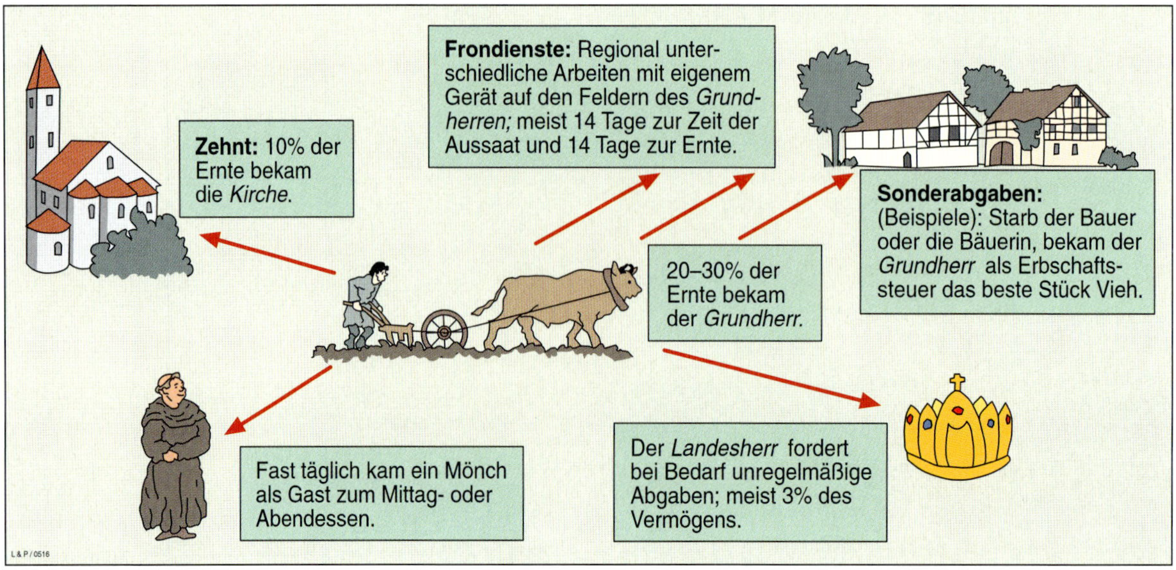

44.1. Die Abgabenlast der Bauern

Die Bauern schlossen sich nun zusammen. Ungefähr 15 000 Männer forderten von den Grundherren die Verbesserung ihrer Situation. Die Fürsten gingen jedoch nicht auf die Forderungen der Bauern ein. Sie versuchten Zeit zu gewinnen. Viele Bauern wurden ungeduldig. Die Unruhen weiteten sich 1525 aus. Klöster und Schlösser wurden überfallen. Die Fürsten stellten Heere auf und schlugen brutal zurück. Die aufständischen Bauern wurden vernichtend geschlagen. Viele wurden gefangen und hingerichtet.

1520 hatte Martin Luther die bestehenden Verhältnisse stark kritisiert und Verbesserungen gefordert.

1525 schrieb er hingegen in seiner Schrift *„Wider die räuberischen und mörderischen Rotten der Bauern"*:

„Sie richten Aufruhr an, rauben und plündern mit Frevel Klöster und Schlösser, die ihnen nicht gehören ... Drum soll sie hie zuschmeißen, würgen und stechen, heimlich und öffentlich, wer da kann, und bedenken, dass nichts Giftigeres, Schädlicheres, Teuflischeres sein kann, als ein aufrührerischer Mensch, gleich als ob man einen tollen Hund totschlagen muss."

45.1 *Bauern vor dem Herrengericht und ihre Bestrafung*

45.2 *Plünderung des Klosters Weißenau*

1. Beschreibe die Lebensbedingungen der Bauern im 16. Jahrhundert.
2. Wie verstanden die Bauern Martin Luther?
3. Welche Ziele verfolgten die Bauern mit ihren 12 Artikeln?
4. Beschreibe, wie die Bauern bei der Plünderung des Klosters dargestellt werden (Abb. 45.1). Bedenke, dass die Darstellung vom vertriebenen Abt des Klosters stammt.
5. Werte die Textquelle aus. Vergleiche sie mit der Darstellung der Bestrafung der Bauern (45.2).

Hexenverfolgung

Im 16. Und 17. Jahrhundert breitete sich in Deutschland der Hexenwahn aus, ausgelöst durch eine **Bulle** des Papstes Innozenz VIII. aus dem Jahre 1484. Vor allem Frauen und Mädchen wurden verdächtigt, mit dem Teufel verbunden zu sein und über Zauberkräfte zu verfügen. Ihnen wurde dann die Schuld an einer Missernte oder einer Seuche gegeben. Gab die Kuh plötzlich keine Milch mehr oder starb unerwartet ein Angehöriger wurde behauptet, sie seien verhext worden. Die Anschuldigungen wurden häufig von neidischen oder verfeindeten Nachbarn vorgebracht. Hexenprozesse wurden auch aus Geldgier geführt: Das Vermögen der Verurteilten wurde eingezogen. Richter, Folterer und Henker bekamen ihren Anteil.

Die Gerichte glaubten damals, nur unter der Folter käme die Wahrheit ans Licht. Die Opfer wurden tagelang gequält. Wenn sie die Folter nicht mehr aushielten, gestanden sie in ihrer Not alles, was der Richter hören wollte. Wer die Folter überlebt hatte, wurde lebendig verbrannt oder starb durch das Beil.
Auch Martin Luther glaubte an die Existenz von Hexen. Zu seinen Lebzeiten wurden in Wittenberg vier Hexen hingerichtet. Erst 1775 starb in Deutschland die letzte „Hexe" auf dem Scheiterhaufen.

Hexen gab es im 17. Jahrhundert genauso wenig wie heute. Trotzdem glauben auch heute noch einige Menschen daran.

46.1 Die Verbrennung von „drei Zauberinnen", 1555 in Derneburg in Niedersachsen

47.1 *Beinschraube aus Lemgo, 17. Jh.*

Ein ganz normaler Hexenprozess

Rebekka Lemp lebte mit ihrem Mann und ihren sechs Kindern in der süddeutschen Stadt Nördlingen. Sie war eine angesehene, fromme Frau. Doch am 1. Juni 1590 wurde sie plötzlich verhaftet und ins Gefängnis geworfen. Eine andere Frau hatte sie beschuldigt, eine Hexe zu sein.

Rebekka wehrte sich gegen diesen unsinnigen Vorwurf. Weil das Gericht ihr nicht glaubte, wurde sie zwei Tage lang gefoltert.

Dann hielt sie die Schmerzen nicht mehr aus. Rebekka „gestand“, einen Pakt mit dem Teufel geschlossen zu haben. Außerdem beschuldigte sie sich selbst, mehrere Morde begangen und Kinder gegessen zu haben. Ihr Mann schrieb verzweifelte Briefe an den Rat der Stadt. Doch es gab keine Rettung. Am 9. September 1590 wurde Rebekka Lemp im Alter von 40 Jahren verbrannt.

(aus: Praxis Geschichte 4/91, S. 32 ff., verändert)

Brief Rebekka Lemps an ihren Mann vom 2. 8. 1590

Oh du mein auserwählter Schatz, soll ich so unschuldig von dir scheiden müssen! Das sei Gott immer und ewig geklagt. Man nötigt uns, man muss reden, man hat mich gefoltert. Ich bin so unschuldig wie Gott im Himmel. Wenn ich nur ein Pünktlein von solchen Sachen (Hexerei) wüsste, so wollte ich, dass mir Gott den Himmel versagte. O du herzlieber Schatz, wie geschieht meinem Herzen. Oh weh, oh weh, meinen armen Waisen. Vater, schicke mir etwas, dass ich sterbe (Gift), ich müsste sonst an der Folter verzagen. …

Das Ringlein trag mir zur Erinnerung. Aus der Halskette mach 6 Teile. Lass es unsere Kinder an den Händen tragen ihr Lebtag. O Schatz, man nimmt mich dir mit Gewalt. Wie kann Gott das zulassen. … Warum will mich doch Gott nicht hören? Schicke mir etwas, ich muss sonst falsch reden (falsche Aussagen machen). Ich möchte sonst erst meine Seele beschweren (mit Sünden).

(aus: Praxis Geschichte 4/91, S. 37)

1. Nennt Gründe für die Hexenverfolgungen.
2. Die Anklage der Hexerei bedeutete praktisch den Tod. Begründe diese Aussage. Beachte den möglichen Verlauf des Prozesses.
3. Beschreibe das Bild (46.1). Beachte die Figur links oben.

Der Dreißigjährige Krieg

Der **Augsburger Religionsfriede** hatte die Gleichstellung der evangelischen und der katholischen Kirche festgeschrieben. Die Auseinandersetzungen zwischen den beiden Konfessionen wurden trotzdem immer heftiger. Im Jahr 1608 schlossen sich die evangelischen Fürsten und Städte zur **Union** zusammen. Die katholischen Fürsten und Städte antworteten ein Jahr später mit dem Zusammenschluss zur **Liga**.

1618 kam es in Prag zu einem folgenreichen Zwischenfall. Der katholische deutsche Kaiser Ferdinand II. war gleichzeitig König von Böhmen. Er wollte, dass das überwiegend evangelische Böhmen wieder zum katholischen Glauben zurückkehrt. Die evangelischen Kirchen sollten geschlossen werden. Um seinen Willen durchzusetzen, schickte der Kaiser Abgesandte nach Prag. Sie wurden jedoch aus dem Fenster der Prager Burg geworfen und landeten auf einem Misthaufen. Dieser **Prager Fenstersturz** war der Beginn des Dreißigjährigen Krieges.

Der Aufstand in Böhmen wurde nach wenigen Monaten von den Soldaten der katholischen Liga niedergeschlagen. Die Böhmen wurden gewaltsam wieder zum katholischen Glauben bekehrt.
Dadurch fühlten sich die Nachbarländer Dänemark, Schweden und Frankreich bedroht. Sie gaben vor, ihren evangelischen Glaubensbrüdern zu Hilfe zu kommen und schickten starke Heere. Der Krieg wurde so zu einem europäischen Konflikt. 1631 besiegte das schwedische Heer unter König Gustav Adolf die Armee der Liga. 1635 trat das katholische Frankreich an der Seite des protestantischen Schweden in den Krieg ein.

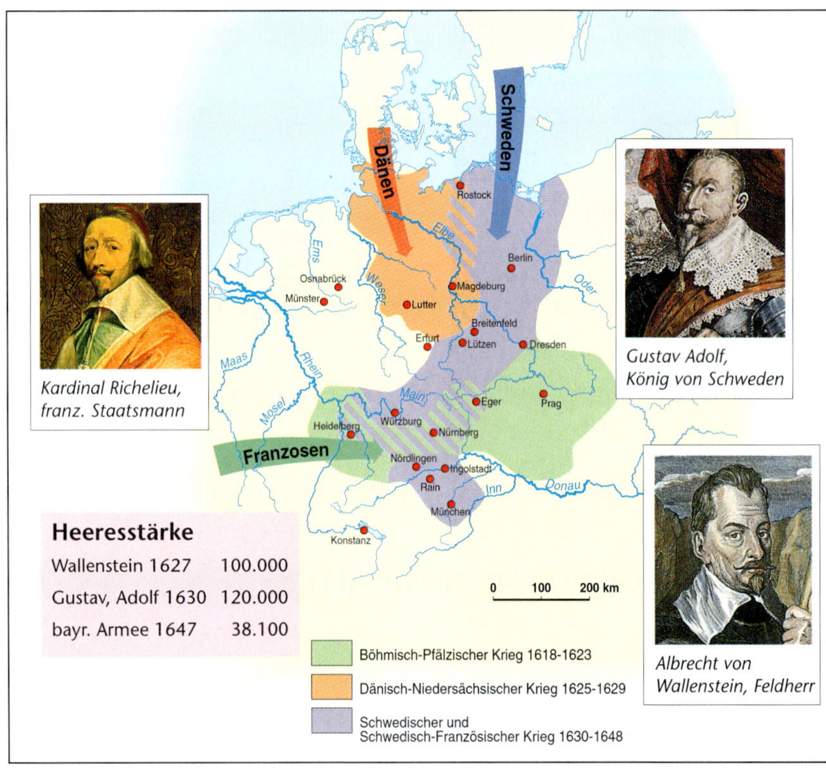

Kardinal Richelieu, franz. Staatsmann

Gustav Adolf, König von Schweden

Albrecht von Wallenstein, Feldherr

Heeresstärke

Wallenstein 1627	100.000
Gustav, Adolf 1630	120.000
bayr. Armee 1647	38.100

***48.1** Der Dreißigjährige Krieg: Schauplätze, Feldherren und der Politiker Richelieu*

1648 war der Krieg endlich vorbei. In Münster und Osnabrück wurde der **Westfälische Frieden** geschlossen. Im Friedensvertrag wurden die evangelische und die katholische Kirche als gleichberechtigt anerkannt. Religiöse Fragen spielten von nun an in Deutschland keine so wichtige Rolle mehr.
Das Elsass fiel an Frankreich. Der Rhein wurde dadurch zur deutschen Grenze. Schweden erhielt u.a. Vorpommern und da Bistum Verden. Die Schweiz und die Niederlande wurden selbstständige Staaten. Das Deutsche Reich zerfiel in über 300 Einzelstaaten und verlor so seine Machtposition in Europa.

Die Leiden der Bevölkerung

Schauplatz des Krieges waren die deutschen Länder. Hier trugen die verschiedenen Nationen ihre Machtkämpfe aus. Riesige Heere zogen durch das Land. Sie verwüsteten weite Gebiete Deutschlands. Während des Krieges verwandelten sich einst blühende Landstriche in fast menschenleere Gegenden. Um Essbares zu finden, plünderten und zerstörten Soldaten Dörfer und Städte. Von rund 16,5 Mio Einwohnern in Deutschland 1618 lebten bei Friedensschluss 1648 nur noch 10,5 Mio Menschen. Die Überlebenden litten bittere Not.

1. Nenne den Anlass des Dreißigjährigen Krieges.
2. Weshalb traten Dänemark, Schweden und das katholische Frankreich an der Seite des protestantischen Schweden in den Krieg ein?
3. Beschreibe die Auswirkungen des Krieges auf die Bevölkerung. Verwende hierzu auch das Bild und die Quelle auf dieser Seite.

Die Soldaten stellten Tiere ein und schlachteten alle Hühner und Schafe nacheinander ab ... Etliche fingen an, zu sieden und zu braten als ob ein Festmahl gehalten werde ... andere machten von dem Tuch, Kleidungen und allerlei Hausrat große Pakete ... Was sie aber nicht mitzunehmen gedachten, ward zerschlagen und zugrunde gerichtet. ... Den Knecht legten die Soldaten gebunden auf die Erde, steckten ihm ein Querholz in den Mund und schütteten ihm einen Melkkübel voll garstiger Mistjauche in den Leib – das nannten sie den schwedischen Trunk. Dadurch zwangen sie ihn, eine Abteilung dahin zu führen, wo die übrigen Bewohner des Hofes sich versteckt hatten. Nicht lange währte es, und sie brachten auch meinen Vater, meine Mutter und unsere Ursula in den Hof zurück. Nun fingen sie an, die Feuersteine von den Pistolen loszuschrauben und dafür meiner Mutter und meiner Schwester die Daumen festzuschrauben und die armen Schelme so zu foltern, als wenn man Hexen brennen wollte. ... Und wie sie dann auch einen von den gefangenen Bauern in den Backofen steckten und mit Feuer hinter ihm her waren ...

(aus: Der abenteuerliche Simplicissimus, von H. J. Ch. v. Grimmelshausen, S. 16 ff., vereinfacht)

49.1 Die Plünderung des Dorfes Wommelgen. Gemälde von Sebastian Vrancx, um 1615–1620

Religionskriege heute

Der Nordirland-Konflikt

Mord im Namen Jesu
Rheinischer Merkur 29. 6. 1994

Nordirland gleitet ins Chaos ab
Die Welt online 7. 11. 1996

Protestanten und Katholiken liefern sich Straßenschlachten
Spiegel online 22. 6. 2001

Nordirland kommt dem Frieden deutlich näher
Die Welt online 17. 11. 1999

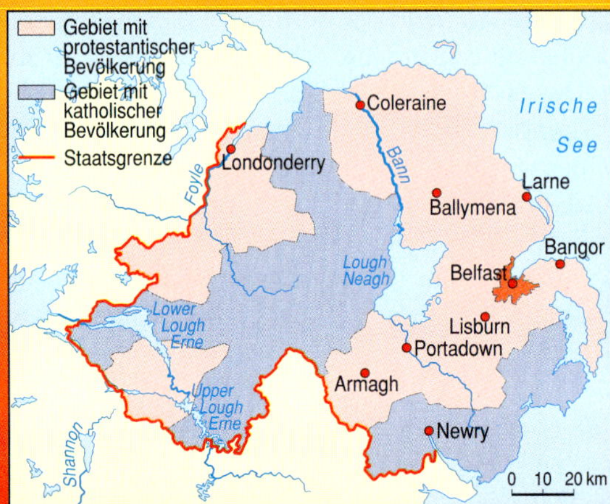

Brandbombe auf katholische Kinder. Protestanten in Belfast greifen Schülerinnen und Eltern an
Hannoversche Allgemeine Zeitung 6. 9. 2001

50.1 Zeitungsüberschriften und Karte zum Nordirland-Konflikt

1921 wurde Irland unabhängig. Aber die nördliche Provinz Ulster blieb unter britischer Herrschaft: das heutige Nordirland. Seit dieser Zeit kämpfen katholische Bürgerrechtler für den Anschluss Nordirlands an die Republik Irland. Dort sind 90 % katholisch. In Nordirland lebt hingegen eine protestantische Mehrheit, die bei Großbritannien bleiben möchte.

Dieser Konflikt weitete sich 1968 zum blutigen Bürgerkrieg aus. Es kam zu schweren Auseinandersetzungen zwischen der sozial, wirtschaftlich und politisch benachteiligten katholischen Minderheit und der protestantischen Mehrheit. Die britische Regierung schickte Truppen zum Schutz der Protestanten nach Nordirland.

Am Lough Neagh, dem größten See in der Mitte Nordirlands, hatten Dennis Carville, 19 Jahre alt, und seine Freundin Lynn im Juni 1991 den Wagen abgestellt. Sie wollten ungestört sein. Plötzlich klopfte es am Fenster der Fahrertür. Eine vermummte Gestalt schlägt mit der Pistole dagegen. „Los, mach die Tür auf. Du hast drei Sekunden!" Dennis öffnet die Tür. „Hast du deinen Führerschein dabei?"
Dennis reicht ihn dem Mann. „Dennis, du bist katholisch?" „Ja." „In welche Kirche gehst du?" „St. Pauls." „Hast du irgendwelche Abzeichen?" „Nein. Aber ich habe ein Kreuz." „In Ordnung. Ich gehe jetzt." Einen Augenblick später fallen zwei Schüsse.
Die Polizei vermutet, dass Dennis von einer protestantischen Terrorgruppe ermordet wurde.
(aus: Politik … betrifft uns, 11/91-6, S. 11)

Von 1968 bis 1998 kämpfte die katholische Untergrundorganisation IRA (Irisch-Republikanische Armee) mit Terroranschlägen, Bombenattentaten und Morden gegen die britischen Soldaten und gegen die protestantische Bevölkerung. Auf protestantischer Seite führten ebenfalls Terrorkommandos einen erbarmungslosen Kampf gegen die katholische Bevölkerung.

50.2 Brennende Barrikaden in Belfast

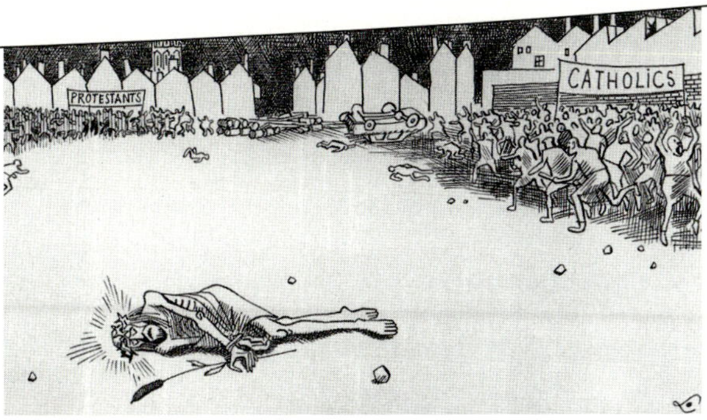

51.1 Karikatur zum Nordirland-Konflikt

Nach fast 30 Jahren Unfrieden zwischen Katholiken und Protestanten war es 1998 gelungen, beide Lager an einen Tisch zu setzen und ein Friedensabkommen auszuhandeln. Beide Bevölkerungsgruppen nahmen den Vertrag in Abstimmungen an.
Obwohl es auch im Jahr 2001 immer wieder zu Unruhen und Übergriffen kommt, äußern sich nordirische Politiker optimistisch: *„Am Ende wird der Friedensprozess Erfolg haben"*.

1. Beschreibe die aktuelle Situation in Nordirland.
2. Sprecht über mögliche Lösungen.

Kennst du dich aus?

Bis 1500 war die katholische Kirche die allein herrschende Kirche.
1517 kritisierte Martin Luther mit seinen 95 Thesen die katholische Kirche. Aus seiner Kritik am Ablasshandel wurde bald ein grundsätzlicher Streit um den Glauben. Die christliche Kirche zerfiel in mehrere Glaubensrichtungen (Konfessionen). Diese Entwicklung bezeichnet man als **Reformation**.
In Deutschland nutzten viele Landesherren die Reformation, um ihren eigenen Einfluss auszubauen.
1525 kam es zum **Bauernkrieg**. Die Bauern wehrten sich schlecht bewaffnet gegen Willkür und Ungerechtigkeit der Obrigkeit. Sie kämpften um mehr Rechte und die Wiederherstellung des alten Zustands. Dabei beriefen sie sich auf das Evangelium. Der Aufstand der Bauern wurde von den Grundherren brutal niedergeschlagen.
Glaubenskämpfe überzogen im 16. und 17. Jahrhundert ganz Mitteleuropa.
Besonders schlimm tobte der Dreißigjährige Krieg von 1618 bis 1648 in Deutschland.
Auch in der heutigen Zeit werden noch Kriege im Namen der Religion geführt. In Nordirland bekämpfen sich z. B. in einem blutigen Bürgerkrieg Katholiken und Protestanten.

Jüngstes Beispiel sind die Angriffe moslemischer Terroristen auf das World Trade Center in New York und die darauffolgenden Angriffe der USA auf Afghanistan.

Kolonialismus – Uns gehört die Welt?

Auf diesem Bild siehst du Nachbauten der drei Schiffe Pinta, Nina und Santa Maria aus der heutigen Zeit. Mit solchen Schiffen überquerte Kolumbus im Jahre 1492 den Atlantik und entdeckte Amerika. Die Nina und die Pinta waren ungefähr 20 Meter lang und 6 Meter breit. Die Santa Maria erreichte 25 Meter Länge und 8 Meter Breite. Sie war das Flaggschiff des Kolumbus.

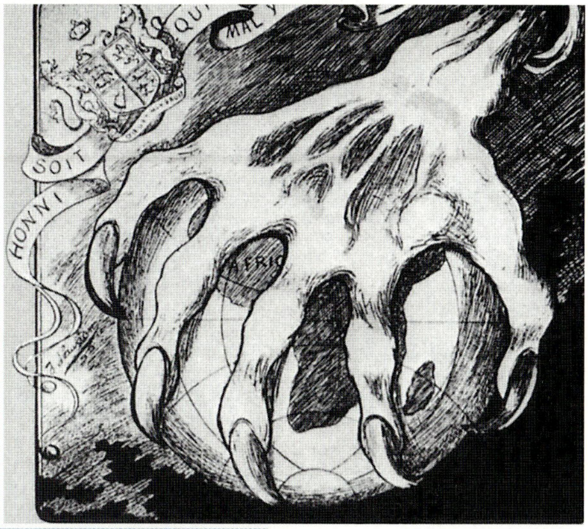

Französische Karikatur aus dem Jahre 1899.
Die Inschrift gibt den Leitspruch des höchsten englischen Ordens wieder:
„Verachtet sei, wer schlecht darüber denkt."

Die Entdeckung Amerikas

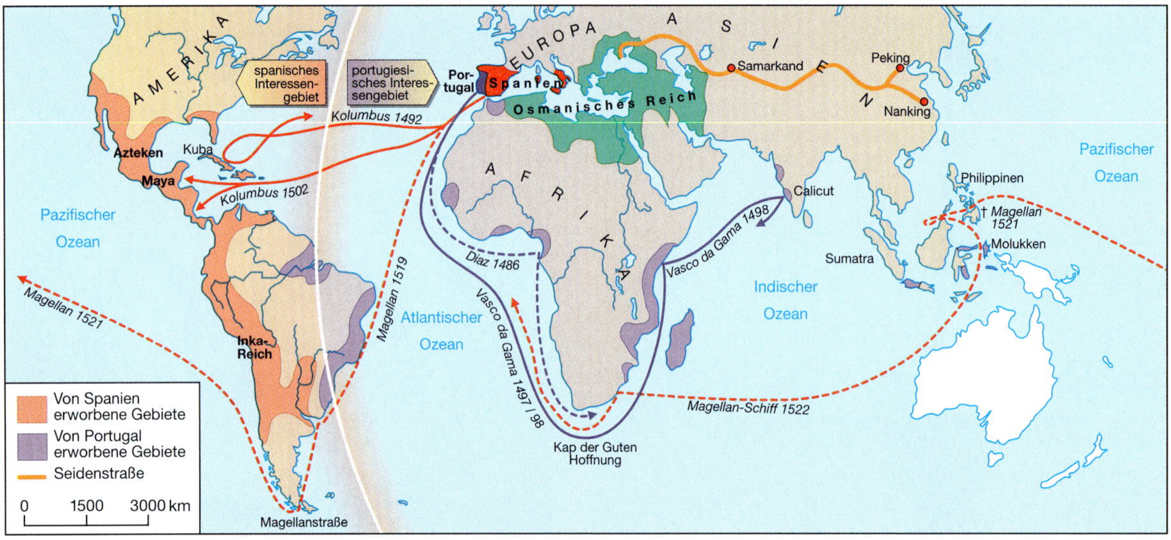

54.1 Die wichtigsten Entdeckungsreisen um 1500 und die ersten Kolonialreiche

Europäische Kaufleute trieben seit dem 12./13. Jahrhundert mit orientalischen Ländern lebhaften Handel. Wertvolle Waren gelangten über Venedig und Genua nach Europa. Arabische Zwischenhändler lieferten Stoffe aus Seide, Samt oder Brokat sowie Gewürze, besonders Pfeffer und Zimt.

Ende des 15. Jahrhunderts wurden die Handelswege von den Türken unterbrochen. Sie erhoben hohe Zölle. Deshalb verteuerten sich die Waren aus dem Nahen und Fernen Osten. Andererseits wollten die Kunden, Fürsten und reiche Bürger, nicht mehr auf diese Handelsgüter verzichten. So begann die Suche nach neuen Wegen in den Osten, insbesondere in das reiche Indien.

Eine Möglichkeit war, um das Kap der Guten Hoffnung zu segeln. Die Fahrt dauerte aber sehr lange und war gefährlich. Diesen Weg erforschten portugiesische Seeleute wie Diaz und da Gama. Christoph Kolumbus glaubte, dass die Erde rund sei. Deshalb suchte er den kürzesten Weg nach Indien mit Kurs nach Westen.
Jahrelang versuchte er, vom spanischen König Geld für die geplante Entdeckungsreise zu erhalten. Dies gelang ihm im Jahre 1492. Am 3. August 1492 liefen seine drei Schiffe mit Kurs nach Westen aus.

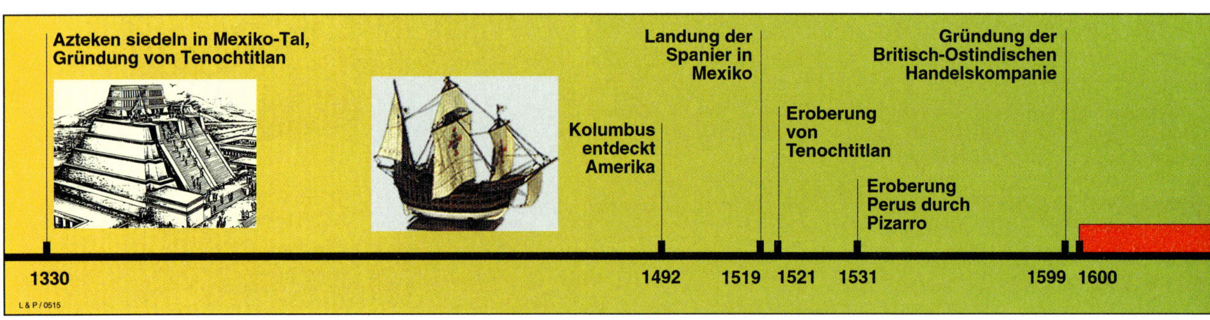

Die Abbildung zeigt die Landung von Christoph Kolumbus auf der Insel San Salvador („Heiliger Erlöser") in der Karibik. Es wurde etwa hundert Jahre nach dem Ereignis gemalt.

Über die Landung schrieb Kolumbus in seinem Bordbuch:

„Land liegt vor uns. Wir warteten bis zum Anbruch des Tages. Auf der Insel erblickten wir sogleich nackte Eingeborene. Ich begab mich an Bord eines mit Waffen versehenen Bootes an Land. Dort entfaltete ich die königliche Flagge.
(...) Ich gedachte mir die Eingeborenen zu Freunden zu machen und schenkte einigen unter ihnen rote Kappen und Halsketten aus Glas. Sie brachten uns Papageien, Knäuel von Baumwolle, lange Wurfspieße und viele andere Dinge noch. Sie müssen gewiss treue Diener sein, überdies glaube ich, dass sie leicht zum Christentum übertreten können."

(R. Grün [Hrsg.], Christoph Kolumbus – Das Bordbuch, Tübingen/Basel 1978, S. 79, verändert)

55.1 Landung des Kolumbus. Zeichnung von T. de Bry aus dem Jahre 1594

1. Warum suchten die Europäer einen Seeweg nach Indien?
2. Beschreibe die Personengruppen, die auf dem Bild 55.1 dargestellt sind.
3. Erkläre, was die „Indianer" tun. Vergleiche mit der Eintragung im Bordbuch.
4. Stellt die Personengruppen als Standbild nach.

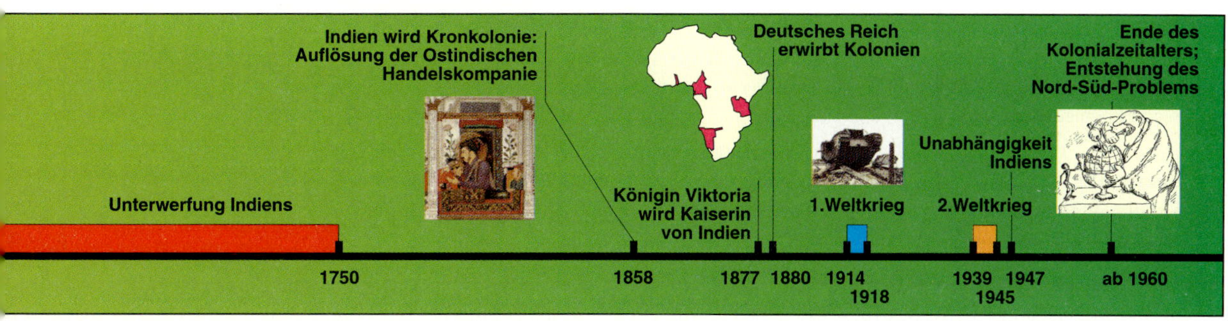

TRIO-Methode: Wir entschlüsseln Geschichtskarten

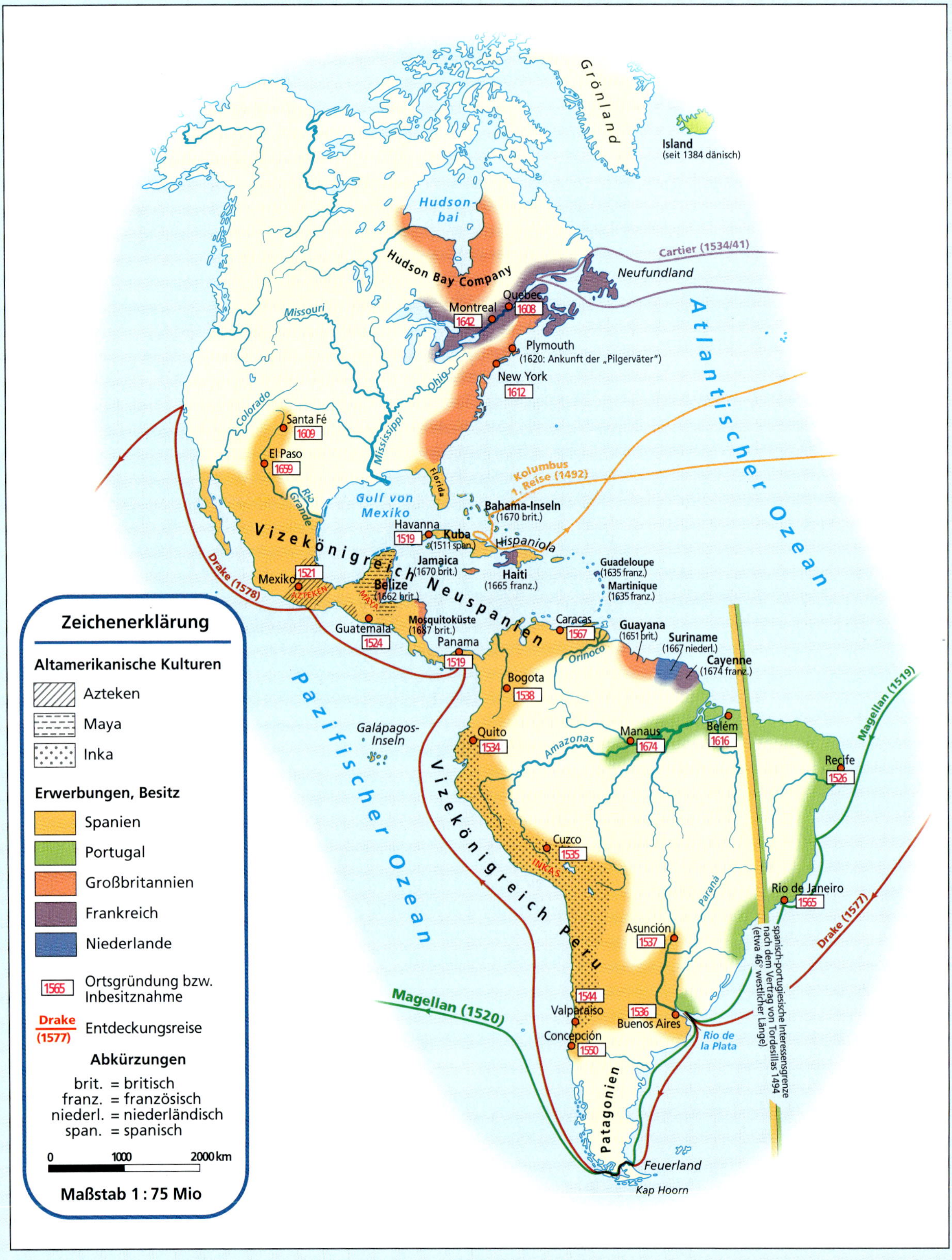

56.1 Amerika im 16. Jahrhundert

Die Geschichtskarte 56.1 zeigt die historische Entwicklung in Nord- und Südamerika im 16. Jahrhundert. Sie stellt Vergangenes aus heutiger Sicht dar. Dabei benutzt sie die heutige geografische Kenntnis.

> Entnimm nun der Karte Informationen über Eroberungen und Entdeckungen.

Die Spanier und die Portugiesen begannen nach den ersten Entdeckungsreisen das neu entdeckte Land zu erforschen. Dabei trieb sie vor allem die Gier nach Gold, Silber und Edelsteinen immer weiter ins Land.
Sie trafen in Mittel- und Südamerika auf hochentwickelte indianische Kulturen. Die Entdecker erbeuteten tatsächlich große Mengen an Edelmetallen und edlen Steinen. Dies führte dazu, dass auch andere europäische Staaten versuchten, in der „Neuen Welt" Reichtümer zusammenzuraffen. Deshalb erkundeten sie zunächst das Land auf Entdeckungsreisen. Dann folgten die Abenteurer, Eroberer und die Siedler.

Wie gehst du vor?

1. Klärung des Inhalts der Karte (Vorbereitung)

Die Hauptfrage wird von der Überschrift beantwortet: Was wird dargestellt? Wann finden die Ereignisse statt? Manchmal gibt eine Unterschrift Auskunft, manchmal stehen die Angaben in der Karte. Du musst sie dann suchen.

2. Grundlegende Informationen suchen (Durchführung)

Um nun Genaueres zu erfahren, gehst du systematisch vor: als Erstes entnimmst du der Legende die Informationen über Farben, Zeichen und historische Gegebenheiten (57.1).
Versuche, diese Zeichen in der Karte zu finden.

Kartenelement	Signatur	Bedeutung
Punkt oder Kreis	• ● ●	Siedlungen, historische Städte, Hauptstadt, Einzelerscheinungen
farbige oder schwarze Linie, Pfeil und Farbe		Küstenlinie (blau), Fluss (blau), Grenze (rot), Bewegungsrichtung, (Reiseweg, Wanderung, Kriegszug usw.)
Flächenfarbe		Gebietsausdehnung, politische Gliederung zur dargestellten Zeit, zeitliche Entwicklung
Schrift und Farbe	KÖNIGREICH FRANKREICH ***Azteken*** Berlin Nürnberg *Donau*	Objektbenennung geografischer Elemente, kursiv: Volksstamm, fett: Hauptstadt, Schriftart und Größe als Ordnungshilfen

57.1 Darstellungen in Geschichtskarten

Als Zweites verschaffst du dir Klarheit über den geografischen Raum:
Wo finden die dargestellten Ereignisse statt?

3. Entschlüsselung des Karteninhalts (Auswertung)

Nun kannst du schrittweise den Inhalt der Karte entschlüsseln. Auf folgende Fragen kann die Karte antworten:
- Welchen Weg nehmen die Entdecker oder die Eroberer?
- Wie lang ist der Weg, den sie zurücklegen?
- Welche Städte werden gegründet und wann geschieht dies?
- Welche europäischen Staaten senden Entdecker?
- Welche Gebiete wurden von europäischen Ländern erobert?

Cortez erobert das Aztekenreich

Die Hauptstadt Tenochtitlan

Als die Spanier 1519 in die Inselstadt kamen, zogen sie über einen 16 Kilometer langen Straßendamm. Über seine kunstvolle Anlage waren sie sehr erstaunt. Drei Dämme verbanden die Stadt mit dem Festland. An einigen Stellen waren sie durch Holzbrücken unterbrochen, die bei Angriffen auf die Stadt rasch beiseite geräumt werden konnten.
Ein Aquädukt (= Wasserleitung) versorgte die Bewohner mit Trinkwasser aus den weit entfernten Bergen – eine technische Meisterleistung der Azteken! Kanäle bildeten die Verkehrsachsen. In der Stadt lebten etwa 250 000 bis 300 000 Menschen.

58.2 Die Stadt Tenochtitlan

Die Organisation des Reiches

Ein König regierte die Azteken. Seine Stellung kann man mit der des ägyptischen Pharao vergleichen. Seine Untertanen durften sich ihm nur mit niedergeschlagenen Augen nähern. Er lebte in einem prächtigen Palast, wo er seinen Hofstaat um sich versammelte und einen riesigen Harem unterhielt.

Er besaß ungeheuer viel Schätze, auch viel Gold. Ein Staatsrat von 12 Adligen beriet ihn. Adlige Krieger kontrollierten als hohe Offiziere das ganze Reich. Sie zahlten keine Steuern und lebten von den Einkünften aus Landgütern, die man den unterworfenen Stämmen weggenommen hatte. Die ehemaligen Besitzer blieben als Arbeitskräfte auf den enteigneten Ländereien.

58.1 Eine Opferszene, aus einem Aztekenbuch

Religion und Glauben

Die Azteken verehrten viele verschiedene Gottheiten. Sie glaubten, dass die Götter Leben und Wachsen auf der Erde überwachten und kontrollierten. Daher gab es Tausende von Priestern. Sie kannten sich sehr gut in der Heilkunde aus, beobachteten Gestirne und entwickelten einen Kalender.

Nur die Priester konnten nach dem Glauben der Azteken den Zorn der Götter abwenden. Menschenherzen waren für die Azteken die edelsten Opfer, die die Götter besänftigten (Abb. 58.1). Meist wurden Kriegsgefangene geopfert.

Der Feldzug des Hernan Cortez
Nach der Entdeckung Amerikas durch Kolumbus nahmen die Spanier zuerst nur die Inseln in der Karibik in Besitz. 1519 wagte sich der Spanier Hernan Cortez mit 700 Spaniern und 200 Indianern, 14 Geschützen und 16 Pferden ins Landesinnere vor. Die Eroberer hatten keine Vorstellung von der Ausdehnung des Landes oder von der Größe des Aztekenreiches.

Cortez nahm schon zu Beginn seines Feldzuges die Aztekenprinzessin Malitzin zur Frau, die schnell Spanisch lernte. Sie sprach auch Aztekisch und Maya. So hatte Cortez eine gute und treue Dolmetscherin, die Cortez viel über das Aztekenreich erzählte. Besonders wichtig war für ihn die Information, dass die Azteken Feinde hatten. So konnte er Verbündete gewinnen, die ihm und seinen Männern halfen.

Das Ende der aztekischen Welt
Das aztekische Reich bestand schon 200 Jahre, als die Spanier nach Tenochtitlan kamen. Für die Menschen der Stadt waren sie Götter. Sie erfüllten in ihren Augen die Prophezeiungen, nach denen die Götter von Osten her kommen sollten: Vieles erschien den Azteken an den Spaniern wunderbar, denn sie kannten weder Pferde noch Eisen. Sie sandten den Spaniern kostbare Geschenke, um sie milde zu stimmen. Deren Pracht und das Gold machten die Eindringlinge nur noch habgieriger. Im November 1519 durften Cortez und seine Männer als Ehrengäste die Inselstadt betreten.
Von dem Reichtum geblendet und von den täglichen Menschenopfern in den Tempeln geschockt, nahmen sie den König Montezuma gefangen. Es kam zum Kampf. Unter großen Verlusten mussten die Spanier im Juli 1520 die Stadt verlassen.

Aber 1521 kehrte Cortez zurück. Er hatte indianische Verbündete gefunden. 75 Tage lang belagerte er die Stadt, bis sie besiegt war. Tenochtitlan wurde völlig zerstört. Die erbeuteten Schätze erregten in Spanien ein ungeheures Aufsehen. Viele Menschen trieb die Gier nach Mexiko, dem vermeintlichen Goldland. Schon zehn Jahre später beherrschten die Spanier ganz Mexiko und nannten es Neu-Spanien. Sie regierten es bis 1821.

1. Zeichne ein Bild von Tenochtitlan.
2. Beschreibe die Stellung des Aztekenkönigs.
3. Warum eroberten die Spanier das Reich der Azteken?

59.1 Kampf um Tenochtitlan

Die spanische Kolonialherrschaft

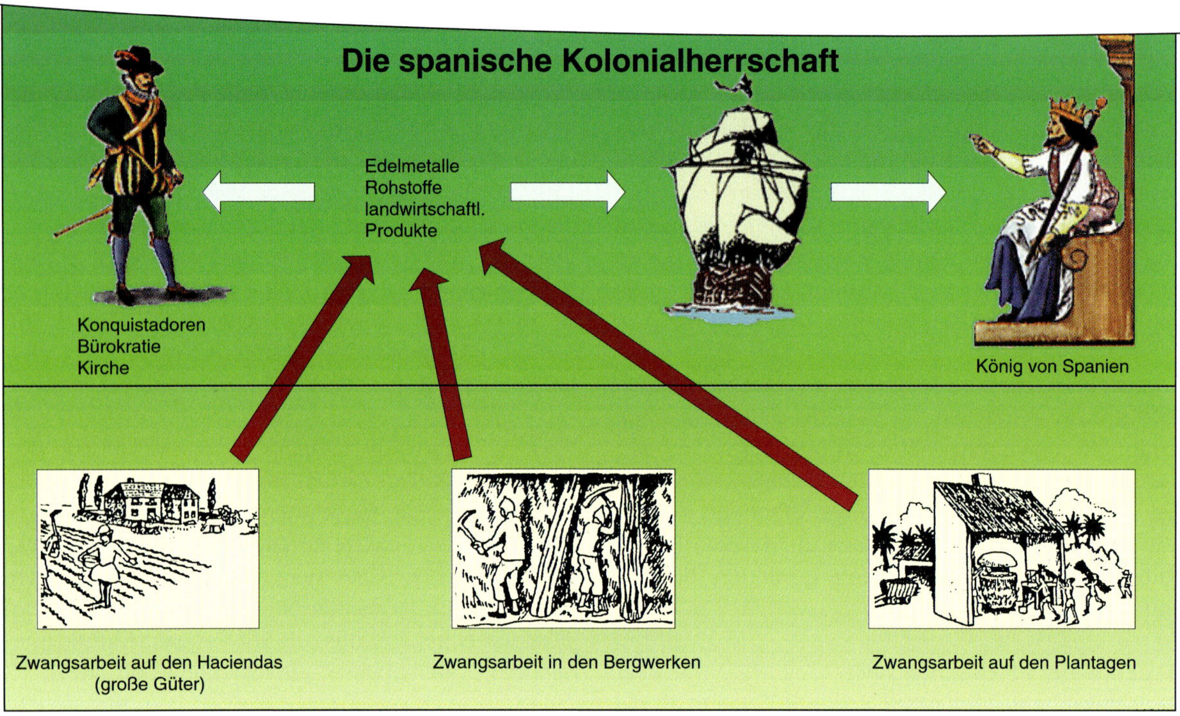

60.1 Das Herrschaftssystem der Spanier

Zwischen Spanien und Portugal drohte nach den Entdeckungen in Amerika, Afrika und Asien Krieg. Unter Vermittlung des Papstes einigten sich die Könige 1494 jedoch darauf, die Erde entlang eines Längengrades in zwei Einflussbereiche zu teilen. Die westlichen Länder sollten den Spaniern, die östlichen den Portugiesen gehören (siehe Karte S. 54.1).

So erhielten die Spanier in Mittel- und Südamerika (außer in Brasilien) freie Hand. Sie eroberten aus Gier nach Gold, Silber und Edelsteinen die alten Hochkulturen der Indianer: zunächst durch Cortez das Aztekenreich und Mexiko bis 1521. Pizarro eroberte und zerstörte 1534 ebenfalls mit einer Handvoll goldgieriger Abenteurer das Inkareich.

Das Schicksal der Indianer

Nach den Eroberern kamen die spanischen Siedler. Es waren vor allen Bauern und Handwerker, die für sich viel erhofften. Von der Krone bekamen sie Ländereien und Steuerfreiheit zugesichert. Dazu wurden sie Schutzherren über 50 bis 100 Indigenas. Sie mussten die Indianer im katholischen Glauben unterrichten. Jeder Indianer sollte ein eigenes Haus haben, in dem er mit seiner Familie leben konnte. Außerdem sollten die Indianerfamilien ein eigenes Stück Land zur Bewirtschaftung und Viehhaltung bekommen.

Diese Gesetze waren von Anfang an wirkungslos. Die meisten Spanier in der Neuen Welt dachten und handelten so, wie es ein Beichtvater 1512 beschrieb:

„Eine Tyrannenherrschaft (Gewaltherrschaft) ist dann gerechtfertigt, wenn sie sich auf solche erstreckt, die von Natur aus Sklaven und Barbaren sind (...), wie es bei diesen Indianern der Fall ist, die (...) sprechenden Tieren gleichen. Da die Indianer ein träges Volk ohne Veranlagung zum Guten sind, kann man sie rechtmäßigerweise zu Zwangsarbeit verpflichten. Man verfügt über sie, weil die völlige Freiheit ihnen schadet, vor allem aber, weil das beste Mittel, wodurch sie den Glauben empfangen, der Umgang und die Gemeinschaft mit Christen ist."

(aus: W. Lautemann [Hrsg.], Geschichte in Quellen, Bd. 3, Bayr. Schulbuchverlag, München 1996, Nr. 31, verändert)

Der Bischof von Mexiko, Las Casas, setzte sich für die Indianer ein. Er beschwerte sich 1542 beim König und berichtete ihm, wie sich die Herrschaft der Spanier auf die Indianer auswirkte:

> *„Der Bekehrung der Indianer zum Christentum widmeten der Gouverneur und die weißen Siedler nicht mehr Mühe, als wenn sie Hunde oder Katzen gewesen wären."*

Die Spanier verschleppten die verheirateten Männer und zwangen sie, acht bis zehn Monate lang in Bergwerken nach Gold zu graben. Wenn sie wieder zu ihren Familien kamen, waren sie durch Hunger und Strapazen entkräftet und ausgemergelt.

61.1 *Misshandlung von Indianern, zeitgenössische Darstellung*

Der Bischof berichtet weiter:

> *„Ferner setzte man spanische Aufseher über die Indianer. Die behandelten sie mit solcher Strenge und Härte und derart unmenschlich, dass man sie nur für Teufelsknechte halten konnte. Sie gaben den Indianern Stock- und Rutenhiebe, Ohrfeigen, Peitschenschläge, Fußtritte und nannten sie nie anders als Hunde."*
>
> *(aus: Geschichte in Quellen, Renaissance, Bayr. Schulbuchverlag, München 1982, S. 69 f., verändert)*

Solche Ausbeutung und die von den Europäern eingeschleppten Krankheiten wie Pocken, Masern, Grippe, Lungenentzündung und Typhus führten zum Massensterben unter den Indianern.

Silberbergbau und Großgrundbesitz

Die Spanier entdeckten reiche Silbervorkommen in den Anden und in Mexiko. In den Silbergruben bei Potosi im heutigen Bolivien förderten Indianer in Zwangsarbeit Silber. Diese Arbeit in über 4000 Metern Höhe, wo Europäer in der dünnen Höhenluft nur mit Mühe gehen können, kostete Millionen von Indianern das Leben.

1549 schaffte der spanische König das System der Ausbeutung der Indianer ab. Sie erhielten Freiheitsrechte und Landbesitz. Die Spanier kauften aber weiter Indianerbesitz auf und errichteten Großgüter, so genannte **Haciendas.** Diese versorgten die Städte und Bergwerke mit Lebensmitteln und Fleisch.

Die Spanier fanden heraus, dass sich das feuchtheiße Klima und der fruchtbare Boden auf den Inseln der Antillen besonders gut zum Anbau von Zuckerrohr eignete. Sie legten deshalb großflächige Plantagen an. Die Gewinnung des Zuckers erforderte eine große Zahl von Arbeitskräften. Für diese Arbeiten holte man sehr viele Sklaven aus Afrika.

1. Nenne heutige Staaten, die auf dem Gebiet der ehemaligen spanischen Kolonien liegen.
2. Erkläre, warum sich Las Casas für die Indianer eingesetzt hat.
3. Welche Auswirkungen hatte die Kolonialherrschaft auf die Bevölkerung?

Kolonialismus

In der zweiten Hälfte des 19. Jahrhunderts begannen die Industrieländer des Nordens, Gebiete in allen Erdteilen für sich zu beanspruchen und in Besitz zu nehmen. Die eroberten Gebiete nannten sie **Kolonien**.
Die Kolonialherren wollten neue Rohstoffquellen für die eigene Industrie erschließen. Sie beuteten ohne Rücksichtnahme auf die einheimische Bevölkerung und ihre Kultur die oft reichen Bodenschätze aus, z. B. Gold- und Silbervorkommen in Süd- und Mittelamerika.

England stieg zur führenden Weltmacht auf und eroberte ein riesiges Kolonialreich. Gebiete der Erde, die klimatisch besonders geeignet waren, wurden von Auswanderern besiedelt. Dabei vertrieben die meist ausländischen Siedler die einheimische Bevölkerung oder rotteten sie aus, wie z. B. die Indianer.

Die Kolonialherren eigneten sich den fruchtbaren Boden an. Sie errichteten riesige **Plantagen**, auf denen sie meist nur ein einziges Produkt anbauten. Die Rohstoffe, z. B. Baumwolle, Jute, Kakao oder Zucker wurden in das Mutterland transportiert und dort weiter verarbeitet. Durch den Verkauf der Fertigwaren und Industriegüter erzielten die Kolonialherren hohe Gewinne.

62.2 Kolonialreiche der europäischen Mächte 1914

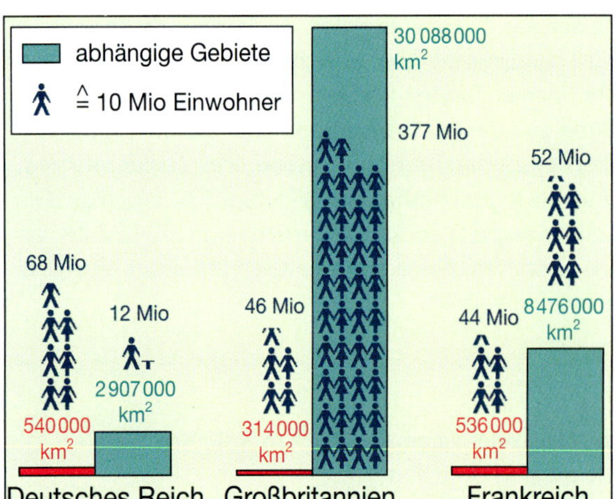

62.1 Größenvergleiche der Kolonialreiche

Die Kolonialmächte beuteten die Kolonien ausschließlich für ihre Zwecke aus. Einheimische mussten für geringen Lohn arbeiten.

In jeder Kolonie gab es Widerstand gegen die Kolonialmacht, der sich oft in Aufständen äußerte. Die Kolonialherren, die im Besitz überlegener Waffen waren, schlugen die Revolten oft mit brutaler Härte und erbarmungsloser Grausamkeit nieder.

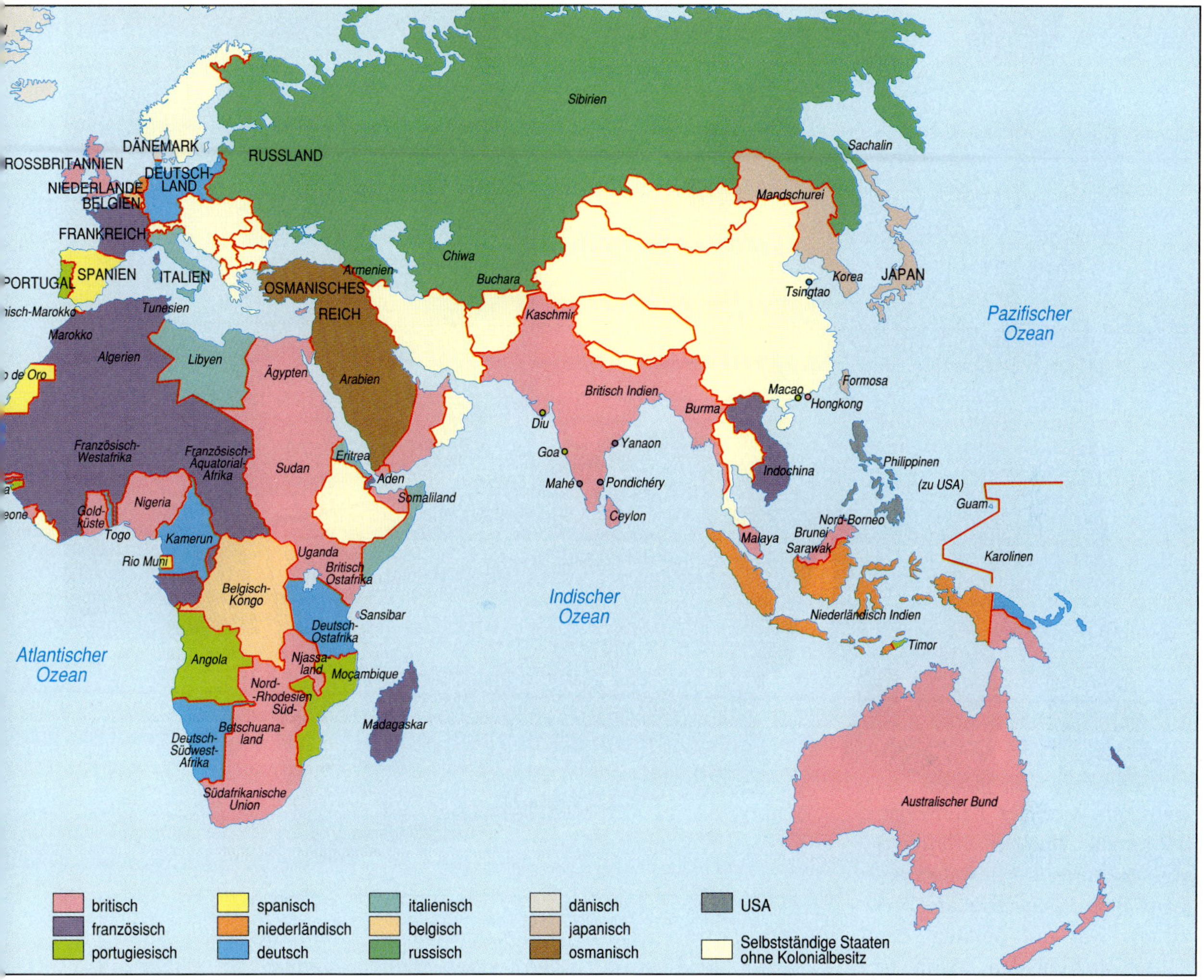

1. Welche Staaten der Erde besaßen 1914 Kolonien? Arbeite mit der Karte 62.2 und dem Atlas.
2. Schreibe Länder auf, die keine Kolonien waren.
3. Gib in eigenen Worten wieder, warum Kolonien erobert wurden.
4. Vergleiche die politische Aufteilung Afrikas 1914 mit der heutigen politischen Karte.
5. Vervollständige die Tabelle für die Länder Deutschland und Frankreich:

Land	Kolonie	Erdteil
Großbritannien	*Indien*	*Asien*

6. Vergleiche die Größe der Kolonien mit der der Mutterländer.
7. Beurteile das Größenverhältnis zwischen den Mutterländern und den abhängigen Gebieten (Kolonien) nach 62.1.

Baumwolle

Der Stoff, aus dem die Jeans sind

Jeansstoff wird aus Baumwolle hergestellt. Mit der Erfindung von Jakob W. Davis traten die Jeans ihren Siegeszug an. Levi Strauss war gut beraten, das Patent anzumelden, denn er machte mit der Levi's ein Vermögen.

Aus Baumwolle sind Küchenhandtuch und Damastdecke, Kinderwindel und festliches Abendkleid, Unterwäsche und Hosen, Förderband und Segeltuch, Scheuerlappen und Gardine. Mit Baumwolle wird gepolstert und isoliert. Mit ihr lässt sich ein gefährlicher Sprengstoff herstellen. Aus Baumwolle ist die Watte. Baumwolle liefert nicht nur die begehrte Faser, sondern ist auch Rohstoff für Speiseöl, Düngemittel und Kraftfutter.

Im Jahre 1872 wurde die Herstellung der Jeans patentiert. Der Erfinder schrieb an Levi Strauss:

„Das Geheimnis dieser Hosen liegt in den Nieten, mit denen ich die Hosentaschen befestige, und die Nachfrage ist dermaßen groß, dass ich nicht schnell genug arbeiten kann. Ich verkaufe eine Hose aus Tuch für 3 Dollar und eine blaue für 2,50 Dollar. Meine Nachbarn sind auf diesen Erfolg eifersüchtig, und wenn ich mir die Nieten nicht patentieren lasse, werden sie sich überall verbreiten. Alle werden sie dann verwenden, und keiner wird mehr etwas daran verdienen. Deshalb wünsche ich mir, dass Sie das Patent mit meinem Namen übernehmen, weil ich ja der Erfinder bin. Das würde zusammen 68 Dollar kosten. … Dafür hätten Sie die Rechte am Verkauf meiner Nietenhosen in allen Staaten am Pazifik und im Inland. Ich würde mir die andere Hälfte der Vereinigten Staaten reservieren und die halbe Pazifikküste …“

(aus: Rainer Grießhammer, Claudia Burg, Wen macht die Banane krumm?, Rowohlt Verlag, Reinbek 1993, rororo 1290, S. 17)

Die „Kolonialware" Baumwolle

An dem landwirtschaftlichen Produkt Baumwolle kann man gut die heutige weltwirtschaftliche Arbeitsteilung erkennen: Die **Entwicklungsländer** stellen billige Rohstoffe her, denn sie haben die billigen Arbeitskräfte. Die **Industrieländer** verarbeiten und veredeln diese Rohstoffe und erzielen dafür hohe Preise mit hohem Gewinn. Inzwischen findet eine Verlagerung der Produktion von Textilien in die Länder der **Dritten Welt** statt. Die Menschen dort dürfen keine Ansprüche an die Arbeitsbedingungen stellen, weil sie auf jeden Pfennig angewiesen sind.

65.2 *Baumwolle*

65.1 *Negersklaven bei der Baumwollernte*

Überlange Arbeitszeiten, unmenschliche Arbeitsbedingungen sorgen für geringe Kosten. Die Arbeiterinnen erhalten geringen Lohn und so gut wie keine soziale Absicherung. Deshalb gibt es für die Industrieländer die höchsten Gewinne.

Diese heutige Arbeitsteilung zwischen dem reichen Norden und dem armen Süden hat einen ihrer Ursprünge in dem Zeitalter des Kolonialismus.

Baumwolle erlangte als erstes Handelsgut der **Weltwirtschaft** größte Bedeutung für die Industrialisierung des Nordens. Die Entwicklung der Baumwollindustrie ist eng verknüpft mit der industriellen Entwicklung in Großbritannien (Industrielle Revolution). Hier wurden wichtige Erfindungen für die maschinelle Verarbeitung des Rohstoffes gemacht. Großbritannien hatte durch die Ausbeutung seiner Kolonien und durch Handelsgewinne riesige Reichtümer angesammelt, die in die neuen Fabriken investiert wurden.

Einfuhr von Baumwolle nach Großbritannien

Jahr	in t
1697	908
1751	1 362
1800	25 424
1850	302 256
1913	986 996

(aus: Weltwirtschaftliches Archiv, Bd. 20 [1924], H.2, S. 147 ff.)

65.3

1. Gib die Arbeitsteilung zwischen den Industrieländern und den Entwicklungsländern mit eigenen Worten wieder.
2. Sieh im Kleiderschrank nach, welche Kleidungsstücke heute aus Baumwolle hergestellt werden. Frage nach den Gründen.
3. Setze die Tabelle 65.3 in ein Säulendiagramm um und werte sie aus.

Das Erbe der Kolonialzeit

Auswirkungen der Kolonialherrschaft

Welche Auswirkungen die Umgestaltung der Wirtschaft Indiens durch die Kolonialmacht England hatte, beschreibt Nehru. Er war zwischen 1947 und 1964 erster Ministerpräsident:

„Die indische Textilindustrie war so hoch entwickelt, dass die aufstrebende englische Maschinenindustrie nicht damit konkurrieren konnte. Zu Beginn des 19. Jahrhunderts wurden indische Seiden- und Baumwollstoffe auf dem britischen Markt zu einem weit niedrigeren Preis verkauft als die in England hergestellten Waren. Natürlich musste das aufhören. England begann die indische Industrie rücksichtslos niederzuknüppeln. (...)

Die indische Textilindustrie war die erste, die zusammenbrach. (...) Der indische Schiffbau ging ein, die Metallarbeiter kamen nicht vorwärts, und auch die Herstellung von Glas und Papier brach zusammen.

Was wurde aus den Millionen Handwerkern, die keine Arbeit mehr hatten? (...) Die meisten Weber und Handwerker hatten in den Städten gelebt. Nachdem sie arbeitslos geworden waren, kehrten sie aufs Land und in die Dörfer zurück.

Die Stadtflucht hielt während des ganzen 19. Jahrhunderts (...). Anstatt sich vorwärts zu entwickeln, ging Indien infolge der britischen Politik zurück. Es wurde mehr denn je zuvor zu einem Agrarland."

(aus: J. Nehru. Weltgeschichtliche Betrachtungen, Progress Verlag, Düsseldorf 1958, S. 485 ff., bearbeitet)

66.1 *Nehru*

Das Nord-Süd-Gefälle

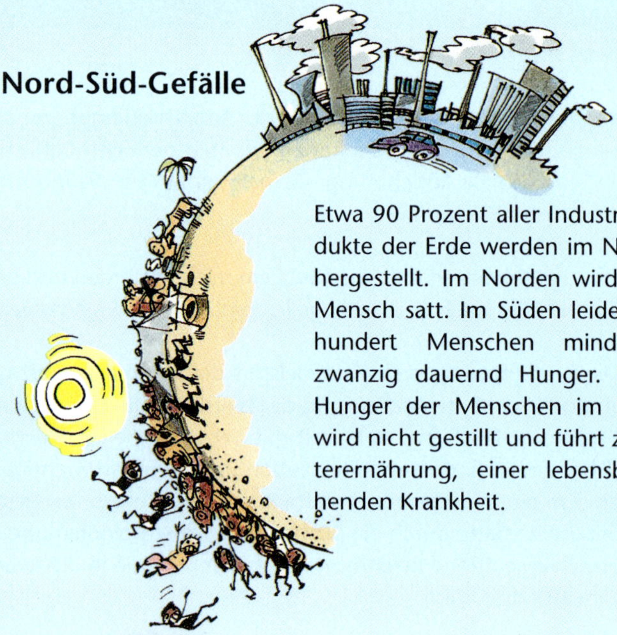

Wir wissen: Der Norden ist oben und der Süden unten. Der Norden ist reich, der Süden ist arm. Eine der Ursachen für diese Ungleichheiten in der Welt ist der Kolonialismus. Jahrhunderte dauerten Versklavung und Ausbeutung vieler Länder und Menschen in Amerika, Afrika und Asien durch den Norden.

Im 20. Jahrhundert lösten sich die Kolonien aus der politischen Vorherrschaft der Kolonialmächte. Aber sie blieben wirtschaftlich abhängig. Armut, Hunger, Übervölkerung und unlösbare wirtschaftliche Probleme sind das Erbe der ehemaligen Kolonien.

In den Industriestaaten leben heute ca. 1,2 Milliarden Menschen, im Süden fast fünf Milliarden. Das Fünftel der Weltbevölkerung in den Industrieländern verfügt über mehr als drei Viertel des gesamten Welteinkommens.
80 Prozent der Weltbevölkerung müssen sich die restlichen 20 Prozent des Welteinkommens teilen.

Etwa 90 Prozent aller Industrieprodukte der Erde werden im Norden hergestellt. Im Norden wird jeder Mensch satt. Im Süden leiden von hundert Menschen mindestens zwanzig dauernd Hunger. Dieser Hunger der Menschen im Süden wird nicht gestillt und führt zu Unterernährung, einer lebensbedrohenden Krankheit.

1. Was hat die Kolonialherrschaft nach Ansicht Nehrus in Indien und in England bewirkt?
2. Schreibe wichtige Informationen über „Nord" und „Süd" heraus.

TRIO-Methode: Wir führen eine Erkundung durch

Die ehemaligen Kolonien erzeugen viele auch für uns wichtige Produkte. Welche Waren das sind, könnt ihr in einem Supermarkt erkunden.

1. Vorbereitung und Planung

– Bittet die Marktleitung um Erlaubnis und stimmt eine Besuchszeit mit ihr ab.

2. Durchführung

– Lasst euch vom Marktleiter oder einem Angestellten helfen, wenn sie Zeit dafür haben. Sie können euch Informationen über die Herkunft der Nahrungsmittel geben.

– Erstellt eine Warenliste.

3. Auswertung und Dokumentation

– Schreibt die Herkunftsländer der Waren, die ihr gefunden habt, auf. Vermerkt, ob sie aus einer ehemaligen Kolonie stammen.

– Wozu werden die Früchte verwendet?

Fertigt eine Weltkarte mit den Herkunftsländern an und hängt sie in eurer Klasse auf.

Diese Weltkarte könnt ihr auch dem Supermarkt anbieten. Vielleicht hängt er sie als Information für seine Kunden aus.

Zum Abschluss könnt ihr euch Obstsalate oder Speisen aus den erkundeten Lebensmitteln, Obst und Konserven zubereiten und gemeinsam verspeisen.

67.1 Obstabteilung in einem deutschen Kaufhaus

67.2 Konserven und Genussmittel

Hilfe durch Handel

(aus: Aktion Brot für die Welt, Stuttgart)

Bilder vom Elend des Südens gehören zur täglichen Fernsehkost. Die einen spenden dann zur Weihnachtszeit an eine der vielen Hilfsorganisationen. Das beruhigt das Gewissen. Andere reagieren mit Achselzucken und sagen: „Wir können doch nichts dagegen tun!“
Das Elend benachteiligter Produzentinnen und Produzenten auf der südlichen Halbkugel liegt nicht nur in Naturkatastrophen, Kriegen oder korrupten Regierungen begründet. Die Menschen in den Industrieländern sind ebenso verantwortlich. Sie freuen sich, wenn Kaffee, Tee oder Südfrüchte billiger werden, denken aber nicht daran, dass der ohnehin karge Verdienst eines Kleinbauern in Kolumbien oder Kenia dadurch noch geschmälert wird. So beutet der „kleine Mann“ im Norden – mithilfe von Mittelsmännern und multinationalen (= über die eigene staatliche Grenze hinausgehend) Firmen – den „kleinen Mann“ im Süden aus.
„Wir können nichts gegen die Großen ausrichten“, sagen viele und resignieren.

Und ob! Sie können viel tun. Sie können eine Revolution mit dem Einkaufskorb auslösen! Vereine wie TRANSFAIR zeigen den Weg. Sie bieten Kaffee, Tee und nun auch Kakao und Zucker (allesamt Kolonialwaren – nomen est omen) zu einem fairen Preis an: fair für Menschen, die diese Produkte anbauen.

Der Preis ist dafür etwas höher als für herkömmlich gehandelte Produkte. Aber vom Weltmarkt benachteiligte Produzentinnen und Produzenten verdienen dadurch einen gerechten Lohn für ihre Arbeit. Das ist ein fairer Handel, an dem jeder teilnehmen kann: durch den Kauf von Produkten mit dem TRANSFAIR-Siegel, durch Nachfragedruck in den Supermärkten, durch die Umstellung der Betriebskantine!
So geht beim Genuss von Kaffee, Tee oder Schokolade mit dem TRANSFAIR-Siegel nicht nur Liebe, sondern auch Gerechtigkeit durch den Magen.

(aus: TRANSFAIR-Jahresbericht 1995, S. 3)

TRANSFAIR – Shopping for a better world

TRANSFAIR ist ein Verein von bislang ca. 40 Organisationen. Mitglieder sind u. a. Misereor, Brot für die Welt, Deutsche Welthungerhilfe, die Friedrich-Ebert Stiftung und UNICEF. TRANSFAIR hat es sich zur Aufgabe gemacht, die Produzenten von Kaffee, Tee, Kakao (Schokolade), Honig und anderen „Kolonialwaren“ durch fairen Handel zu unterstützen.

Der Verein will keine milde Gaben aus dem reichen Norden an den armen Süden verteilen. Ziel von TRANSFAIR ist es, den Erzeugern von qualitativ hochwertigen Produkten einen fairen Lohn für ihre harte Arbeit zu geben. Deswegen hilft der Kauf von Waren mit dem TRANSFAIR-Siegel den Bauern in den Entwicklungsländern am besten.

1. In dem Comic auf S. 68 werden verschiedene Entwicklungsschritte für die Wirtschaft in Armland aufgezeigt. Nenne sie. Beurteile ihren Erfolg.
   - Wer hat in dem Comic den Nutzen von der Entwicklung?
   - Nenne Schwierigkeiten, die im Comic den Handel mit Baumwollprodukten behindern.
2. Diskutiert, ob es notwendig ist, industrielle Produktion in die Dritte Welt zu verlagern.
3. Schuld an der Ausbeutung des „kleinen Mannes“ in der Dritten Welt ist der „kleine Mann“ im Norden. Ist das auch deine Meinung? Begründe.
4. Besorge dir Materialien zu Transfair-Produkten und werte sie aus. Adresse: TRANSFAIR – Geschäftsstelle, Remigiusstr. 21, 50937 Köln. Tel.: 02 21/42 58 71; www.transfair.de
5. „Wir können doch nichts gegen die Not in der Dritten Welt tun!“ Nimm Stellung.
6. Erkunde in den Supermärkten, welche Produkte mit dem TRANSFAIR-Siegel verkauft werden. Befrage den Verkaufsleiter dazu.

Fernsehen total? – Die Massenmedien

(aus: SPIEGEL Spezial 3/1999)

71.1 *Häuptling des Muli-Stammes auf Neuguinea. Bei ihm kann man Reisen online buchen.*

20.00 Uhr Die …

71.2 *Tagesschau*

Wir nutzen die Massenmedien

Jeden Tag nutzen wir selbst die Massenmedien. Wir hören Radio oder CD, lesen Zeitung, Zeitschriften oder Bücher. Vielleicht gehen wir ins Kino oder sehen lieber fern. Wir surfen im Internet oder versenden SMS. Darüber denken wir normalerweise nicht nach.
Aber welche Rolle spielen die Medien in unserem Leben? Welche Medien nutzen wir? Welche Medien wirken auf uns ein?

Montag

PC	30 Min
CD	18 Min
Glotze	40 Min
Bravo	20 Min
Radio	25 Min

Die Medienausstattung der Haushalte

In (fast) allen Haushalten, in denen Jugendliche leben, gibt es inzwischen Fernseher und Hifi-Anlagen. Ähnlich sieht es bei Videorecordern und Computern aus. Mobiltelefone sind bereits in 85 % der Haushalte vorhanden. Einen Mini-Disk-Recorder findet man in jedem vierten Haushalt, 10 % haben einen MP3-Player.
Die eigene (Medien-)Ausstattung der Jugendlichen wird immer besser. Eine HiFi-Anlage besitzen oder haben zur eigenen Verfügung 90 %, einen eigenen Fernseher 67 %. Mobiltelefone stiegen von 14 % 1999 auf 49 % im Jahr 2000 an. Fast genauso viele Jugendliche hatten einen eigenen Computer (46 %), es folgten CD-Player (41 %), Videorecorder (34 %) und Spielekonsolen für den Fernseher (31 %).
(Mehrfachnennungen möglich)
(Jugend, Information, (Multi-)Media 2000, verändert)

TRIO-Methode:
Wir erstellen ein Medientagebuch

Wir wollen unsere eigenen Mediengewohnheiten untersuchen. Deshalb erstellen wir ein Medientagebuch.

1. Vorbereitung
Besprecht vorher in der Klasse, welche Medien ihr nutzt. Ihr könnt euch an der Tabelle 73.1 orientieren.

2. Durchführung
Jeder Schüler und jede Schülerin der Klasse notiert eine Woche lang jeden Tag, welche Medien er oder sie wie lange nutzt.

3. Auswertung
- Erstellt eine Tabelle (z. B. wie in der Tabelle unten)
- Tragt eure Ergebnisse in die Tabelle ein.
- Ihr könnt die Einzelergebnisse zusammenrechnen und durch die Schülerzahl teilen.
  So erhaltet ihr einen Durchschnittswert.

Auf die gleiche Weise könnt ihr eure eigene Medienausstattung mit der Ausstattung anderer Jugendlicher vergleichen (vgl. Umfrageergebnisse auf S. 72).

Medientagebuch von ....

(Angaben in Minuten)	Montag	Dienstag	Mittwoch	…	
Fernsehen	30 Min				
CD's/Musikkassetten	20 Min				
Radio hören	–				
PC/Computer benutzen	45 Min				
Zeitung lesen	–				
Zeitschriften/Magazine lesen	–				
Bücher lesen	20 Min				
Videos ansehen	–				
Hörspielkassetten hören	–				
Comics lesen	–				
Ins Kino gehen	–				
Telefonieren	15 Min				
SMS lesen oder versenden	20 Min				

73.1

Jugendzeitschriften

Bravo ist die meistgelesene Jugendzeitschrift – und das seit über 40 Jahren. Dem Bauer-Verlag ist es gelungen, den Namen *Bravo* erfolgreich zu vermarkten. Das haben in Deutschland sonst nur „Bild", „Spiegel" und „RTL" geschafft.

Heute gibt es ein ganzes Bravo-Imperium. *Bravo Girl*, *Bravo Sport* und *Bravo Screenfan* ergänzen die Zeitschriftenpalette. Darüber hinaus gibt es *Bravo TV* auf RTL 2, die *Bravo Hit*-CDs werden millionenfach verkauft und seit Frühjahr 2001 gibt es *Bravo* auch im Internet.

Der Grund für den Erfolg der *Bravo* ist erstaunlich einfach: *Bravo* fragt die Jugendlichen, was sie wollen; und darüber wird berichtet. Wöchentlich werden 4000 Fragekarten verschickt, die nach dem Lieblingshit, dem Superflop, dem Lieblingsstar oder dem meistgehassten Promi fragen. Zusätzlich erreichen die Redaktion täglich rund 200 Leserbriefe.

Berühmt ist die *Bravo* für Aufklärung. Eine Ärztin beantwortet Fragen zum Thema Sexualität und Gesundheit. Um die übrigen Fragen kümmert sich das Dr. Sommer-Team. Ein Dutzend Anrufe, 50 E-Mails und 100 Leserbriefe pro Tag gehen allein bei Dr. Sommer ein.

Seit 1993 betreibt der Bauer-Verlag Marktforschung. In der KidsVerbraucherAnalyse wird das Konsumverhalten der 6- bis 17-Jährigen genau untersucht.

http://www.bravo.de

BRAVO CHARTS

1 (1) 9. Wo.	**Queen Of My Heart** Westlife
2 (2) 6. Wo.	**We Fit Together** O-Town
3 (3) 10. Wo.	**Drowning** Backstreet Boys

Vergleicht die *Bravo* mit einer anderen Jugendzeitschrift und beantwortet folgende Fragen:

1. Was erfahre ich über meinen Lieblingsstar?
2. Was wird über das Thema „Aufklärung" berichtet?
3. *„Die Werbung in Jugendzeitschriften ist auf ihre Leser zugeschnitten"*. Suche Belege für diese Meinung.

Werbung in Fernsehen und Zeitungen

Zeitungen und Zeitschriften, Fernseh- und Radiosender verdienen heute ihr Geld überwiegend mit Werbung. Bei Tageszeitungen stammen 70 von 100 Euro Umsatz aus dem Anzeigengeschäft. Bei aktuellen Illustrierten, Frauen-, Programm- aber auch Jugendzeitschriften sind es schon 80 Euro. Der STERN wäre ohne Werbung dreieinhalbmal so teuer.

Zeitschriften werden heute nur noch selten auf Grund einer guten Idee gegründet. Werbefachleute testen Verbrauchs- und Lebensgewohnheiten der gewünschten Leserschaft und ermitteln ihre Zielgruppe so genau wie möglich. Erreicht die Zeitschrift diese Leser nicht, ziehen die Firmen ihre Annoncen zurück. Der Verlag verliert Anzeigenkunden und nimmt weniger ein. Die Redaktion kann sich also nicht nur auf den Inhalt der Zeitung konzentrieren. Sie muss ständig auch die Wünsche der Leser beachten, sonst verliert sie Werbeeinnahmen.

Nel

75.1

Die privaten Sender haben den höchsten Werbeanteil, da sie sich ausschließlich über Werbeeinnahmen finanzieren müssen. Sie dürfen bis zu 20 Prozent ihrer Sendezeit mit Werbung füllen. Das sind pro Stunde 12 Minuten oder 4,48 Stunden Werbung pro Tag. Die Preise der Werbespots sind von der Höhe der Einschaltquoten abhängig. Wenn relativ wenig Zuschauer vor dem Bildschirm sitzen, sind die Preise niedrig. Werbespots zu den besten Sendezeiten kosten hingegen oft ein Vermögen.

Die Werbemöglichkeiten der öffentlich-rechtlichen Sender unterliegen starken Einschränkungen. Erlaubt ist ihnen die Sendung von 20 Minuten Werbung täglich, und das auch nur vor 20 Uhr. Sie müssen die Werbung zu besten Sendezeiten anbieten, um einen möglichst hohen Preis zu erzielen.

Was kostet ein 30-Sekunden-Werbespot? (in Euro)	
Günstigster **RTL**-Spot	92
RTL II Big Brother	23 000
SAT 1 Quizshow	26 643
ARD/ZDF bestes Werbeumfeld Unterhaltung	47 350
ARD/ZDF bestes Werbeumfeld Information	64 825
SAT 1 RAN	66 468
RTL Wer wird Millionär?	67 500
RTL Champions League Finale 2001	129 000
RTL Formel 1 Brasilien	154 500
RTL Titanic (1. Weihnachtstag 2000)	154 500
CBS (USA) Finale American Football	2 227 000

75.2

1. Sollte so die Tagesschau der Zukunft aussehen? Nimm Stellung (75.1).
2. Warum haben Zeitschriftenverlage und Firmen ein großes Interesse daran, möglichst viele Jugendliche zu erreichen?
3. Schau dir einen Spielfilm auf einem privaten Fernsehsender an. a) Stoppe die Werbezeit. b) Wie oft wird der Film unterbrochen? c) An welchen Stellen? d) Warum?
4. Vergleicht die Kosten für 30 Sekunden Werbespots. Erklärt die hohen Preisunterschiede.

Frauenbilder in der Werbung

Werbung ist Bestandteil unseres Alltags. Sie beeinflusst uns sehr massiv im Fernsehen. In den Werbespots spielen die verschiedenen Personen Rollen. Diese sind auf bestimmte Wirkungen festgelegt worden. In den Werbefilmen sind sehr oft Frauen zu sehen.

1. Untersucht Fernseh-Werbespots verschiedener Programme im Hinblick auf die Frauenrollen.
   - Schätzt das ungefähre Alter der einzelnen Frau. Für welches Produkt wirbt sie? Was fällt euch auf?
   - In welchen Rollen treten Frauen in der Werbung auf? (z. B. Ehefrau, Hausfrau, Mutter, Berufstätige)
   - Wie wird die Frau dargestellt: attraktiv, verführerisch, sportlich, jung?
   - Welche Berufe haben berufstätige Frauen in der Werbung?
2. Erstellt eine Collage aus Zeitschriftenanzeigen zum Thema. Vergleicht die Ergebnisse.

Wirklichkeit – Was ist das?

Seht euch die drei Bilder kurz an. Dann schreibt schnell auf, welche Gedanken ihr dazu habt.

77.1

77.2

77.3

Medien berichten von großen und kleinen Ereignissen. Wenn wir einen Artikel in der Zeitung lesen, einen Bericht im Radio hören oder die Nachrichten sehen, glauben wir das. Was wir sehen, lesen oder hören, ist für uns ***die*** Wirklichkeit. Stimmt das eigentlich?
Es dürfte wohl kaum jemanden unter uns geben, der bei den drei Bildern nicht an ein drohendes Unwetter denkt sowie an eine Frau, die sich schützen will.

Aber: Diese drei Bilder müssen nichts miteinander zu tun haben. Wir sehen weder wirklich, dass die Frau auf *Bild 77.2* eine drohende Wolke sieht, der Himmel um sie herum ist sogar eher hell. Wir wissen auch nicht, ob die Frau auf *Bild 77.3* dieselbe ist wie auf *Bild 77.2*, obwohl die Kleidung dies vermuten lässt.

Bilder lügen nicht!?

Mit der Einführung des privaten Fernsehens haben sich auch die Arbeitsbedingungen für Journalisten stark verändert. Die privaten Fernsehsender müssen sich aus Werbeeinnahmen finanzieren. Je höher die Einschaltquoten sind, desto mehr Geld kann der Sender für die Werbung verlangen. Weil die Konkurrenz nicht schläft, tobt der Kampf um die meisten Zuschauer immer heftiger. Der Sender, der die aufregendsten Bilder liefert, ist gegenüber den anderen im Vorteil.
Sensationell aufgemachte Nachrichten kommen beim Publikum gut an – auch wenn man dazu gestellte Bilder verwenden muss.

Der Fall Born

Der Fernsehjournalist Michael Born hatte, den harten Gesetzen des Medienmarktes folgend, immer sensationellere Filme abzuliefern. Das konnte er, weil er die unglaublichsten Geschichten erfand und die Schauspieler bezahlte.
So schaffte er es, über 20 höchst spektakuläre Beiträge an alle möglichen Fernseh-Magazine zu verkaufen. Hauptabnehmer war stern TV mit zwölf Beiträgen. Kein Journalist merkte, dass die Filme gefälscht waren. Die Wahrheit kam zufällig ans Licht.
Zu seiner Verteidigung führte er an, dass die Redaktionen gerade nach solchen Geschichten verlangten und ihn immer wieder aufforderten, entsprechend quotenträchtige Bilder zu liefern. Bei dem Prozess sagte Born: „Der Kick muss inszeniert werden, denn Fernsehen taugt nicht für Information".

(aus: Kay Hoffmann, Das dokumentarische Bild im Zeitalter der digitalen Manipulierbarkeit [verändert], Online-Forum Medienpädagogik, http://lbs.bw.schule.de/onmerz)

Es ist heute technisch möglich, selbst bewegte Bilder zu verändern. In der Werbung oder im Spielfilm ist das zulässig. Wenn ich mir aber die Nachrichten oder einen Dokumentarfilm anschaue, gehe ich davon aus, dass es um das wirkliche Leben geht. Aber das ist nicht mehr sicher. Auch diese Bilder können verändert sein.

78.1

1. Beschreibe am Beispiel von Michael Born die harten Gesetze des Medienmarktes.
2. *„Seit die technische Entwicklung den Eingriff in jedes Bild möglich gemacht hat, ist die Grenze zwischen Spielfilm und Wirklichkeit aufgelöst."* Diskutiert diese Aussage.
3. Erkläre die Möglichkeiten der Bildmanipulation am Beispiel der Bildfolge.

Seil oder Schlagstock? „Bild" entschuldigt sich.

Ein Foto löst Ärger aus. Von „bewusster Manipulation" spricht Bundesumweltminister Jürgen Trittin. Der Vorfall zeigt, dass Bilder – bearbeitet und beschnitten – nicht immer die volle Wahrheit sagen.

Gestern berichtigte und entschuldigte sich „Bild" mit einer kleineren Version des Fotos. ... „Wir bitten diesen Fehler zu entschuldigen", schrieb „Bild".

Trittin reicht dies nicht. Er kündigte an, den Presserat anzurufen. ... Trittin sagte, dieser Fehler sei nicht unabsichtlich geschehen.
Das Foto, am gleichen Tag im Magazin „Focus" vollständig und in Farbe erschienen, sei in „Bild" bewusst so geschnitten worden, dass es nicht mehr klar zu erkennen gewesen sei.

(aus: Hannoversche Allgemeine Zeitung, v. 1. 2. 2001, gekürzt)

79.1 Demonstrant Trittin („Bild"-Ausschnitt, Originalfoto)

4. Vergleicht die beiden Fotos und beschreibt die Unterschiede.
5. Warum wurde das Foto verändert?

Medien erzeugen Gefühle

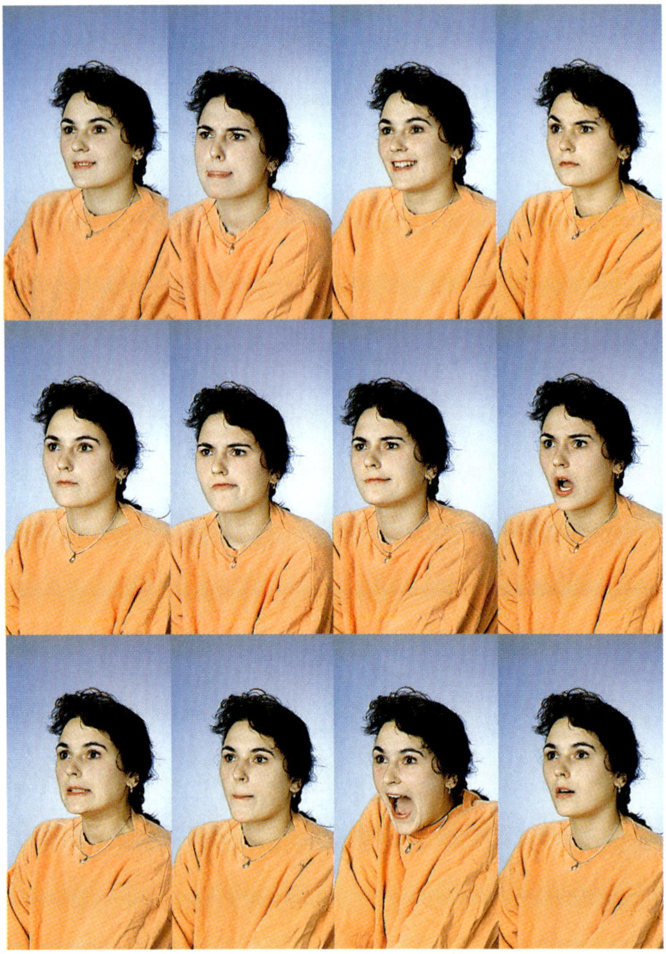

80.1 *Beim Sehen eines Videofilmes gefilmt*

80.2 *Karikatur*

Medien beeinflussen uns besonders stark, wenn sie unsere Gefühle ansprechen. Im Film wird das Leben immer viel dramatischer dargestellt, als es wirklich ist. Für unsere Filmhelden gibt es keine unlösbaren Probleme und die meisten Fernsehfilme haben ein Happy End.

Viele Jugendliche orientieren sich an ihren Stars und Filmhelden. Manche Mädchen kleiden sich wie Britney Spears, zu bewundern in ihrem neuesten Video auf Viva. Einige Jungen tragen die letzte Frisur von Fußballstar David Beckham.

1. Welchen Film sieht die Frau in Abb. 80.1? Welche Szene könnt ihr euch vorstellen? Welche Gefühle zeigt sie (Spannung, Freude, Angst, Erwartung usw.)?
2. Beschreibe deine Gefühle beim Sehen eines Films. Beginne so: *„Wenn ich einen Liebesfilm (Actionfilm usw.) sehe, ...“.* (Schülerkette)
3. Vergleicht das Verhalten des Mannes in der Karikatur (Abb. 80.2) während des Fernsehens mit seiner Aussage im Gespräch. Welche Gefühle werden in den einzelnen Szenen (Spannung, Freude, Angst, Erwartung usw.) dargestellt?

Daily Soaps – Es muss flutschen

Jugendliche Fans feiern die deutschen Daily Soaps als Kult. Viele gucken heimlich.

Verbotene Liebe, Gute Zeiten – Schlechte Zeiten, Marienhof, Unter uns … sind die erfolgreichsten Serien im deutschen Fernsehen. Bei der Zielgruppe der 14- bis 29-jährigen erreichen sie eine Einschaltquote von mehr als 35 Prozent.

Jeden Tag wird eine neue Folge gesendet. Also muss auch jeden Tag eine neue Folge gedreht werden. Fünfundzwanzig Sendeminuten pro Drehtag sind das tägliche Pensum. Um lange zu proben fehlt die Zeit. Hier muss es flutschen – es ist eben Seife.

Seifenopern müssen billig sein und schnell fertig werden: Man dreht auf Video und es laufen drei Kameras gleichzeitig. So spart man später beim Schneiden des Filmes Zeit. Komplizierte Außenaufnahmen sind selten. Meistens wird im Studio gedreht.

Zeit ist Geld und Geld ist knapp:
Bei *GZSZ* (wie *Gute Zeiten – Schlechte Zeiten* von den Fans genannt wird) muss der Produzent pro Sendeminute mit etwa 2500 Euro Produktionskosten auskommen. Bei anderen Serien sind die Kosten viermal so hoch. Eine Folge *GZSZ* kostet insgesamt 50 000 Euro.
Genauso viel muss eine Firma für den teuersten 30-Sekunden-Werbespot während der Sendung einer Folge von *GZSZ* an RTL zahlen.

Wir untersuchen Daily Soaps

Bildet Gruppen und untersucht tägliche Serien. Tragt die Ergebnisse eurer Arbeit in der Klasse vor und vergleicht sie miteinander. Die Fragen unten sollen euch bei der Gruppenarbeit helfen.

Hauptpersonen des Film

- Wie viele Frauen oder Männer sind es?
- Schätzt das Alter der Hauptpersonen und vergleicht es mit dem Alter der Personen, mit denen ihr täglich umgeht.
- Vergleicht die Berufe der Personen mit den Berufen von Menschen aus eurem Umfeld.

Die Handlung

- Wird in den Folgen der verschiedenen Serien das tägliche Leben treffend oder verzerrt dargestellt?
- Welche Schwierigkeiten, Probleme oder Konflikte tauchen auf?
- Wie werden sie gelöst?
- Wie wirken die Szenen auf euch?

Gründe für den Erfolg

- Nennt Gründe, warum ihr die Sendung guckt.
- Warum ist es wichtig, keine Folge zu verpassen?

Die Produktion

- Unter welchen Bedingungen werden Daily Soaps gedreht?
- Woran kannst du erkennen, dass die einzelnen Folgen mit wenig Geld in kürzester Zeit gedreht wurden?
- Untersucht die Werbespots kurz vor, während und nach der Folge. Inwieweit sind sie auf die Zuschauer zugeschnitten?

Multimedia

Multimedia – das bedeutet die Zusammenführung von Text, Daten, Sprache, Video und Musik. Computer und Telefon werden mit dem Fernsehgerät zum Multimedia-TV vernetzt. Immer schneller werden riesige Datenmengen durch die digitalen Netze geschickt. Wir können immer mehr Fernsehsender empfangen. Bereits heute laden wir uns Musiktitel aus dem Internet oder suchen dort Material für Referate. Selbst Nachhilfe gibt es heute schon im Internet.

Die Medien verändern sich ständig. Sie nehmen gleichzeitig immer mehr Einfluss auf unser Leben. Die rasante Entwicklung der neuen Informations- und Kommunikationstechnologien prägt unsere Zukunft.

Aber wie sieht diese Zukunft aus? Wie arbeiten und lernen wir? Wie kaufen wir ein? Wie erleben wir unsere Freizeit?

Wir benutzen heute die neuen Medien wie selbstverständlich. *SMS* und *Online-Shopping*, das *Handy* und das *Laptop* oder der *Online-Chat* sind aus dem Wortschatz eines Schülers nicht mehr wegzudenken.

Das Heim-Multimedia-TV

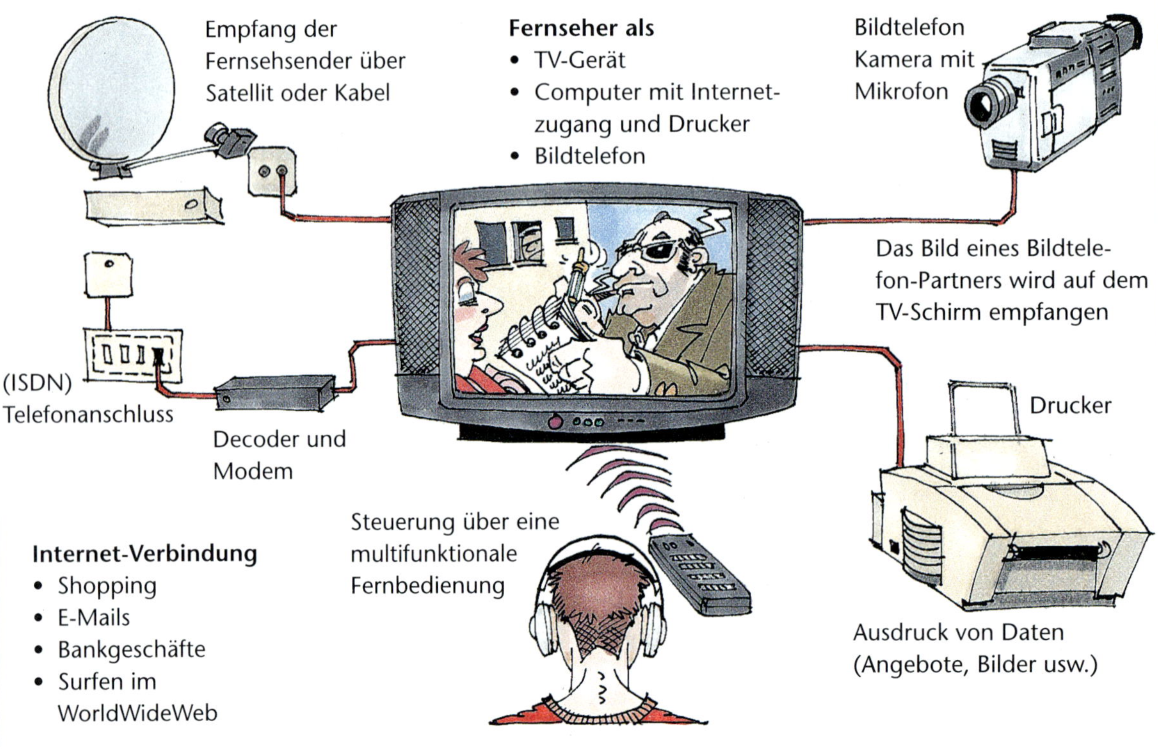

Es gibt aber auch nachdenkliche Stimmen, die dem elektronisch geprägten Lebensstil kritisch gegenüberstehen.

Interview mit Clifford Stoll, einem der „Gründerväter" des Internets. Inzwischen nennt er Websurfen und Computerkult reine Zeitverschwendung.

pl@net: *Sie mögen Computer, und finden sie gleichzeitig schrecklich. Sehen Sie da irgendeine Lösung?*

Clifford Stoll: *Ich habe keine Lösung. ... Computer stehlen ihre Zeit! Sie nehmen ihnen die Freunde weg. Das müssen Sie sich einmal vorstellen! Anstatt mit ihren Freunden zusammen einen Kaffee zu trinken, schreiben sie E-Mails. Anstatt zum Footballspiel zu gehen, hocken sie am Donnerstagabend vor dem Computer und surfen im World Wide Web. Die utopische Vorstellung ist: Das Internet bringt uns näher zusammen. Ich denke, es bringt mich bloß näher an Fremde heran. Dafür entfremdet mich das Internet von meinen Freunden.*

1. Was ist mit Multimedia gemeint?
2. *„Das Internet entfernt mich von meinen Freunden."* Was meinst du dazu?
3. Viele von euch besitzen ein Handy. Einige verschicken täglich SMS. Nenne Gelegenheiten dies zu tun.
4. Man kann das Handy nicht nur zum Telefonieren benutzen. Nennt andere Funktionen.
5. Die neuen Medien beeinflussen unser Zusammenleben. Sucht Beispiele.

Das will ich auch haben

Levi's
DIESEL
FOR SUCCESSFUL LIVING
Lee
MAUI-WOWIE
NIKE
AIR
swatch

Einstellungen zu Geld und Konsum

Ich gebe Geld aus so viel ich will, denn was kann man Besseres tun?
Baris, 15 Jahre

Ich bekomme kein Taschengeld, aber wenn ich etwas haben will, dann frage ich meine Eltern, ob sie mir Geld geben. Wenn ich Geld habe, dann spare ich es nicht. Ich gehe überhaupt nicht besonders sparsam mit Geld um. Warum auch?
Sabine, 15 Jahre

Man sollte nicht alles kriegen. Dann ist die Spannung weg.
Diana, 13 Jahre

Ich kann nie sparen, weil ich immer wieder schöne Sachen sehe.
Pelin, 14 Jahre

Ich gehe arbeiten und dadurch kann ich mir die Klamotten kaufen, die ich haben will und belaste dadurch meine Eltern nicht mit Geldausgaben.
Marcel, 14 Jahre

Ich gebe mein Geld gerne aus für gute Sachen, Kino, Schwimmbad, Fußball und dann noch für Computerspiele.
Tobias, 14 Jahre

Ich spare gern mein Taschengeld. Ich bekomme in der Woche keinen bestimmten Betrag. Für Kleinigkeiten gebe ich kein Geld aus, man sollte sich auch nicht alles kaufen.
Esra, 15 Jahre

Ich gehe sparsam mit dem Geld um, aber wenn ich mir unbedingt etwas kaufen will, kaufe ich es mir auch.
Rudi, 13 Jahre

1. Welche Einstellungen haben die Schülerinnen und Schüler zum Geld?
2. Welche Aussage kommt deiner Einstellung zum Geld am nächsten? Begründe.

Einmal Kunde – immer Kunde?

Jugendliche geben viel Geld aus für Bekleidung, CDs, Kino, Disko, Tabakwaren, Alkohol, Urlaub und Kosmetikartikel. Viele Unternehmen produzieren deshalb vor allem für Jugendliche. Junge Menschen sind eine attraktive Zielgruppe für Unternehmen.

Fachleute schätzen, dass den 12–21-Jährigen über 12 Milliarden Euro für Konsum zur Verfügung stehen. Unternehmen versuchen, schon junge Verbraucherinnen und Verbraucher für ihre Produkte zu gewinnen. Denn wer sie an seine Marke binden kann, hat sie in der Regel auch im weiteren Erwachsenenalter noch als guten Kunden. Markentreue oder Markenbindung, wie Fachleute sagen, beginnt schon in jugendlichen Jahren. Eine Untersuchung hat z. B. herausgefunden, dass 69 % der Levi's-Jeans-Träger von 1970 auch 1984 diese Marke kaufen.

1. Stell in eigenen Worten die Aussage des Schaubilds dar.
2. Warum ist es für Unternehmen so wichtig, Jugendliche früh an ein Produkt zu binden?
3. Erstellt eine Liste von Produkten, bei denen ihr immer bei der gleichen Marke geblieben seid.

60 % der 16-Jährigen, die 1970 Milka-Schokolade aßen, aßen auch 14 Jahre später immer noch Milka.

77 % der 16-Jährigen, die 1970 Coca-Cola tranken, sind bis heute der Coca-Cola treu geblieben.

62 % waschen ihre Wäsche noch mit Persil wie vor 16 Jahren.

69 % trinken heute noch Jacobs-Kaffee, weil diese Marke in ihrem Elternhaus getrunken wurde.

Bei der Treue zu einer einmal gewählten Bank sieht es so aus: 79 % sind ihrer Bank treu geblieben und lediglich 16 % haben einmal in ihrem Leben die Bank gewechselt.

(Text und Zeichnungen aus: Franz-Josef Kaiser, Jugend und Konsum, Launhardt-Verlag, Bad Heilbrunn 1985, S. 65)

Jugendliche geben viel Geld für teure Markenkleidung aus.

Was hältst du davon?

Zu dieser Frage hat sich eine Schülerin folgende Gedanken gemacht:

Fast täglich kann man beobachten, dass Mitschüler mit neuester Markenkleidung protzen. Sie machen sich über andere Schüler lustig, die sich diesen teuren Spaß nicht leisten können. Jeder kennt die Redewendung „Kleider machen Leute“. Aber trotzdem ist es fraglich, ob man sich diesem Trend unterwerfen soll oder nicht.

Durch das Tragen von Markenkleidern kann man seine finanziellen Möglichkeiten und seinen gesellschaftlichen Rang demonstrieren. Jeder kennt die einzelnen Marken und somit auch deren Preis. Deshalb kann man von der Kleidung auf sein Taschengeld oder die Unterstützung der Eltern schließen. Jeder, der sich Markenkleidung kauft, kann einen eigenen Stil wählen. ... Wer zu einer Gruppe gehört, muss sich manchmal nach dem Geschmack der Mitglieder richten, um dazuzugehören. Es ist dann ein gutes Gefühl, von dieser Gemeinschaft akzeptiert zu werden.

Aber Markenkleidung ist im Vergleich zu „No-Name-Kleidung“ oftmals viel teurer. Der Mehrpreis wird meist nur für den Markennamen aufgeschlagen. Trotzdem ist die Qualität oft nicht besser.

Die Menschen auf der Straße kann man nach ihrem äußeren Erscheinungsbild kaum noch unterscheiden. Alle richten sich nach denselben Modetrends: gegelte Haare und Schlaghosen. Die eigene Persönlichkeit kommt dabei aber nicht zur Geltung.

In Anbetracht der oben genannten Aspekte komme ich zu folgendem Schluss: Markenkleidung kann qualitativ hochwertig sein und ein bestimmtes Image verleihen. Aber Ähnliches gilt auch für andere Produkte.

Ob Markenkleidung ein bestimmtes Image verleiht, ist zu bezweifeln: Einen Menschen kann man nicht nach seiner Kleidung bewerten.

Daraus ergibt sich, dass Markenkleidung nicht unbedingt notwendig ist.

(URL: http://www.straubing.baynet.de/~b.gymnasium/eroerter.htm; Abrufdatum: 3. 1. 2001, verändert)

1. Welche Argumente sprechen nach Meinung der Schülerin für Markenprodukte, welche für „No-Name“-Produkte?
2. „Heute zieht nicht jeder das an, was ihm gefällt oder zu seinem Typ passt, sondern ahmt einfach nur Vorbilder oder Idole nach.“ Nimm Stellung zu dieser Aussage.
3. Erstellt eine Collage, die die derzeitigen Modetrends von Jugendlichen zeigt.
   Sprecht über eure Ergebnisse in der Klasse.
4. Was kannst du tun, wenn das Taschengeld nicht reicht?

Einstellung zur Mode – eine Befragung unter Schülern

Führt mithilfe des unten abgebildeten Fragebogens eine Befragung in eurer Schule durch.
Bevor ihr mit der Umfrage beginnt, probt erst einmal in der Klasse.
Nach der Befragung müsst ihr die Anzahl der Antworten (***ja***, ***nein*** und ***weiß nicht***) auszählen und in Prozent umrechnen.

Ihr könnt auch noch eine Umfrage unter Erwachsenen durchführen und die Ergebnisse dann miteinander vergleichen. Diskutiert die Ergebnisse eurer Befragung abschließend in der Klasse.

Fragebogen: Einstellung zur Mode

Ich stimme folgenden Aussagen zu …	***ja***	***nein***	***weiß nicht***
Modebewusstsein			
Mit meiner Kleidung möchte ich mich von anderen abheben			
Ich habe schon oft beobachtet, dass andere sich von meinem Bekleidungsstil anregen lassen			
Ich gehöre zu den Ersten, die neue Mode tragen			
Für Mode gebe ich ziemlich viel Geld aus			
Mir gefällt es, wenn andere bemerken, dass ich bestimmte Marken trage			
Spontanität			
Meine Kleidung kaufe ich immer ganz spontan			
Wenn mir ein Kleidungsstück gefällt, dann kaufe ich es, ohne auf den Preis zu achten			
Qualitätsbewusstsein			
Ich trage am liebsten Kleidung aus natürlichen Materialien (z. B. Baumwolle)			
Ich achte beim Kleidungskauf sehr auf Qualität des Materials			
Markenbewusstsein			
Ich kaufe öfter Kleidung derselben Marke			
Bei meiner Kleidung ist mir die Marke sehr wichtig			
Preisbewusstsein			
Ich kaufe meistens Sonderangebote			
Vieles, was heute angeboten wird, ist mir einfach zu teuer			
Aufgeschlossenheit			
Ich interessiere mich sehr für die neuesten Modetrends			
Ich kleide mich nur nach der neuesten Mode			
Unsicherheit			
Kleidung kaufe ich lieber mit jemand anderem zusammen			
Für meinen Geschmack wechselt die Mode viel zu häufig, ich blicke da gar nicht mehr durch			
Alter der befragten Person: ( ) Geschlecht der befragten Person: ( ) männlich ( ) weiblich			

Beispiel:
Es wurden 60 Schülerinnen und Schüler befragt
60 = 100 %

Mit meiner Kleidung möchte ich mich von anderen abheben.

ja	%	***nein***	%	***weiß nicht***	%
30	50	10	16,6	20	33,3

Werbung durchschauen

Wer Produkte verkaufen will, muss sie dem jugendlichen Konsumenten bekannt machen.
Gezielte Werbespots oder -anzeigen richten sich deshalb an diese Zielgruppe.

Unternehmen wollen mit Werbung den Verbraucher zum Kauf ihres Produktes veranlassen. Dazu müssen sie ein gutes und überzeugendes Image dafür aufbauen. Manchmal liefern sie auch Informationen über die Produkte. Werbefachleute setzen dazu ausgeklügelte und raffinierte Werbemethoden ein. Jugendliche sollen damit zum Kauf verführt werden.

Zentrale Bedeutung bei Werbeanzeigen haben die dargestellten Personen. Gesichtsausdruck, Mimik und Beziehungen zu anderen stellen eine Situation dar, die Lebenslust, Freude, Zuneigung oder andere Gefühle wecken. Besonders wichtig ist die Sprache in der Werbung. Diese beiden Elemente wollen wir gezielt untersuchen.

Die folgenden Fragen sollen dir helfen, Werbetricks zu durchschauen. Gehe die einzelnen Punkte durch und betrachte nacheinander die rechts abgebildeten Werbeanzeigen.

Aufmerksamkeit wecken

- Was wird in der Werbeanzeige dargestellt?
- Was fällt an den einzelnen Werbeanzeigen besonders auf?
- Beschreibe die Wirkung der Abbildungen und der Darstellung der Menschen auf dich
- Versuche zu belegen, mit welchen Wörtern der Produzent die Verbraucher ansprechen will.
- Die Sprache spielt eine besondere Rolle. Erkläre.
- Such dir eine Anzeige, die dich besonders anspricht und eine, die du nicht gut findest. Erkläre, wie sie auf dich wirken.

(Kauf)entscheidungen treffen

- Steht in den Anzeigen eine Information über das Produkt im Vordergrund? Erkläre.
- Liste die Informationen über das Produkt auf.

Gefühle und Bedürfnisse wecken

- Beschreibe deine Gefühle bei der Betrachtung der Werbeanzeige.
- Welche Bedürfnisse (z. B. Bedürfnis nach Freundschaften oder Ansehen in der Gruppe) sollen geweckt oder genutzt werden?
- Was verspricht die Anzeige der Verbraucherin oder dem Verbraucher?
- Stell eine Liste mit den Wörtern zusammen, die Gefühle wecken. Nimm dazu Stellung.

> Reichen die Informationen der beiden Anzeigen (93.1+2) für eine (Kauf)entscheidung aus? Begründe.

(aus: bravo girl, Nr. 20, v. 13. 9. 2000, S. 67)

(aus: bravo girl, Nr. 20, v. 13. 9. 2000, S. 2)

Auskommen mit dem Einkommen/Taschengeld

Kinder prägen das Leben in Familien. Die Betreuung und Versorgung der Kinder erfordert meist, dass ein Elternteil nicht mehr voll oder gar nicht berufstätig sein kann. Oft ist das *Einkommen* einer Familie mit Kindern so gering, dass Fahrten in den Urlaub oder die Anschaffung bestimmter Dinge nicht möglich sind. Entweder muss lange dafür gespart oder ganz darauf verzichtet werden. Besondere finanzielle Probleme können auftreten, wenn Eltern arbeitslos werden.

monatliches Einkommen	Familie Stein hat drei Kinder. Manuel, 12 Jahre, Julia, 10 Jahre und Niklas, 8 Jahre. Sie leben von Herrn Steins Einkommen. Frau Stein arbeitet gelegentlich im Krankenhaus.	
monatlicher Verdienst (Nettoeinkommen)	Herr Stein: Facharbeiter	1278 Euro
	Frau Stein: Krankenschwester	322 Euro
Kindergeld	für das 1. Kind	138 Euro
	für das 2. Kind	138 Euro
	für das 3. Kind	153 Euro
monatliches Gesamteinkommen		**2029 Euro**
monatliche Ausgaben		
Wohnungsmiete + Nebenkosten (Heizung, Strom, Wasser, Müllabfuhr)		580 Euro
Versicherungen		120 Euro
Kleidung, Schuhe		150 Euro
Lebensmittel		760 Euro
Auto		127 Euro
Telefon, Zeitung, TV		92 Euro
Rücklage für Urlaub		75 Euro
Taschengeld für die Kinder		25 Euro
Einzahlung auf Sparbuch		100 Euro
gesamt		**2029 Euro**

1. Wie viel Geld hat Familie Stein monatlich zur freien Verfügung?
2. Familie Stein braucht mehr Geld. Was könnte sie tun? Diskutiert.
3. Was bedeutet es für Kinder, wenn Eltern arbeitslos werden?

Taschengeld

Jeder bekommt welches, niemandem langt es! Viele Jugendliche bekommen mehr oder weniger viel Taschengeld.
Oft ist der Neid anderer groß, Oliver bekommt zum Beispiel 51 Euro im Monat und muss davon nur seine privaten Bedürfnisse stillen. Laura hingegen jammert ständig, dass sie wieder einmal auf dem Trockenen sitzt. Aber ihre Eltern sagen immer, dass sie sich das Geld einfach besser einteilen soll.

Orientierungshilfen für das monatliche Taschengeld:

12–13 Jahre	**ca. 18**	Euro
14–15 Jahre	**23**	Euro
16–17 Jahre	**31–41**	Euro

Hier sind einige Tipps, wie ihr mit eurem Geld besser auskommen könnt:

- Legt euch ein Taschengeldkonto zu. Auf dieses Konto können eure Eltern das Taschengeld monatlich überweisen. Damit habt ihr eine Sicherheit und ihr seid unabhängiger.
- Erkundigt euch bei Freunden, wie viel Taschengeld sie bekommen und was sie sich davon kaufen müssen. So habt ihr eine Orientierungshilfe.
- Verschafft euch anhand einer Tabelle einen Überblick über eure Finanzen. Notiert die **Einnahmen** und **Ausgaben.**
- Vergleicht die Preise und kauft möglichst dort, wo der Artikel am günstigsten ist.
- Nutzt bei größeren Anschaffungen die **Stiftung Warentest**, damit das Preis-Leistungsverhältnis stimmt und ihr gut informiert seid.
- Geschenke für Geburtstage: entweder selbst machen oder mit mehreren ein gemeinsames Geschenk kaufen.

(http://www.sozialnetz-hessen.de/moxbox/txeinm01.html, geändert)

1. Was macht ihr, wenn eurer Taschengeld für einen bestimmten Wunsch nicht reicht?
2. Welchen Tipp könntest du am ehesten umsetzen? Begründe deine Meinung.

Videorecorder oder Spülmaschine?

Mutter: Das wurde aber auch Zeit, der Abendbrottisch ist schon längst gedeckt. Ihr immer mit eurem Fußball.
Julia: Wir essen auch zu einer blöden Zeit.
Mutter: Möchtest du etwa, dass wir das Abendbrot nach dem Fernsehprogramm richten?
Julia: Wenn wir ein Videogerät hätten, wäre dieses Problem gelöst.
Manuel: Schwester, dass du auch mal einen starken Vorschlag machst, hätte ich von dir gar nicht erwartet. Finde ich gut, ein Videorecorder muss her.
Julia: Ich finde, seit wir Pay-TV haben, gibt es viel mehr gute Filme und Sendungen im Fernsehen. Außerdem haben wir endlich einen Sportkanal. Und wenn wir die Fußballspiele aufzeichnen, können wir sie später angucken.
Vater: Die Idee mit dem Videorecorder finde ich gut.
Mutter: Norbert, du willst doch nicht wirklich so ein Ding kaufen. Dann guckt ihr ja noch mehr in die Glotze.
Vater: Aber Sabine, wir haben schon so oft Krach deswegen gehabt. Und außerdem ist so ein Gerät eine feine Sache. Claudia und Michael haben auch einen Videorecorder. Und es muss ja auch nicht gleich der teuerste sein.
Mutter: Du sagst doch immer, was andere haben, interessiert dich nicht, und jetzt auf einmal. Ich finde, Julia sitzt schon genug vor der Glotze.
Manuel: Stimmt gar nicht! Norbert, wollen wir am Samstag in die Stadt gehen? Heute ist auch eine Beilage in der Zeitung vom Technikhaus.
Julia: Find ich gut, aber bei Technikstore gibt es noch mehr.
Manuel: Wo kaufen wir denn nun?

Mutter: Ich hab wohl gar nichts zu melden? Ihr überlegt schon, wo ihr das Gerät kaufen wollt – und wer soll bezahlen? Außerdem habt ihr beide bald Geburtstag. Vom Haushaltsgeld ist nichts mehr über! Ich komme so schon kaum klar. Manuel wollte gestern wieder mehr Taschengeld haben, und Julia kam heute morgen wegen einer neuen Hose – und es muss ja immer so 'ne Markenjeans sein.

Julia: Soll ich etwa in Lumpen rumlaufen? In der Clique tragen alle solche Hosen und noch ganz andere Sachen.

Vater: Ich trage auch gern gute Sachen, aber eure Sachen sehen aus wie von der Altkleidersammlung.

Julia: Ihr wisst doch gar nicht, was „hip" ist. Seht euch doch mal an, wie altmodisch ihr rumlauft.

Mutter: Hört auf und lenkt nicht ab. Ich seh das schon kommen. Ihr kauft Samstag so 'n Gerät, und das ganze Wochenende hängt ihr dann davor. Außerdem ist noch nicht geklärt, wer das Gerät bezahlt. Wenn ich daran denke, was es für ein Theater gab, als ich den Kauf einer Spülmaschine vorgeschlagen habe. Zum Abwaschen habt ihr keine Zeit, Fernsehen und Fußball sind ja auch wichtiger.

Vater: Nun übertreib mal nicht. Du kommst schon mittags nach der Arbeit nach Hause. Was soll ich da sagen? Wenn eine voll berufstätige Frau so ein Ding haben will, kann ich das ja noch verstehen.

Mutter: Wir können ja tauschen, Norbert. Ich geh wieder in meine alte Firma voll arbeiten und du gehst auf eine Teilzeitstelle. Das ist doch bei der Bundesbahn möglich. Außerdem wollen die doch sowieso Stellen abbauen.

Manuel: Finde ich stark, dann könntest du doch wieder das Training unserer B-Jugend übernehmen und mit zu den Turnieren fahren.

Vater: So einfach ist das nicht ...

Mutter: Ich sehe schon, anstelle der Spülmaschine, die wahrscheinlich noch günstiger wäre, wird also ein Videorecorder angeschafft. Das passt mir aber nicht, da spiel' ich diesmal nicht mit.

Spielt das Familiengespräch als Rollenspiel nach. Allgemeine Hinweise über das Rollenspiel findet ihr auf Seite 97.

Bearbeitet folgende Aufgaben:

1. Beschreibt den Konflikt. Nennt seine Ursachen.
2. Stellt die Argumente der beteiligten Personen zusammen.
3. Wer argumentiert gegen wen? Wer verbündet sich mit wem?
4. Diskutiert mögliche Konfliktlösungen. Bezieht dabei die Abb. auf S. 94 über das Einkommen von Familie Stein in eure Überlegungen mit ein.

TRIO-Methode: Das Rollenspiel

Zwischen Menschen gibt es unterschiedliche Interessen in Konflikten. Rollenspiele können sie veranschaulichen.

Die Spielerinnen und Spieler versuchen, das typische Verhalten der beteiligten Personen zu übernehmen und es nachzuspielen. Sie versetzen sich dazu in das Denken, Fühlen und Handeln anderer und übernehmen deren Rolle.

Nach Abschluss des Rollenspiels beteiligen sich Spielerinnen und Spieler sowie Zuschauerinnen und Zuschauer an der Auswertung. Sie beurteilen, ob die Rollen „richtig" gespielt wurden. Damit sich alle in ihre Rolle hineinversetzen können, erhalten sie für die Person, die sie im Spiel darstellen, eine Rollenbeschreibung. Aus dieser Beschreibung können sie entnehmen, welche Stellung und welches Interesse die Person in dem geschilderten Konflikt hat.

Der Ablauf eines Rollenspiels vollzieht sich in folgenden 4 Phasen:

1. Besprechung und Klärung der Situation
- Überlegt vor dem Spiel die Motive, Interessen und Gründe der einzelnen Personen. Setzt euch mit dem Konflikt auseinander, den die beteiligten Personen miteinander haben.

2. Vorbereitung des Rollenspiels
- Entscheidet euch, wer welche Rolle übernimmt.
- Dann liest jeder den Text durch und überlegt, wie die Person, die er darzustellen hat, in der Situation handeln könnte. Dabei sollte jeder für sich klären, welche Aussagen er besonders betonen muss, ob z. B. eine kleine Pause die Wirkung unterstützt usw.

3. Darstellung
- Probiert unterschiedliche Varianten aus und spielt mehrmals. Wer keine Rolle übernommen hat, ist als Beobachter besonders wichtig. Diese müssen genau hinsehen, damit sie hinterher gemeinsam mit den Spielern über den Verlauf diskutieren können. Deshalb solltet ihr vorher genaue Fragen zur Beobachtung aufstellen, z. B. wie verhält sich Person x gegenüber Person y? oder Wie gehen die Mitspieler aufeinander ein?
- Manchmal ist es sinnvoll, die Rollen zu tauschen. So lässt sich die Situation und das Verhalten auch aus dem Blickwinkel eines anderen erleben und betrachten.

4. Auswertung
Diese Fragen können euch helfen:
- Wie haben sich die Spielerinnen und Spieler in ihren Rollen gefühlt?
- Wie haben sie ihre Rollen dargestellt?
- Sind die Spieler aufeinander eingegangen?
- Welche Erfahrungen lassen sich aus dem Spiel gewinnen?
- Welche Ergebnisse lassen sich festhalten?
- Welche Unterschiede bestehen zwischen Spiel und Wirklichkeit?
- Wie kann der Konflikt gelöst werden?

Der Fahrradkauf

Sascha spart seit zwei Jahren auf ein neues Fahrrad. Er möchte sich ein Treckingrad kaufen. Alle in seiner Clique fahren so ein Rad. Er geht in das Geschäft, in dem auch die meisten seiner Freunde gekauft haben.

98.1

98.2

Kaufentscheidungen hängen von vielen Umständen ab. Sie orientieren sich z. B. an der Markentreue, dem Aussehen eines Produktes oder weil es die Freunde in der Clique auch haben.
Durch Vergleich von Waren und Preisen lässt sich oft viel Geld sparen. Das Angebot jedoch ist groß und unübersichtlich. – Wie finde ich nur die preiswerteste und beste Ware?
Die **Verbraucherzentralen** bieten hier ihre Hilfe an. Sie informieren und beraten, z. T. kostenlos, über viele Produkte. Sie arbeiten meist mit Unterlagen der Stiftung Warentest, die auch die Zeitschrift *„test"* herausgibt.

MOUNTAIN- UND CROSS-TREKKINGBIKES — STIFTUNG WARENTEST

test Mai 2001	Mittlerer Preis in Euro ca.	Fahren	Sicherheit/ Haltbarkeit	Einstellen/ Reparieren	test-QUALITÄTSURTEIL
Gewichtung		45 %	35 %	20 %	
MOUNTAINBIKES					
Simplon Laser	1023	+	++	+	GUT (1,7)
Scott Navajo	872	+	+	+	GUT (2,0)
Specialized Rockhopper	844	+	+	○	GUT (2,0)
BeOne Mason	921	+	+	+	GUT (2,1)
Bianchi 940 SF	921	+	+	○	GUT (2,1)
Kettler Adventure	716	+	+	+	GUT (2,1)
Trek 4900	1023	+	+	+	GUT (2,1)
Focus Black Forest	921	○	+	+	GUT (2,2)
Merida Down Under	767	+	+	+	GUT (2,2)
Wheeler 4900ZX	872	○	+	+	GUT (2,3)
KTM Ultra Ride	921	+	⊖	+	BEFRIEDIGEND (2,8)
Corratec Free Ride	870	+	⊖	+	BEFRIEDIGEND (3,0)
Bergamont Virus Race	870	○	⊖	○	BEFRIEDIGEND (3,4)
Centurion Backfire 800	829	+	− *)	+	MANGELHAFT (5,0)
Giant ATX Suspension	870	+	− *)	+	MANGELHAFT (5,0)
CROSS-TREKKINGRÄDER					
Hercules Cheetah	767	+	++	+	GUT (2,0)
KTM Life Cross	870	+	+	+	GUT (2,1)
Centurion Cross	629	+	+	+	GUT (2,1)
Focus Red Falls	872	○	○ *)	+	BEFRIEDIGEND (2,7)
Wheeler 4600 ZX	798	○	○ *)	+	BEFRIEDIGEND (2,9)
Scott Atacama Tour	872	+	− *)	+	MANGELHAFT (5,0)
Trek 7300 FX	665	○	− *)	○	MANGELHAFT (5,0)

Reihenfolge der Bewertung:
++ = sehr gut (0,5–1,5),
+ = gut (1,6–2,5),
○ = befriedigend (2,6–3,5),
⊖ = ausreichend (3,6–4,5),
− = mangelhaft (4,6–5,5).

Bei gleicher Note Reihenfolge nach Alphabet.
***) Führt zur Abwertung**

Spielt das Verkaufsgespräch im Rollenspiel nach. Hinweise hierzu findet ihr auf Seite 97.
Bearbeitet auch folgende Aufgaben:

1. Wo könnte sich Sascha noch über Treckingräder informieren?
2. Welche Anforderungen würdet ihr an ein Treckingrad stellen?
3. Auf welche Punkte hat die Stiftung Warentest beim Test der Treckingräder geachtet?
4. Zu welchem Fahrrad würdet ihr Sascha raten? Beachtet die Ergebnisse der Stiftung Warentest, den Preis und Saschas Geld.

Naturkatastrophen – Bedrohung durch die Natur?

100.1 *Ein Vulkan bricht aus*

101.1 *Zerstörungen nach einem Erdbeben*

101.2 *Hochwasser im Flusstal*

Die Erde bebt

102.1 *Erdbebenopfer vor ihren zerstörten Häusern*

102.3 *Das Erdbebengebiet*

Eines der schwersten Erdbeben der letzten fünfzig Jahre ereignete sich am 26. Januar 2001 im Nordwesten Indiens. Die Erdstöße mit einer Stärke von 7,9 auf der **Richterskala** richteten verheerende Verwüstungen an. Mindestens 25 000 Menschen starben, 200 000 wurden verletzt, 600 000 hatten keine Wohnungen mehr. Dörfer und Städte im Erdbebenzentrum waren nach den Erschütterungen dem Erdboden gleich. Die Gebäude fielen wie Kartenhäuser zusammen. Nur wenige waren erdbebensicher gebaut. Viele Menschen hatten dafür kein Geld.
Weite Teile der Region waren von der Außenwelt abgeschnitten, weil Eisenbahnstrecken, Brücken und Straßen zerstört waren.

Die meisten Überlebenden der Katastrophe hatten nichts von ihrem Besitz retten können. Es fehlte ihnen das Nötigste zur Versorgung. Sie mussten im Freien schlafen, da es keine Unterkünfte für sie gab. Nahrungsmittel waren knapp. Es gab keinen Strom und kein fließendes Wasser. Die zahlreichen Verletzten konnten oft nur notdürftig medizinisch versorgt werden.

Baumängel verschärften Folgen des Bebens

Neu Delhi – Obwohl der Nordwesten Indiens stark erdbebengefährdet ist, sind Privatleute nicht verpflichtet, erdbebensicher zu bauen. Es fehlen Gesetze, die private Bauherren zwingen, Vorsichtsmaßnahmen einzuplanen.
Empfehlungen werden nicht beachtet, weil viele Familien dafür kein Geld haben. Sie bauen ihre Häuser in traditioneller Bauweise selbst. Die Decken bestehen beispielsweise aus Balken, deren Zwischenräume mit Steinen ausgelegt sind. Derartige Konstruktionen fallen bei einem Erdbeben leicht zusammen.
Aber auch mehrstöckige Mietshäuser werden oft nicht erdbebensicher gebaut. Skrupellose Bauunternehmer missachten um Geld zu sparen notwendige Sicherheitsmaßnahmen. So stürzten in den Städten vor allem Neubauten der letzten Jahre ein und begruben tausende Bewohner unter sich.

(aus: spiegelOnline v. 28. 1. 2001, gekürzt und verändert)

102.2 *Zeitungsbericht*

Eine Katastrophe von diesem Ausmaß konnte Indien nicht alleine bewältigen. Für die Erdbebenopfer war die internationale Unterstützung lebenswichtig. Aus allen Teilen der Welt kamen Hilfsgüterlieferungen mit Nahrungsmitteln, Medikamenten, Decken oder Zelten. Tausende Freiwillige halfen bei der Versorgung. Notärzte und Sanitäter kümmerten sich in mobilen Feldkrankenhäusern um die Verletzten.

Bereits wenige Stunden nach dem Beben waren Rettungsteams im Einsatz, die mit Spürhunden und Ortungsgeräten in den Schuttbergen nach Überlebenden suchten. So konnten noch 56 Stunden nach dem Erdbeben mehrere Personen aus den Trümmern eines achtstöckigen Hauses gerettet werden.

103.1 *Trinkwasser für Erdbebenopfer*

103.2 *Ein Suchhund im Einsatz*

Daneben waren auch andere Hilfsmaßnahmen dringend erforderlich. Es bestand unter anderem eine dramatische Wasserknappheit.
Verschmutztes Trinkwasser führte zu Durchfallerkrankungen. Die Ausbreitung von Seuchen, z. B. Cholera und Typhus, drohte.

In der am schlimmsten zerstörten Stadt Bhuj, im Zentrum des Bebens, errichteten Mitarbeiter des Technischen Hilfswerkes Deutschland eine mobile Trinkwasseraufbereitungsanlage. Durch diese Anlage erhielten die Menschen täglich bis zu 96 000 Liter sauberes Trinkwasser.

1. Trage in eine Tabelle die Zerstörungen von starken Erdbeben ein. Ergänze jeweils die Folgen für die Menschen.

Zerstörungen	Folgen für die Menschen

2. Schreibe auf, welche Hilfsmaßnahmen nach der Katastrophe notwendig sind. Warum ist eine schnelle Hilfe wichtig?
3. Warum gab es bei dem Erdbeben in Indien so viele Tote?
4. Das Foto 102.1 wurde wenige Tage nach dem Erdbeben aufgenommen. Welche Gedanken mögen die Personen auf dem Bild haben?

Die Erdkruste ist in Bewegung

Die Erde ist kein einheitlich fester Körper. Nur ihre äußere Schale, die Erdkruste, ist aus festem Gestein. Sie ist sehr dünn und setzt sich aus einzelnen großen Platten zusammen. Zum Erdmittelpunkt hin wird es immer heißer. Unter der Erdkruste betragen die Temperaturen mehr als als 1000° Celsius. Das Gestein beginnt zu schmelzen. Der zähe Gesteinsbrei heißt **Magma**. Das Magma kann sehr langsam fließen. Dabei werden die Platten der Erdkruste „huckepack" mitbewegt. Das ist vergleichbar mit Eisschollen, die im Wasser treiben.

Die Strömungen im Magma bewegen die Platten in unterschiedliche Richtungen. Sie gleiten aneinander vorbei, werden auseinandergedrückt oder aufeinander zu bewegt. Wo zwei Platten gegeneinander stoßen, entwickeln sich gewaltige Kräfte. Eine Platte schiebt sich unter die andere. Oft verhaken sie sich ineinander.

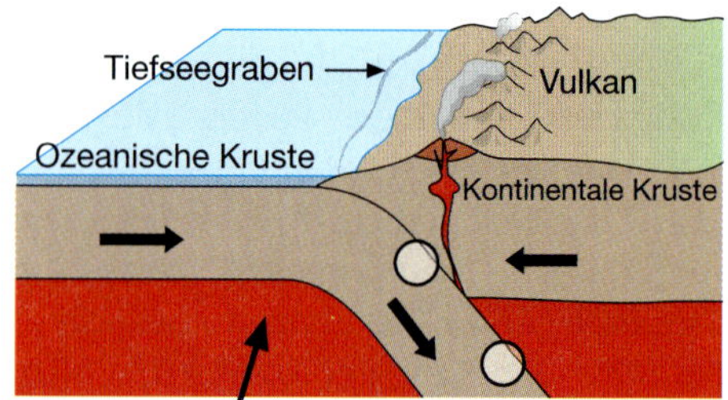

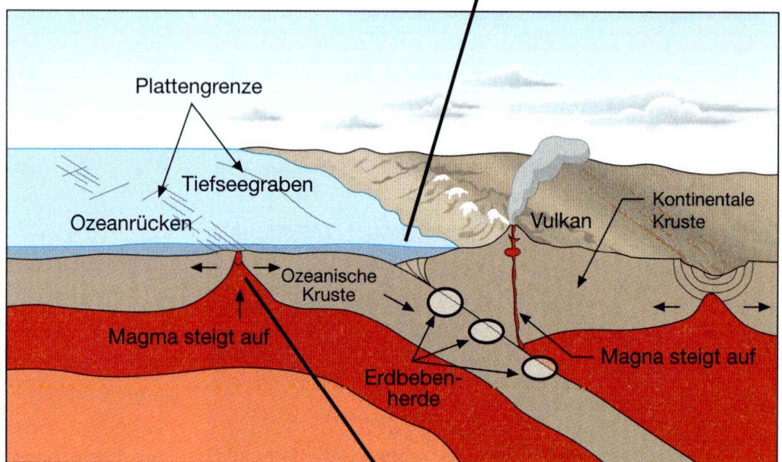

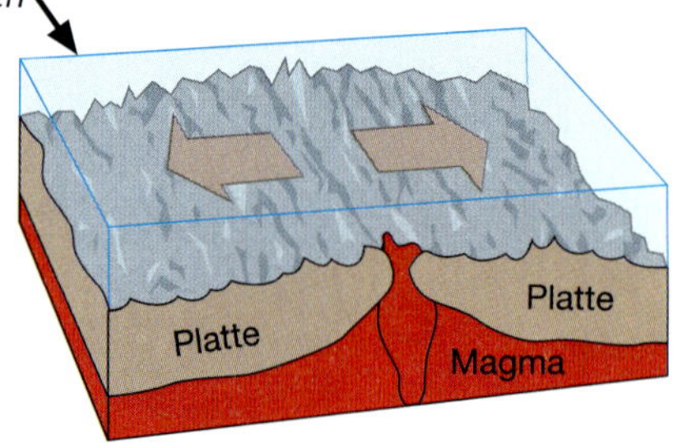

104.2 Vorgänge an den Plattengrenzen

Wird die Spannung zu groß, kommt es zu ruckartigen Verschiebungen. Die Erdkruste erschüttert an dieser Stelle. Der Erdbebenherd kann in einer Tiefe von 50 bis 700 km liegen. Senkrecht darüber befindet sich an der Erdoberfläche das Erdbebenzentrum. Hier ist das Beben am stärksten zu spüren.

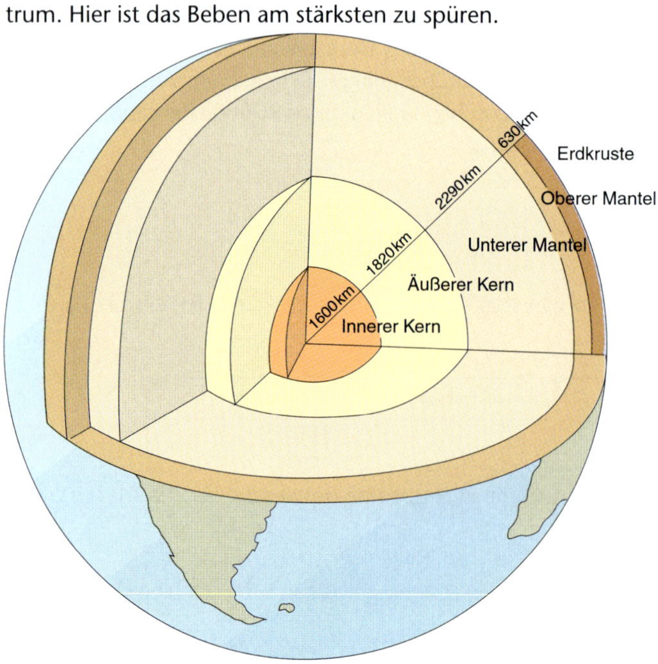

104.1 Der Schalenaufbau der Erde

Der Schalenaufbau der Erde
Die erste Schicht, die *Erdkruste*, ist unter den Ozeanen nur 6–10 km dick, im Bereich der Kontinente ca. 50 km. Darunter befindet sich der *Erdmantel*. Er ist ca. 2900 km dick. Es schließt sich der *Äußere Erdkern* an, der ungefähr bis in eine Tiefe von 5100 km reicht. Im *Inneren Erdkern* ist es bis zu 6000° C heiß.

Die Bewegungen an den Plattenrändern könnt ihr in Modellversuchen nachstellen. Ihr braucht dazu z. B. Styroporplatten, auf die ihr Modellhäuser oder -figuren stellt. Verschiebt die Platten gegeneinander. Sie sollten sich dabei verhaken und ruckartig wieder lösen. Beobachtet, wie sich das auf die Häuser und Figuren auswirkt.

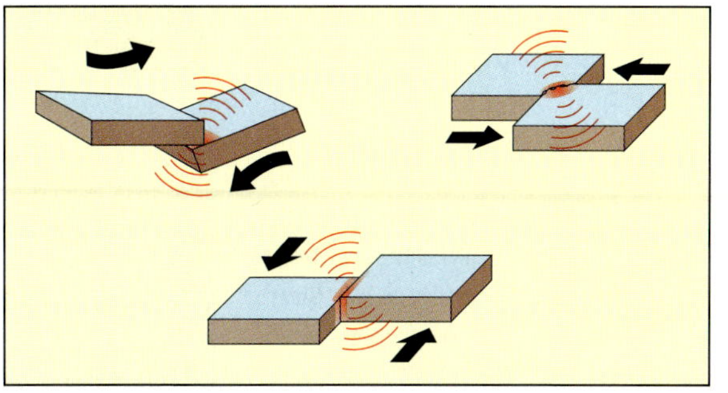

Pazifischer Feuerring (A)
Gürtelartige Zone um den Pazifischen Ozean mit häufigen Erdbeben und Vulkanausbrüchen

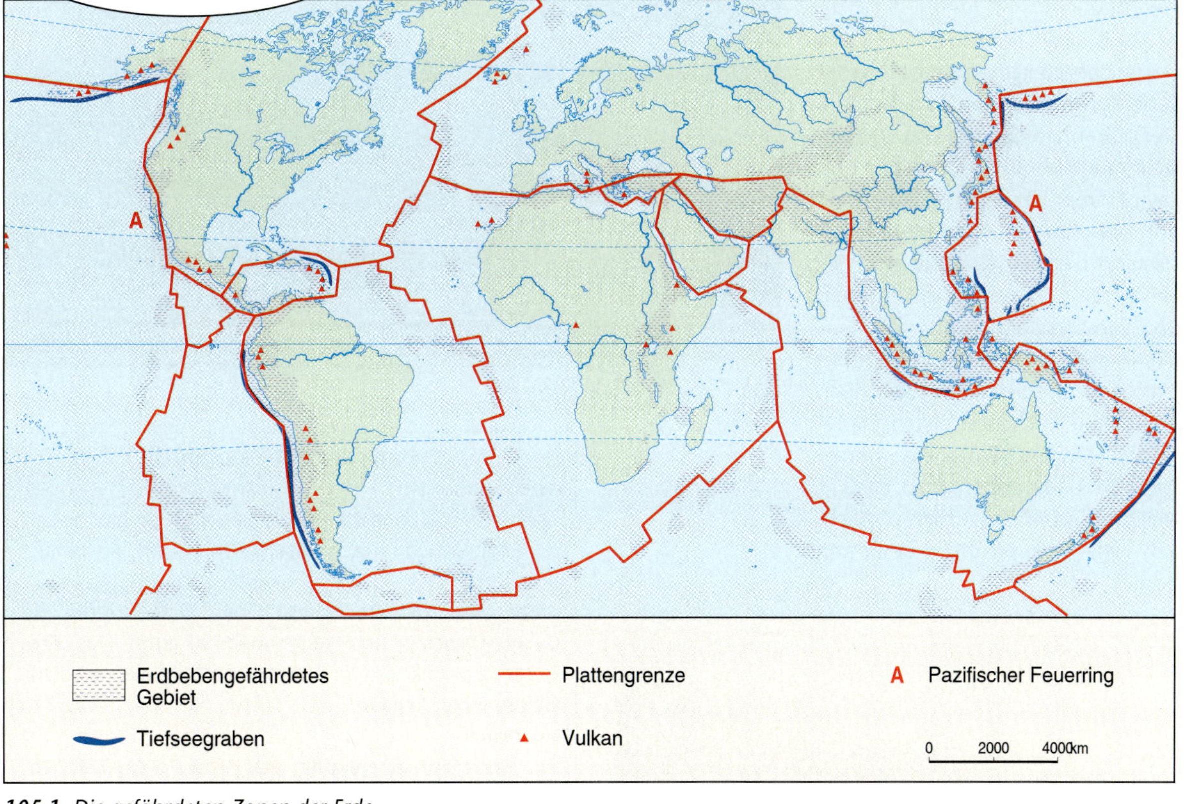

105.1 Die gefährdeten Zonen der Erde

1. Beschreibe den Schalenaufbau der Erde (Abb. 104.1).
2. Erkläre nach Abb. 104.2 die Vorgänge an den Plattenrändern.
3. Schreibe nach dem Atlas und der Karte 105.1 die Namen von Ländern heraus, die in den gefährdeten Zonen der Erde liegen.
4. Welche Gebiete gehören zum „Pazifischen Feuerring"?

Der Ausbruch des Pinatubo

Die Menschen, die auf der Inselgruppe der Philippinen in der Nähe des Berges Pinatubo lebten, waren gewarnt worden. Der bevorstehende Ausbruch hatte sich Monate vorher angekündigt. Der Vulkan wurde daher von Wissenschaftlern rund um die Uhr beobachtet. Dennoch konnte niemand den Zeitpunkt und die Stärke des Ausbruchs genau vorhersagen. So waren die verheerenden Folgen nicht abwendbar.

Der Ausbruch kam dann nach einer Serie von gewaltigen Explosionen. Der Vulkan schleuderte Gas und Gesteinsstaub heraus. Ascheregen und Lavaströme begruben Siedlungen und Ackerland im dicht besiedelten Umland des Berges unter sich. Sie zerstörten Versorgungsleitungen und Verkehrswege.

Die meisten Menschen in dem betroffenen Gebiet konnten noch rechtzeitig nach den ersten Explosionen fliehen. Trotzdem kamen rund 850 Menschen um. Etwa 1 Million Menschen wurden obdachlos. Viele verloren ihren gesamten Besitz.

106.2 Der Pinatubo bricht aus

106.1 Schlammströme überdecken das Land

Chronik des Vulkanausbruchs

Ankündigung

April 1991: Nach mehr als 500 Jahren Ruhe gibt es erste Explosionen mit Wasserdampf- und Ascheausbrüchen.

Anfang Juni 1991: Der Pinatubo bebt. Er stößt glühende Gesteinsbrocken und kochenden Schlamm aus. Das Gebiet im Umkreis von 20 km um den Vulkan wird zur Gefahrenzone erklärt.

Ausbruch

12. Juni 1991: Es ereignen sich schwere Explosionen. Eine Rauch- und Aschewolke steigt bis 20 km auf. Ascheregen geht auf das Umland nieder. Weitere Explosionen erfolgen um Mitternacht des Tages. Ein Lavastrom ergießt sich in die Flüsse.

13. und 15. Juni 1991: Weitere Explosionen mit Ascheregen und Lavaausstoß.

16. Juni 1991: Der Vulkan kommt zur Ruhe. Die Bergkuppe des Pinatubo ist durch die Explosionen um 250 m abgetragen worden.

Ein Jahr später

Juli bis September 1992: Neue Explosionen und Ascheausstoß. Gleichzeitige, heftige Regenfälle lösen Schlamm- und Geröllawinen aus.

107.1 Verwüstungen nach dem Ausbruch des Vulkans

Sie flohen mit Ochsenkarren

„Erst hat es gedonnert und gedröhnt, die Erde bebte, dann hat es gezischt. In der Luft lag ein fauliger Gestank. Dann kam ein gewaltiges Grollen und die Sonne verdunkelte sich. Steine flogen umher, so groß wie der Kopf eines Mannes. Kleine glühende Teilchen regneten herab. Um mich herum war alles weiß. Da bin ich einfach davon gelaufen".

Micker, ein Bauer aus einem Dorf am Nordhang des Pinatubo, konnte sich rechtzeitig in Sicherheit bringen. Die ersten Explosionen lösten in unmittelbarer Nähe des Vulkans eine regelrechte Völkerwanderung aus. Zehntausende flüchteten aus den Dörfern, auf Ochsenkarren oder zu Fuß. Ihre Wasserbüffel, Rinder oder Ziegen zogen sie am Seil hinter sich her. Manche hatten nicht einmal Zeit, ihre spärliche Habe zusammenzupacken. Andere schoben Karren mit Reissäcken und Kleiderbündel beladen, und obenauf Kleinkindern. Hühner und Gänse waren an den Füßen zusammengebunden und in Körben und Kochtöpfen verzurrt.

(aus einem Zeitungsbericht, dpa, v. 14. Juni 1991)

1. Suche im Atlas die Inselgruppe der Philippinen. Auf welcher Insel liegt der Pinatubo? Er ist ungefähr 100 km nordwestlich von der Hauptstadt Manila.
2. Beschreibe den Ablauf des Vulkanausbruchs. Gliedere in: *Vor, während und nach dem Ausbruch.*
3. Schreibe nach den Texten die Schäden auf, die durch den Ausbruch des Pinatubo entstanden sind.

Ein Vulkan entsteht

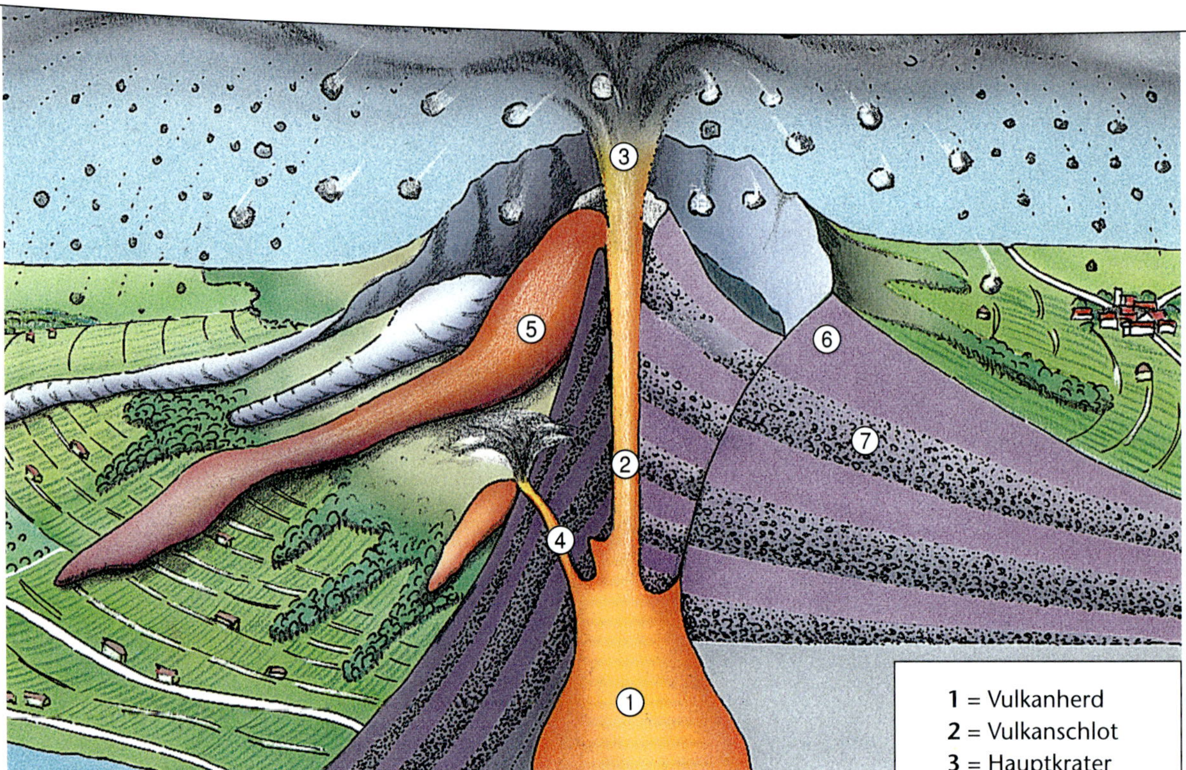

108.1 Blockbild von einem Vulkan

In den Erdbebengebieten kommen auch die meisten Vulkanausbrüche vor (vergleiche Abb. 105.1). Durch die Bewegungen an den Plattenrändern entstehen Risse und Spalten in der Erdkruste. Das Magma zwängt sich in ihnen bis knapp unter die Erdoberfläche. Zum Ausbruch kommt es, wenn der Druck frei werdender Gase aus dem Erdinnern zu groß ist. Gas und Wasserdampf sprengen wie bei einer Explosion die Erdkruste auf und entweichen durch den Vulkanschlot. Große Gesteinsbrocken werden mit gewaltiger Wucht mehrere 100 m hoch geschleudert. Die feine Vulkanasche verteilt sich bei starkem Wind viele Kilometer weit um den Vulkan.

Ist der Weg frei, strömt das Magma aus den Kratern des Vulkans und wird dann **Lava** genannt. Sie fließt die Berghänge hinab und verbrennt oder vernichtet alles, was auf ihrem Wege liegt.

108.2 Lavastrom

1. Zeichne nach dem Blockbild (Abb. 108.1) den Querschnitt eines Vulkans.
2. Ein Vulkantyp wie in dem Blockbild heißt Schichtvulkan. Finde eine Erklärung für die Bezeichnung.
3. Beschreibe den Ablauf eines Vulkanausbruchs. Benutze die Begriffe aus Abb. 108.1.

TRIO-Methode: Wir bauen ein Vulkanmodell

Du kannst dein Vulkanmodell nach dem Blockbild anfertigen (Abbildung 108.1).

Folgendes Material benötigst du:
Sand zum Aufbau des Kegels, Tapetenkleister, Folie, Zeitungspapier, Deck- oder Abtönfarben, Kerzenwachs.

Arbeitsschritte

1. Gestalte aus dem Sand auf einer Grundplatte den Kegel des Vulkans nach (Abb. 109.1). Decke die Platte vorher mit Folie ab.

2. Schneide oder reiße das Zeitungspapier in Teile, die 10 bis 15 cm Seitenlänge haben. Tauche die Stücke für die erste Lage in Wasser und belege den Sandkegel mit ihnen.
Bestreiche die Lage dünn mit dem vorbereiteten Kleister und lege weitere Papierstücke auf. Verfahre so weiter, bis 6 bis 7 Lagen übereinander sind.
Für die letzte Lage benutze unbedrucktes Papier.

Nach ungefähr 3 bis 4 Tagen sind die Lagen trocken und fest. Nun kannst du den Papierkegel vom Sand abheben.

3. Male nun die Oberfläche deines Modells farbig an. Kerzenwachs eignet sich gut zur Nachbildung der Lavaströme (Abb. 109.2).
Beschrifte die Teile des Vulkans.

Erweiterungsschritt

Falls du zusätzlich den Querschnitt gestalten willst (Abb. 109.3), musst du den Kegel nach dem Trocknen in zwei Teile schneiden. Die Teile werden jeweils mit den Schnittkanten auf Pappe gestellt und der Umriss des Kegels nachgezeichnet.

Schneide den Umriss aus. Klebe die Schnittkanten des Kegels und die Pappe zusammen. Auch hierzu kannst du Papierstücke und Kleister verwenden.

Male die unterschiedlichen Schichten auf die Pappe. Bei einem richtigen Vulkan gibt es Hunderte von Asche- und Lavaschichten.

Das Modell kann nun zusammengestellt oder auseinander genommen werden.

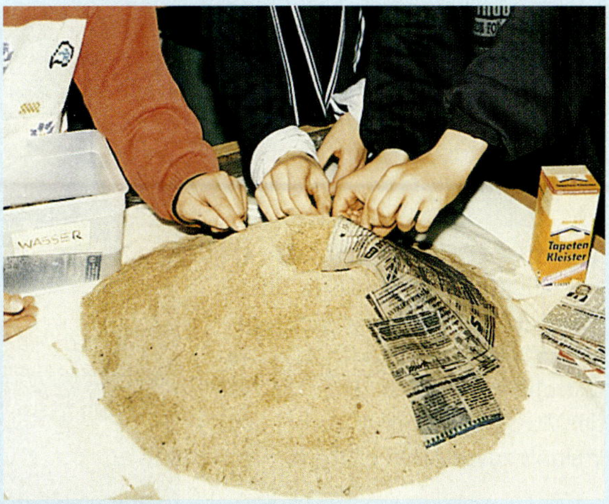

109.1 Der Sandkegel wird gebaut

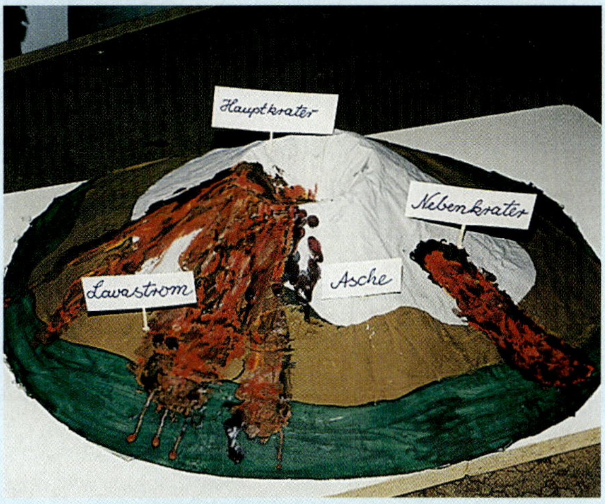

109.2 Das fertige Vulkanmodell

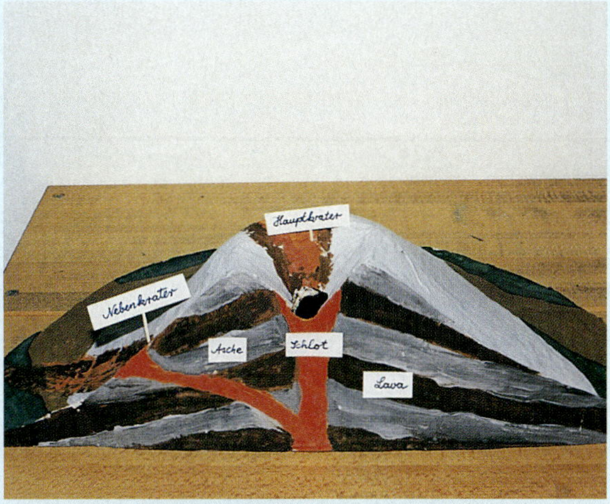

109.3 Modell mit aufgezeichnetem Querschnitt

Hochwasser bedrohen die Menschen

Hochwasser sind natürliche Erscheinungen. Auslöser sind lang anhaltende, starke Regenfälle. Hinzu kommen meistens große Wassermassen von der Schneeschmelze in den Bergen.

In den letzten 10 Jahren waren die Menschen entlang der Flüsse Rhein, Main, Mosel oder Saar fast regelmäßig von Überschwemmungskatastrophen betroffen. Jedes Mal war der Wasserstand höher als bei dem Ereignis zuvor.

Immer häufiger treten solche Hochwasserereignisse auf. Wie kommt es dazu?

110.2 Rhein und Mosel treten über die Ufer

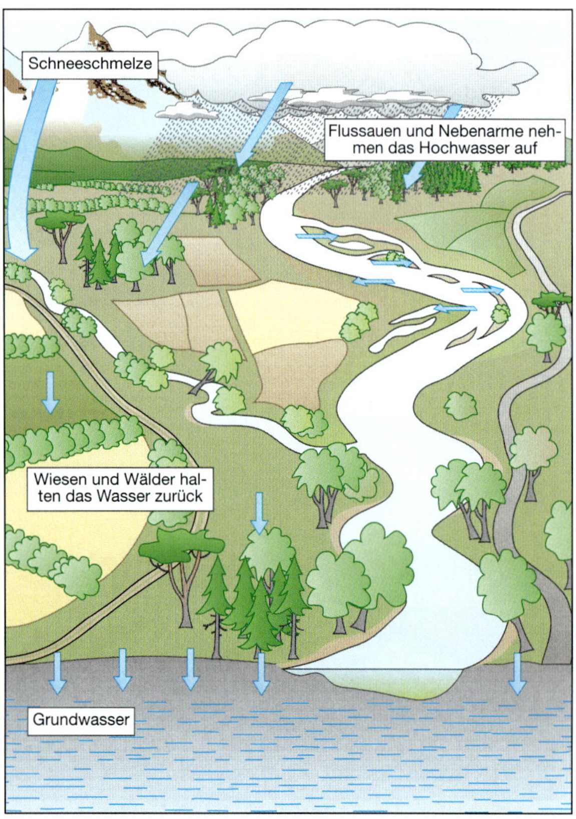

Die Nebenarme werden trockengelegt, die Flussauen entwässert. Wälder müssen Feldern weichen. Der Fluss verliert seine natürlichen Überschwemmungsflächen.

Der Fluss wird begradigt. Er verliert seine Flussschlingen. Der Flusslauf verkürzt sich. Das Flussbett wird befestigt und eingedeicht. Der Fluss fließt schneller.

Das Flusstal wird besiedelt. Der Bau von Orten und Straßen versiegelt die Oberfläche.

Das Regenwasser wird in die Kanalisation geleitet und von dort in den Fluss.

110.1 Die natürliche Flusslandschaft ... *wurde durch die Eingriffe der Menschen verändert ...*

Seit 150 Jahren haben die Menschen die Flusslandschaften des Rheins und seiner Nebenflüsse stark verändert (Abb. 110.1).

Durch die **Versiegelung** der Landschaft versickert immer weniger Wasser im Boden. Es gelangt direkt in die Flüsse. Der Rhein muss in einem begradigten, wesentlich schmaleren Bett größere Wassermassen aufnehmen.

Die Fließgeschwindigkeit erhöht sich. Dies ist mit einem Wasserstrahl aus einem Gartenschlauch zu vergleichen, den man mit den Fingern zusammenpresst. Auch die Nebenflüsse führen nun dem Rhein in kürzerer Zeit größere Wassermengen zu. Der Wasserstand steigt. Das Hochwasserrisiko erhöht sich.

Gefährdet sind vor allem die Menschen in ufernahen Wohngebieten. Das Wasser dringt in Keller und Wohnungen ein. Tausende müssen ihre Häuser verlassen. Andere werden von Hilfskräften mit Booten versorgt.

111.1 Menschen werden gerettet

In der Stadt Koblenz stand z. B. bei dem Hochwasser von 1995 ein Fünftel der Stadtfläche unter Wasser. Etwa 7000 Menschen waren hier von den Fluten betroffen.

und sieht heute so aus.

1. Verfolge im Atlas den Verlauf des Rheins. Wo befindet sich seine Quelle, in welches Meer mündet der Fluss?
2. Schreibe die Namen der Nebenflüsse des Rheins auf.
3. Wie hat sich die natürliche Flusslandschaft verändert? Ordne die Eingriffe der Menschen den Zahlen 1 bis 4 in der rechten Zeichnung zu (Abb. 110.1).

TRIO-Methode: Wir messen die Fließgeschwindigkeit eines Baches

Planung

Die Begradigung von Flussläufen erhöht unter anderem die Fließgeschwindigkeit des Wassers (vergleiche S. 110/111). Das könnt ihr in einem Versuch an unterschiedlichen Bachstrecken überprüfen. Sucht euch dazu in der Nähe eures Schulortes einen natürlichen und einen begradigten Bachlauf.

Tipp: Das Bau- und Umweltamt eurer Stadt- oder Gemeindeverwaltung kann euch dabei helfen.

Das benötigt ihr für den Versuch:

1. Ausmessen der Strecken: ein aufrollbares Maßband oder eine 20 m lange Schnur mit Knoten nach jeweils 5 m.
2. Markieren der Strecken: Fähnchen oder Stöcke.
3. Schwimmkörper: Holzstückchen oder Schnipsel aus Papier oder kleine aufblasbare Schwimmkörper. Benutzt zur Vergleichbarkeit der Messungen jeweils mehrere der gleichen Art.
4. Zeitmessung: Stoppuhr oder Armbanduhr.
5. Kleidung: Wetterfeste Jacke, eventuell Gummistiefel.

Ausführung

Messt zunächst am Ufer die Strecken ab, z. B. 10 oder 20 m. Markiert Anfang und Ende der Strecken.
Arbeitet in Gruppen von mindestens drei Schülern. Ihr könnt euch die Arbeit teilen:
Einer setzt auf Zuruf den Schwimmkörper ins Wasser. Der Zweite bedient die Stoppuhr. Der Dritte füllt das Messprotokoll aus.
Das sollte darin enthalten sein:
- Zeit in Sekunden, die der Schwimmkörper für die Messstrecke benötigt.
- Fließgeschwindigkeit in Metern pro Sekunde (m/s = Länge der Strecke geteilt durch gestoppte Zeit).

112.2 Natürlicher Bachlauf

112.3 Begradigter Bachlauf

Zur Auswertung des Versuchs ist es sinnvoll, eine Profilzeichnung der unterschiedlichen Bachabschnitte anzufertigen.
Tragt in die Zeichnung die Hangneigung, die Breite und Tiefe des Gewässers sowie den Pflanzenwuchs im Uferbereich ein (siehe Beispiel).

Messprotokoll

Gewässername: ____________

Art: *(natürlicher/begradigter Verlauf)*

Besonderheiten: *(gerade/gewundene Messstrecke)*

Schwimmkörper eingesetzt in: *(Gewässermitte/Ufernähe)*

Länge der Messstrecke: ____________

Gemessene Zeit: ____________

Fließgeschwindigkeit (m/s): ____________

Profilzeichnung

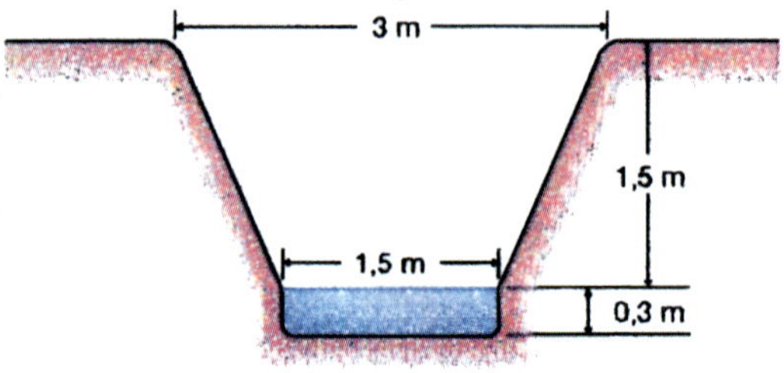

112.1 Muster eines Messprotokolls und einer Profilzeichnung

Kennst du dich aus?

Was steckt hinter den Begriffen?

Die Buchstaben hinter den richtigen Antworten ergeben das Lösungswort. Es ist der Name einer Messeinteilung, mit der man die Erdbebenstärke angibt.

Erdbeben ist ...

... die Drehung der Erde um ihre Achse	DO
... eine Erschütterung der Erdkruste, die durch Kräfte im Erdinnern entsteht	TE
... der Knall bei einer Explosion	MN

Erdkruste ist ...

... die oberste, feste Schicht der Erde	RI
... dunkle, humusreiche Bodenschicht	AB
... ein ausgetrockneter See	DA

Magma ist ...

... ein neues Computerspiel	CB
... einer der Planeten des Sonnensystems	DR
... die glutflüssige Gesteinsschmelze	KA

Vulkankrater ist ...

... eine trichterförmige Öffnung des Vulkans	RS
... die unterste Schicht eines Vulkans	LE
... die oberste Schicht eines Vulkans	AZ

Naturkatastrophe ist ...

... ein Großbrand in einer Stadt	KO
... ein Naturereignis mit hohen Sachschäden und oft vielen Toten	CH
... das Abholzen eines Waldstücks	LG

Versiegelung ist ...

... eine Baumaßnahme, die die Erdoberfläche „abdichtet“	LA
... das Zukleben eines Briefes	LI
... die Begradigung eines Flusses	SD

Ein Silbenrätsel

Die folgenden Silben enthalten die Namen von 10 Flüssen. Bei diesen Flüssen treten häufig Überschwemmungen auf. Benutze zur Lösung den Atlas.

ama – brah – der – dus – ga – gan – ges – go – in – jang – kiang – kon – ma – mis – nas – o – pi – putra – rhein – sip – sis – tse – wol – zo

Trage die Orte und Regionen der Erdbebenkatastrophen und Vulkanausbrüche aus den Tabellen in eine stumme Weltkarte ein. Welche liegen im Bereich des „Pazifischen Feuerrings“ (siehe Seite 105)?

Vulkanausbrüche (Auswahl)

Jahr	Ort/Vulkan (Land)
79	Vesuv (Italien)
1883	Krakatau (Indonesien)
1902	Mt. Peleé (Martinique)
1955	Besjimiani (Kamschatka, Russland)
1973	Heimaey (Island)
1980	Mt. St. Helens (USA)
1991/92	Pinatubo (Philippinen)
2001	Ätna (Italien)

Erdbebenkatastrophen (Auswahl)

Jahr	Ort/Region (Land)
1693	Catania (Sizilien)
1730	Hokkaido (Japan)
1906	San Francisco (USA)
1920	Kansu (China)
1923	Tokio (Japan)
1927	Nanschan (China)
1939	Anatolien (Türkei)
1976	Tangshan (China)
1995	Kobe (Japan)
1995	Sachalin (Russland)
1999	Izmit (Türkei)
2001	Ahmedabad (Indien

Tropischer Regenwald

KAUF-
RAUSCH
MEITER

Dem tropischen Regenwald auf der Spur

Der tropische Regenwald – geheimnisvoller Naturraum am Äquator. In unserer Fantasie sehen wir Forscher, die sich mühsam mit dem Buschmesser einen Weg durch dichtes Gestrüpp bahnen. Wir denken an wilde Tiere, an Tarzan und das Dschungelbuch.

Wir lesen aber auch immer wieder Meldungen, die über die Zerstörung des einzigartigen Lebensraums für Menschen, Tiere und Pflanzen berichten. „Grüne Hölle", „Schatzkammer der Natur" oder „kahl geschlagenes Paradies"?
Wie ist der tropische Regenwald wirklich?

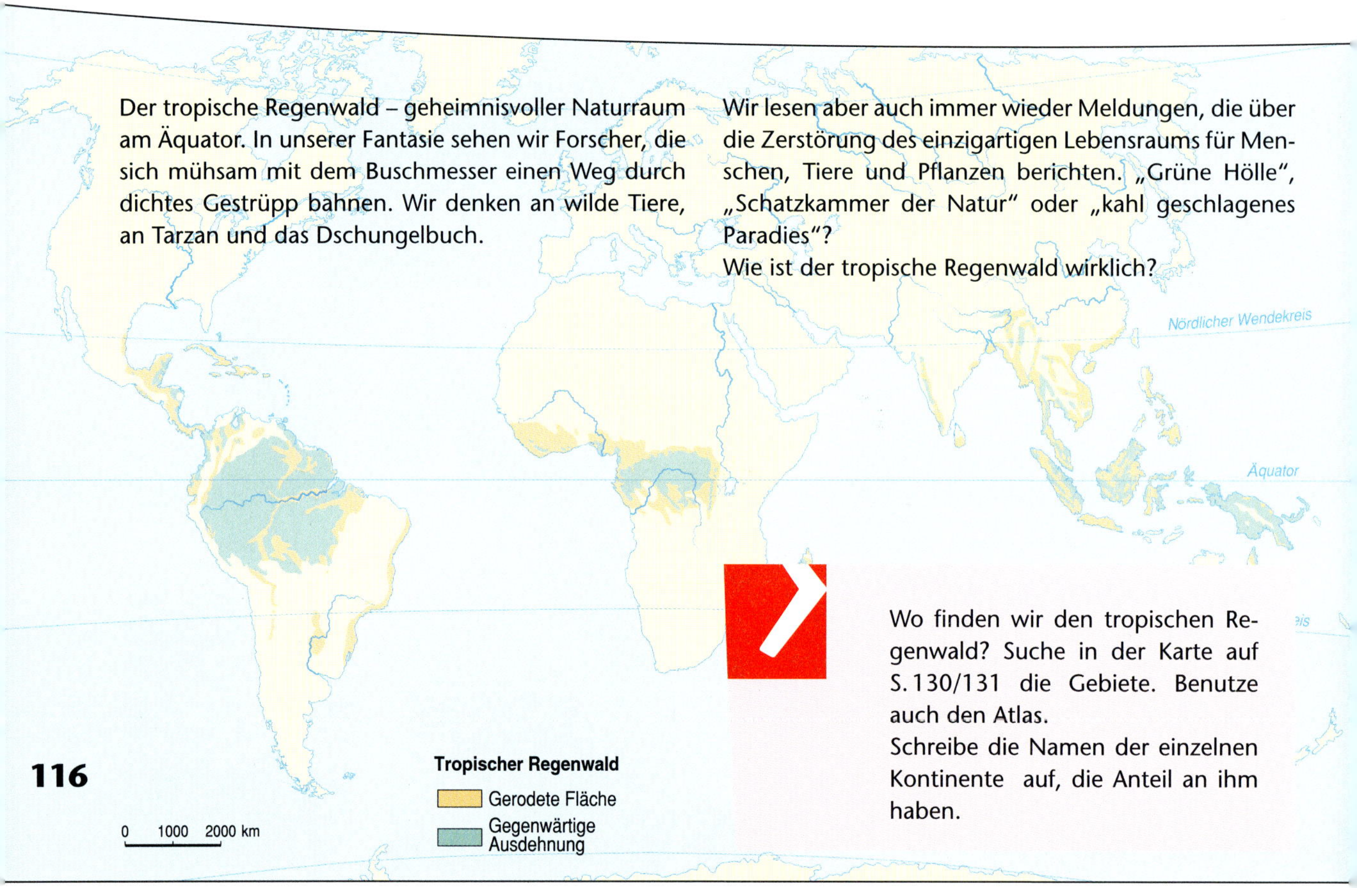

Wo finden wir den tropischen Regenwald? Suche in der Karte auf S. 130/131 die Gebiete. Benutze auch den Atlas.
Schreibe die Namen der einzelnen Kontinente auf, die Anteil an ihm haben.

Hinein ins Internet

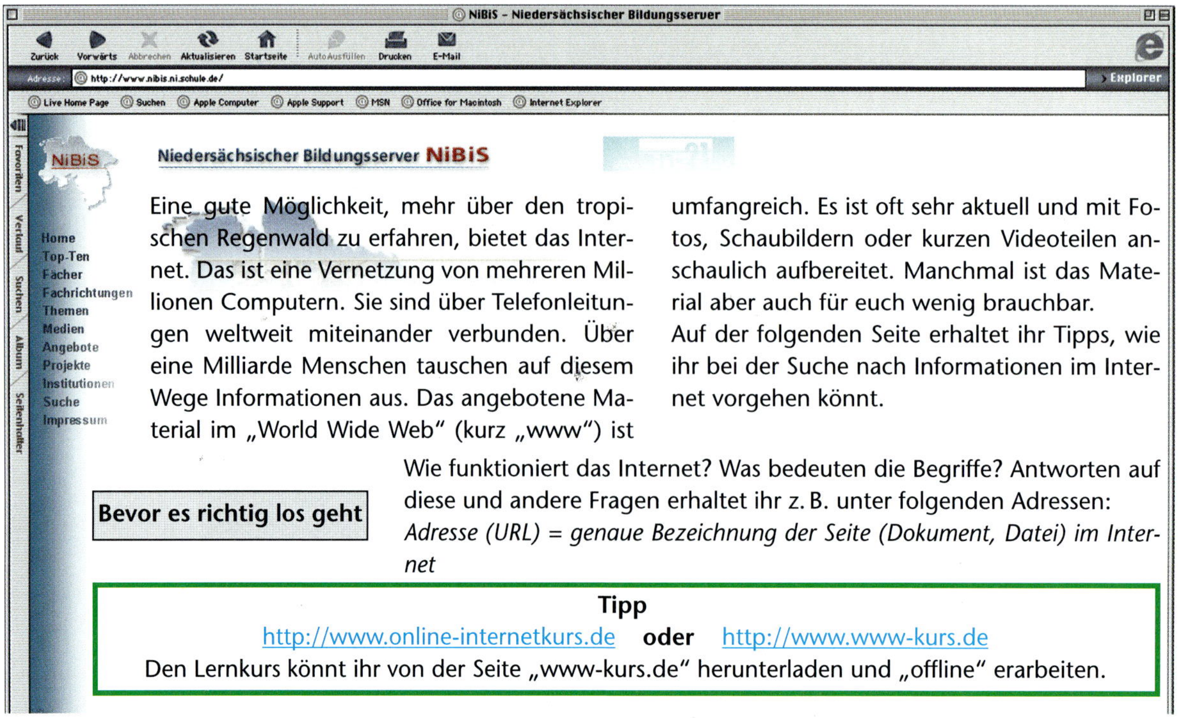

Eine gute Möglichkeit, mehr über den tropischen Regenwald zu erfahren, bietet das Internet. Das ist eine Vernetzung von mehreren Millionen Computern. Sie sind über Telefonleitungen weltweit miteinander verbunden. Über eine Milliarde Menschen tauschen auf diesem Wege Informationen aus. Das angebotene Material im „World Wide Web" (kurz „www") ist umfangreich. Es ist oft sehr aktuell und mit Fotos, Schaubildern oder kurzen Videoteilen anschaulich aufbereitet. Manchmal ist das Material aber auch für euch wenig brauchbar.
Auf der folgenden Seite erhaltet ihr Tipps, wie ihr bei der Suche nach Informationen im Internet vorgehen könnt.

Bevor es richtig los geht

Wie funktioniert das Internet? Was bedeuten die Begriffe? Antworten auf diese und andere Fragen erhaltet ihr z. B. unter folgenden Adressen:
Adresse (URL) = genaue Bezeichnung der Seite (Dokument, Datei) im Internet

Tipp
http://www.online-internetkurs.de **oder** http://www.www-kurs.de
Den Lernkurs könnt ihr von der Seite „www-kurs.de" herunterladen und „offline" erarbeiten.

Apple Computer · Apple Support · MSN · Office for Macintosh · Internet Explorer

NiBiS

Niedersächsischer Bildungsserver NiBiS

Home
Top-Ten
Fächer
Fachrichtungen
Themen
Medien
Angebote
Projekte
Institutionen
Suche
Impressum

1. Vorüberlegungen

Bevor du dich an den Computer setzt und in das Internet „eintauchst", nimm dir ein paar Minuten Zeit. Überlege genau, welche Informationen du suchst. Notiere das Thema und Stichworte dazu.

2. Suchen und finden

Bildungsserver

Eine gute Möglichkeit, schnell zum Erfolg zu kommen, bieten die Bildungsserver der Bundesländer. Auf ihren Seiten sind die Materialien nach Fächern geordnet angeboten. Sehr hilfreich ist die Angabe sinnvoller *„Links"* (Verknüpfungen zu anderen Internet-Seiten).

Mit „Suchmaschinen" arbeiten

Suchmaschinen sind Programme im Internet, die Seiten zu bestimmten Themen aufspüren. Dazu musst du ein Stichwort oder Verknüpfungen von Begriffen eingeben. Das kann bei den einzelnen Anbietern sehr unterschiedlich sein. Informiere dich vor der Suche in der Hilfe-Funktion der Suchmaschine.

Beachte:

Das Angebot der Bildungsserver ist überprüft und daher fachlich richtig. Bei den Ergebnissen, die du über Suchmaschinen erhältst, ist das oft nicht der Fall.

> **Tipp**
> http://dbs.schule.de
> (Deutscher Bildungsserver)
> http://nibis.ni.schule.de
> (Bildungsserver des Landes Niedersachsen)

> **Tipp**
> Alles über Suchmaschinen (Arten, Umgang, richtig suchen) erfährst du unter:
> http//www.learn-line.nrw.de/angebote/recherchieren/
> http://www.suchfibel.de
> http://metadir.de

3. Auswerten

Nach dem Aufruf einer Internetseite musst du entscheiden, ob der Inhalt für dich brauchbar ist. Geh so vor:

1. Informiere dich durch „diagonales Lesen" (Überfliegen der Texte, Bilder, Daten, Links usw.).
2. Entscheide, ob dir die Informationen weiterhelfen können.
   Bei „Nein": wegklicken,
   bei „Ja": sichern.
3. Sichere die Informationen durch:
   - Ausdrucken oder
   - Speichern (als Webseite auf dem Computer) oder
   - Abschreiben wichtiger Einzelheiten.

> **Probier es aus!**
> Finde Informationen zum tropischen Regenwald. Stichworte können sein:
> *Regenwald, Vegetation, Vegetationszone, Karte ...*

Internetzone

Im tropischen Regenwald

Im tropischen Regenwald ist es feuchtheiß wie in einem Treibhaus. Es gibt es keine Jahreszeiten wie bei uns. Die Temperaturen liegen das ganze Jahr über im Durchschnitt zwischen 25° C und 27° C. Größere Temperaturunterschiede gibt es jedoch zwischen Tag und Nacht. Sie können bis zu 10° C betragen. Das Klima im tropischen Regenwald nennt man daher auch **Tageszeitenklima**.

Der tägliche Wetterablauf ist fast immer gleich.
„Man kann fast die Uhr danach stellen: Gegen Mittag wird die spärliche Bewölkung immer dichter. Die Sonne steht senkrecht am Himmel und es ist unerträglich schwül. Innerhalb von zwei Stunden türmen sich mächtige Gewitterwolken auf. Windböen kündigen das Gewitter an, das dann mit unbeschreiblicher Gewalt los bricht. Heftige Blitze erhellen den dunklen Himmel. Es beginnt wie aus Kübeln zu schütten. Über die Wege schießen Sturzbäche. Alles wird in eine morastige Fläche verwandelt. Nach zwei weiteren Stunden ist das Unwetter vorbei. Dunstig und trübe ist die restliche Zeit des Tages, bis die Sonne fast ohne Dämmerung untergeht.
Morgen wird es wieder so sein wie heute: Wir warten auf das Gewitter."
(Autorentext nach einem Reisebericht)

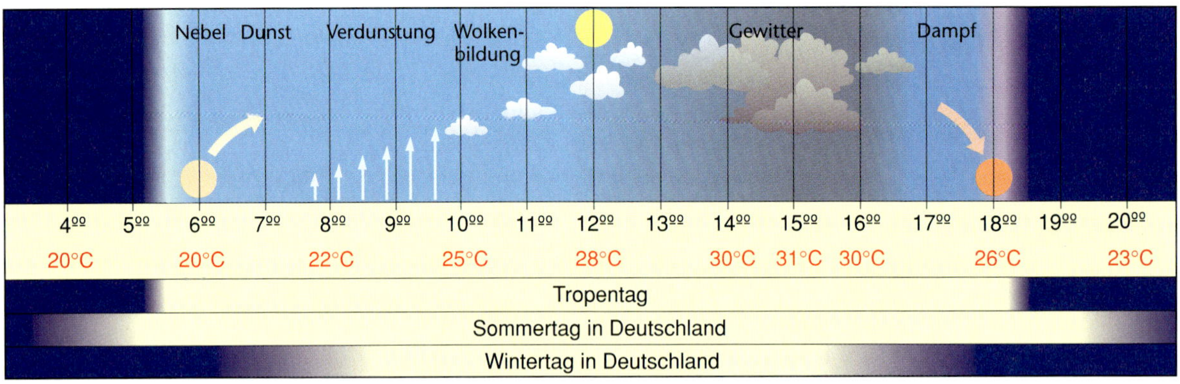

118.1 Tagesablauf und Tageslänge im tropischen Regenwald

1. Fertige eine Tabelle zum Ablauf eines Tages im tropischen Regenwald an. Trage die Tageszeiten und die entsprechenden Temperaturen aus Abb. 118.1 ein. Ordne dann die folgenden Stichworte zu: – Blitz und Donner – Sonnenuntergang – Sonnenaufgang – Verdunstung – Schwüle – dunstig und trübe – heftige Regenfälle – Wolkenbildung – feuchte Luft steigt auf.

Tageszeit	Temperatur	Wettererscheinung
6 Uhr am Morgen	20° Celsius	…

2. Beschreibe mit eigenen Worten das Klima im tropischen Regenwald.

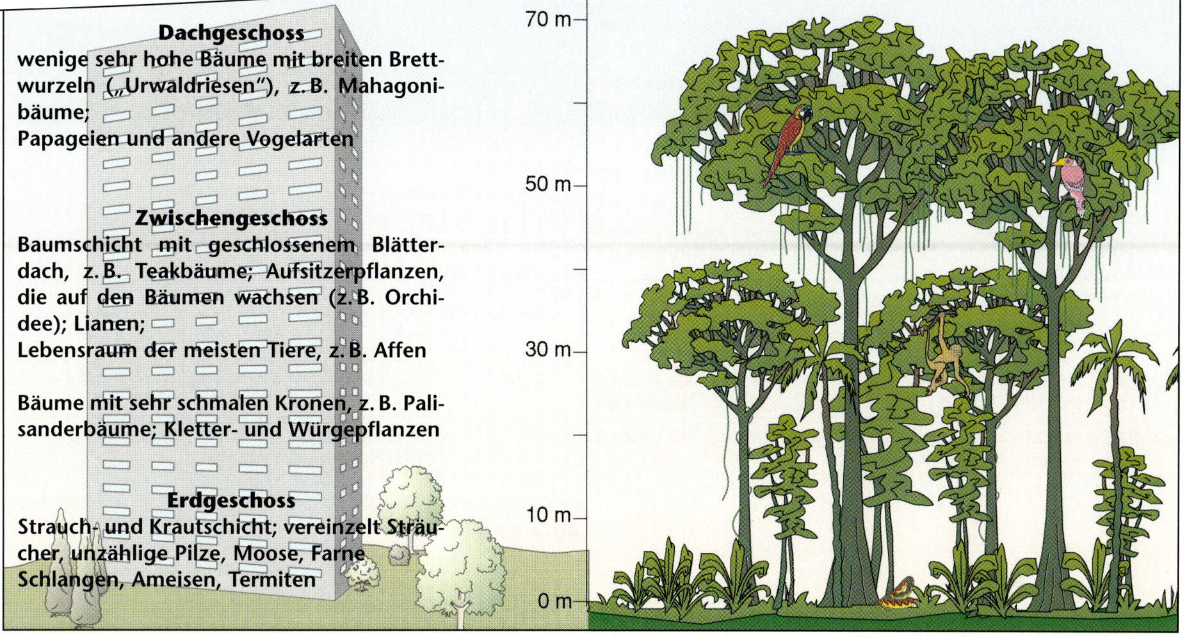

119.1 Der Stockwerkaufbau des tropischen Regenwaldes

Im feuchtheißen Klima können die Pflanzen gleichmäßig und üppig wachsen. Der Regenwald ist „immergrün". Man findet nebeneinander stehende Bäume, die zur gleichen Zeit junge Triebe oder welkes Laub, Blüten oder Früchte haben.
Besonders auffällig ist die riesige Artenvielfalt des Regenwaldes. Millionen Pflanzen drängen sich im tropischen Regenwald auf engem Raum zusammen. Sie scheinen in einem unendlichen Wirrwarr durcheinander zu wachsen.
Dennoch ist ein Aufbau zu erkennen. Er ist mit Stockwerken eines Hochhauses zu vergleichen (Abb. 119.1).

119.2 Aufsitzerpflanzen

119.3 Lianen

Internet-Tipp
Pflanzen und Tiere im tropischen Regenwald:
http://www.regenwaldhaus.de
Regenwaldhaus Hannover
Herrenhäuser Straße 4 a
30419 Hannover

1. Beschreibe den Stockwerkaufbau des tropischen Regenwaldes (Abb. 119.1).
2. Der tropische Regenwald ist „immergrün". Erkläre diese Bezeichnung.

TRIO-Methode: Wir zeichnen und lesen ein Klimadiagramm

Über das **Klima** geben uns vor allem die Temperaturen und Niederschläge Auskunft. Die durchschnittlichen Klimawerte eines Ortes werden in Tabellen erfasst. Anschaulicher ist ein Klimadiagramm. Es erleichtert auch den Vergleich mit den Klimadaten anderer Orte.

Die Klimatabelle

- Anfangsbuchstaben der Monate
- Name des Ortes, seine Höhenlage und seine Lage im Gradnetz

Manaus (Brasilien), 48 m ü. NN 3° S 60° W												
	J	F	M	A	M	J	J	A	S	O	N	D	Jahr
T (° C)	26,0	26,0	26,1	26,1	26,3	26,3	26,5	27,2	27,5	27,5	27,1	26,6	26,6
N (mm)	264	262	298	283	204	103	67	45	63	111	161	220	2081

- die Temperaturen und Niederschläge in den einzelnen Monaten T = Temperatur N = Niederschlag
- die Jahresdurchschnittstemperatur und die Gesamtniederschläge

Das Klimadiagramm

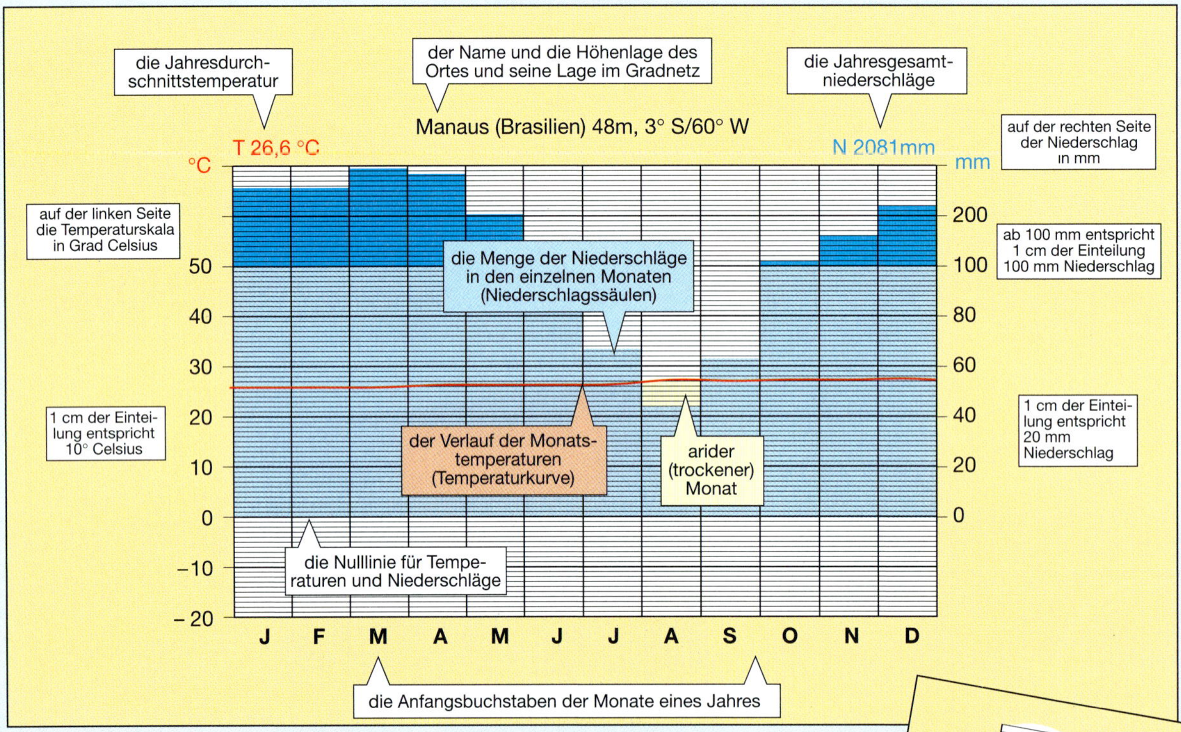

120.1 Klimatabelle und Klimadiagramm

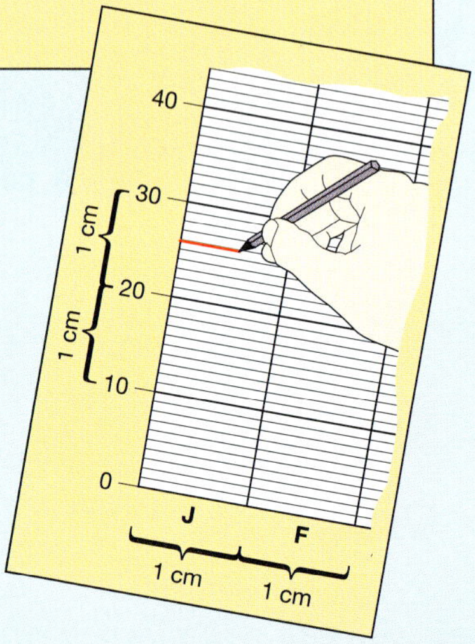

Wir zeichnen ein Klimadiagramm

1. Vorbereitung

Du benötigst eine DIN-A4-Seite mit Karos, wie z. B. in einem Rechenheft, oder ein Blatt mit Millimetereinteilung.

Zeichne die Vorlage für das Klimadiagramm nach Abb. 120.1. Darauf musst du achten:

– Die Grundlinie für die Monate ist 12 cm lang. Sie ist in Abständen von 1 cm Länge unterteilt. Die Anfangsbuchstaben der Monate stehen in den Zwischenräumen.

– Zeichne die senkrechten Achsen 10 cm lang. Unterteile auch sie in Abständen von einem Zentimeter. Trage die Temperaturwerte ein. Ein Zentimeter auf der Skala („° C“) entspricht 10° Celsius.
Bei der Skala für die Niederschlagswerte („mm“) entspricht ein Zentimeter jedoch 20 mm Niederschlag. Damit das Klimadiagramm bei Orten mit besonders viel Regen nicht zu hoch wird, zeichnet man ab 100 mm die Niederschläge „gestaucht“, d. h. ein Zentimeter entspricht dann 100 mm Niederschlag.

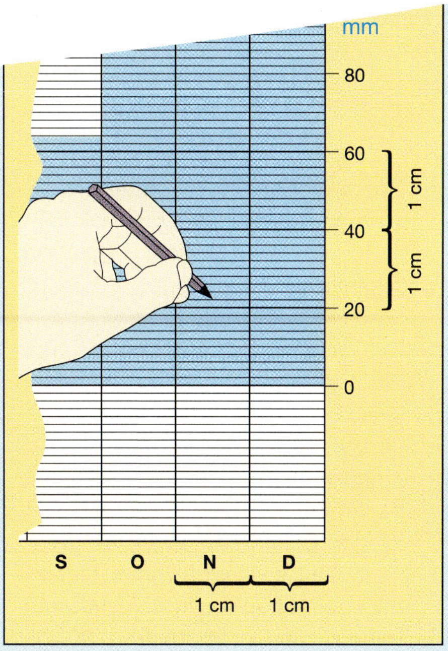

121.2

2. Ausführung
Trage die Temperaturwerte als kleine Kreuze ein. Setze sie in der Mitte der senkrechten Spalten. Verbinde die Kreuze mit einer roten Linie zur Temperaturkurve.
Zeichne dann die Werte der Monatsniederschläge als Säulen über den Anfangsbuchstaben der Monate. Male die Säulen blau aus. Benutze für den Bereich über 100 mm Niederschlag ein dunkles Blau. So wird deutlich, dass hier die Niederschläge „gestaucht“ sind.

Wir lesen ein Klimadiagramm
Die folgenden Fragen helfen dir beim „Erlesen“ eines Klimadiagramms:
Zu den Temperaturen:
- Wie hoch ist die Jahresdurchschnittstemperatur?
- Wie verläuft die Temperaturkurve?
- In welchem Monat ist es am wärmsten, wann am kältesten?
- Wie groß ist der Temperaturunterschied zwischen dem wärmsten und dem kältesten Monat?

Zu den Niederschlägen:
- Wie ist die Verteilung der Niederschläge (gleichmäßig über das Jahr oder nur in einzelnen Monaten)?
- In welchen Monaten liegt die Niederschlagssäule unter der Temperaturkurve (= aride Monate, d. h. es verdunstet mehr Wasser als durch Regen fällt)?
- Fällt besonders viel Regen in warmen oder in kalten Monaten?

1. Zeichne Klimadiagramme nach den Klimawerten in der Tabelle 121.1.
2. Beschreibe das Klima für die Orte mithilfe der angegebenen Fragen.
3. Vergleiche die Klimadiagramme. Schreibe Unterschiede auf, die du feststellst.
4. Suche die Orte im Atlas auf. In welchen Kontinenten liegen sie?

		J	F	M	A	M	J	J	A	S	O	N	D	Jahr
Agadez (Niger)	**T (° C)**	20	23	27	31	34	34	32	31	32	30	25	21	28
501 m, 17° N/8° O	**N (mm)**	0	0	0	1	6	9	41	72	13	0	0	0	142
Hannover (Deutschland)	**T (° C)**	0	1	4	8	13	16	17	17	14	9	5	2	9
53 m, 52° N/69° O	**N (mm)**	48	46	38	48	52	64	84	73	54	56	52	46	661
Jakobshavn (Grönland)	**T (° C)**	–16	–17	–15	–9	0	5	8	7	2	–4	–8	–12	–5
47 m, 69° N/51° W	**N (mm)**	9	10	12	13	16	20	32	32	37	27	19	14	241
Kisangani (Kongo)	**T (° C)**	25	25	25	25	25	24	24	24	24	25	24	25	25
415 m, 1° N/10° O	**N (mm)**	97	107	172	190	162	128	114	178	164	233	206	105	1856

T = Temperatur (gerundet) **N** = Niederschlag (gerundet)
Jahr = Temperatur im Durchschnitt des Jahres (gerundet) und Gesamthöhe der Niederschläge
121.1 Klimatabellen

Der tropische Regenwald wird vernichtet

Überall auf der Erde wird der tropische Regenwald abgebrannt oder abgeholzt. Das geschieht aus unterschiedlichen Gründen:

Der Wald wird oft zu Ackerland für die dort lebenden Menschen oder zu Viehweiden umgewandelt.
Riesige Flächen gehen durch Plantagen verloren, auf denen z. B. Bananen oder Kaffee für den Verkauf in andere Länder angebaut werden.
Auch die Gewinnung von Nutzholz oder der Abbau von Bodenschätzen tragen zum dramatischen Rückgang der tropischen Regenwälder bei.

122.2 Der tropische Regenwald brennt

Beispiel: Landwirtschaftliche Großprojekte in Brasilien
Zu beiden Seiten des Amazonas in Südamerika dehnt sich das größte zusammenhängende Regenwaldgebiet der Erde aus. Nach Schätzungen werden durch **Brandrodungen** täglich 32 km² des Waldes unwiederbringlich zerstört (Stand: Januar 2001).

Die Erschließung des fast menschenleeren Raumes begann um 1970. Die brasilianische Regierung förderte dabei besonders die Anlage von Rinderfarmen. Es entstanden Viehzuchtbetriebe, die oft eine Größe von über 1000 km² hatten (zum Vergleich: Fläche von Berlin = rund 890 km²). Sie sollten die Versorgung des Landes sicher stellen und Fleisch für den Export produzieren.

Doch die abgebrannten Regenwaldflächen waren nach drei bis fünf Jahren ausgelaugt und als Weideland unbrauchbar. Der spärliche Grasbewuchs hält den Boden nicht mehr. Die starken Regenfälle spülen ihn fort, das Land verödet. Immer neuer Regenwald muss den Viehweiden weichen, denn die Nachfrage nach Rindfleisch in Europa und Nordamerika ist groß.

122.1 Rinderherde auf einer Brandrodungsfläche

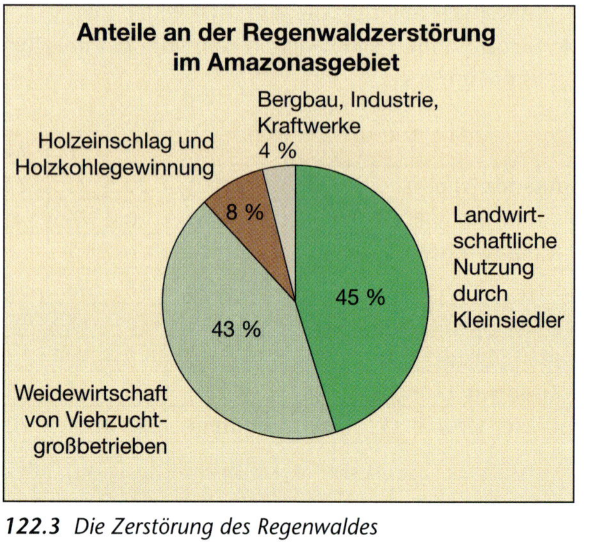

122.3 Die Zerstörung des Regenwaldes

Beispiel: Industrieller Holz-Einschlag weltweit

Teakholz, Mahagoni, Balsa oder Limba – die Namen tropischer Hölzer sind uns aus Baumärkten, Möbel- oder Bastlergeschäften bekannt. Tropenholz ist wegen seiner Eigenschaften wie Färbung, Härte und Beständigkeit zu einem weltweit begehrten Handelsgut geworden.

Firmen aus Europa, den USA oder Japan schlagen im Regenwald großflächig Holz und verkaufen es in den Industriestaaten. Hier wird es z. B. zu Fensterrahmen, Möbeln oder wie in Japan auch zu Kisten oder Essstäbchen verarbeitet.

Die Gewinne aus dem Geschäft mit Tropenholz machen vor allem die Industriestaaten. Nur wenig Geld davon bleibt in den Lieferländern.

Die Suche der Firmen nach wertvollen Baumarten bereitet oft eine weitere Zerstörung des Waldes vor. Auf ihren Straßen und Schneisen dringen Siedler nach. Sie roden große Flächen, um Ackerland zu erhalten.

In den letzten 40 Jahren ist der tropische Regenwald durch Raubbau weltweit bereits zur Hälfte vernichtet worden (vergleiche Abb. 123.1).

In einigen ehemaligen Regenwaldländern ist der Wald fast vollständig verschwunden, z. B. in der Elfenbeinküste.

123.2 Ein tropischer Baum wird gefällt

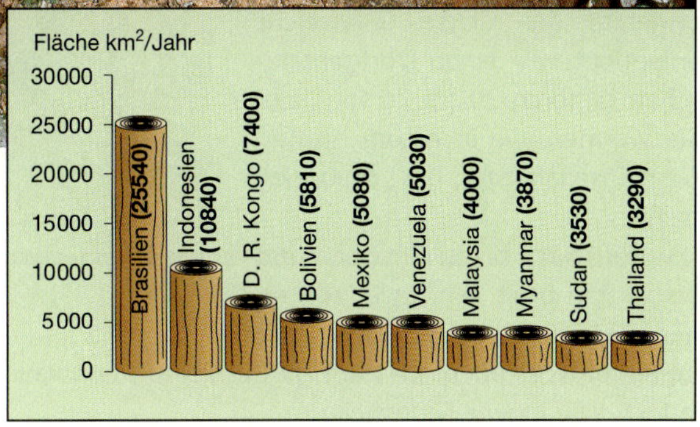

123.3 Jährliche Rodung des Regenwaldes (1990–95)

Internet – Tipps

Weltweite Zerstörung der Regenwälder

http://www.pro-regenwald.org

http ://www.umwelt.org/regenwald

http://www.Global2000.at/regenwald/index.html

http://www.ran.org/ran (in englischer Sprache)

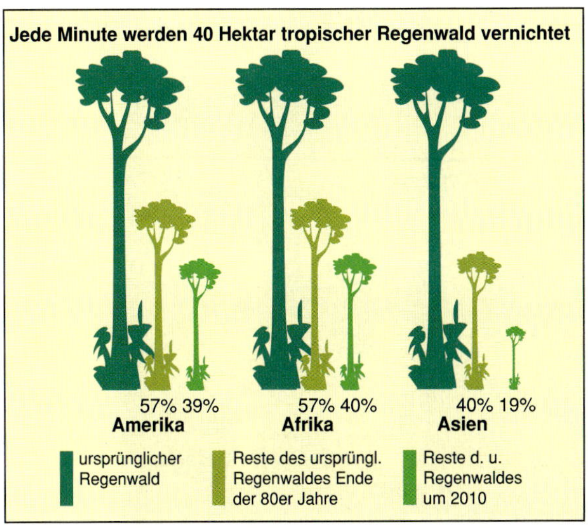

123.1 Rückgang der tropischen Regenwälder

1. Suche die in den Abb. 123.3 genannten Länder im Atlas auf. In welchen Kontinenten liegen sie?
2. Beschreibe anhand der beiden Beispiele und der Abb. 122.3 die wirtschaftliche Nutzung des tropischen Regenwaldes.
3. Für die Vernichtung der tropischen Regenwälder sind die Industrieländer mit verantwortlich. Begründe.

Leben im tropischen Regenwald – Die Yanomami

124.1 *Im Gemeinschaftshaus*

In den tropischen Regenwäldern der Erde leben heute noch zahlreiche Naturvölker so wie seit Jahrhunderten. Durch die zunehmende Nutzung ihres Lebensraumes sind viele von ihnen vom Aussterben bedroht.
An der Grenze zwischen Brasilien und Venezuela siedeln die Yanomami. Etwa 10 000 dieser Waldindianer leben auf einer Fläche, die ungefähr der Größe Österreichs entspricht. Zu einer Dorfgemeinschaft gehören 30 bis 70 Familien. Sie wohnen alle in einem großen Gemeinschaftshaus, das „shabono" heißt.
Das Haus kann bis zu 6 m hoch und bis zu 7 m breit sein. Es ist mit einem Stadion zu vergleichen. Zum Innenhof ist es offen. Im Haus gibt es keine Trennwände. Jede Familie hat jedoch eine eigene Feuerstelle.

124.3 *Shabono (Luftaufnahme)*

Bei der Versorgung helfen alle mit. Ständig durchstreifen Gruppen den Wald bis zu einem Umkreis von fast 30 km. Einige jagen mit Pfeil und Bogen. Andere Gruppen sammeln z. B. Wildfrüchte, Honig und größere Insekten oder sie fischen.
Hauptnahrungsmittel der Yanomami sind Mehlbananen und Maniok, die sie neben weiteren Nutzpflanzen in ihren Gärten in der Nähe des Dorfes anbauen. Vorher müssen sie den Wald mit Äxten und Buschmessern mühsam roden. Das umgeschlagene Holz wird anschließend mit der gesamten Pflanzendecke verbrannt (Brandrodung). Die Asche gelangt in den Boden und führt ihm wichtige Nährstoffe zu.
Aber nach drei bis fünf Jahren sind diese durch die starken Regenfälle wieder ausgewaschen. Die Erträge werden so niedrig, dass die Indianer ihre Gärten aufgeben. Sie roden ein neues Stück Regenwald und errichten dort ein neues Dorf.

Die Yanomami betreiben **Wanderfeldbau**. Sie leben im Wald und vom Wald – aber sie zerstören ihn nicht. Sie roden immer nur kleine Flächen. Auf den verlassenen Feldern wächst bald wieder neuer Regenwald.

124.2 *Ernte von Maniokwurzeln*

Bis vor rund 30 Jahren lebten die Yanomami fast unberührt von den Einflüssen der Zivilisation. Doch seither dringen immer mehr Menschen in ihre Siedlungsgebiete ein.

Berichte über Gold- und Diamantenfunde im „Yanomami-Land" lockten z. B. Zehntausende von Goldsuchern an. Auf der Suche nach den Bodenschätzen brennen sie große Waldflächen ab und heben tiefe Gruben aus. Sie waschen das Gold mit Quecksilber aus dem Boden und vergiften dadurch die Flüsse. Die Yanomami verlieren immer mehr ihre Lebensgrundlage, den Wald. Die Kontakte mit den „Weißen" haben weitere verheerende Folgen für sie (siehe Abb. 125.1).

125.2 *Goldgräber im Amazonasgebiet*

Die Waldindianer hatten bisher kaum Chancen, sich gegen die Eindringlinge zu wehren. Sie wurden lange Zeit als ein primitives Volk angesehen, das kein Recht auf das Land hatte. Ihre Bräuche wurden missachtet und ihre Ausrottung in Kauf genommen.

Mittlerweile hat die brasilianische Regierung Gesetze zum Schutz der Indianer erlassen und Reservate für sie eingerichtet.

Ungewiss bleibt, ob dadurch das Überleben des Volkes gesichert ist, oder ob die wirtschaftlichen Interessen an ihrem Lebensraum siegen werden.

Internet-Tipp

Infos über die Lebensweise der Yanomami:

http//www.yanomami.de

http//www.gfbv.de

1. Erkläre die Begriffe Brandrodung und Wanderfeldbau.
2. Die Yanomami haben ihre Lebensweise der Natur angepasst.
   Beschreibe.
3. Erkläre, warum Naturvölker wie die Yanomami vom Aussterben bedroht sind.

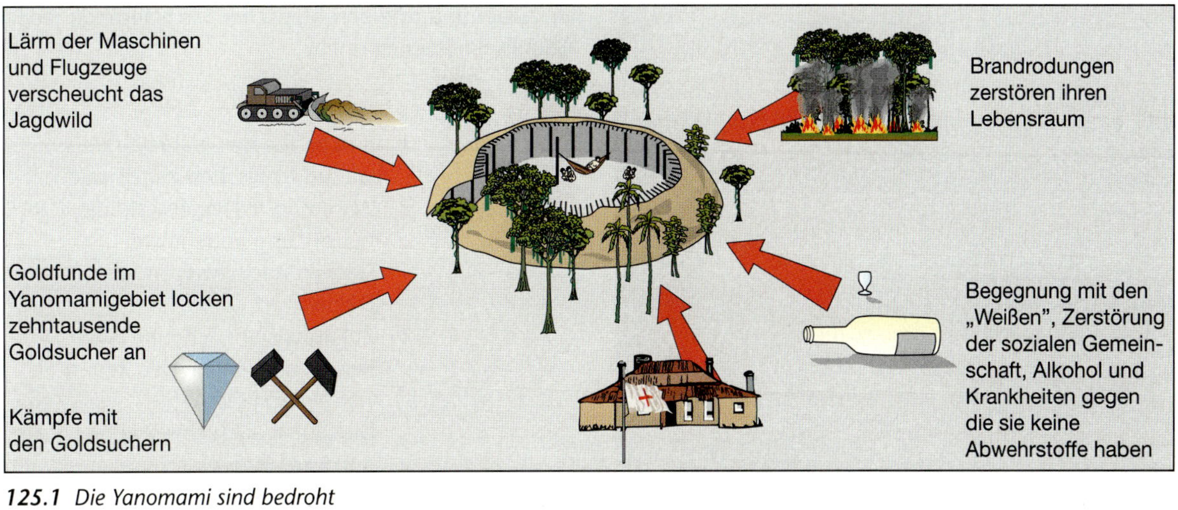

125.1 *Die Yanomami sind bedroht*

Das Gleichgewicht ist gestört

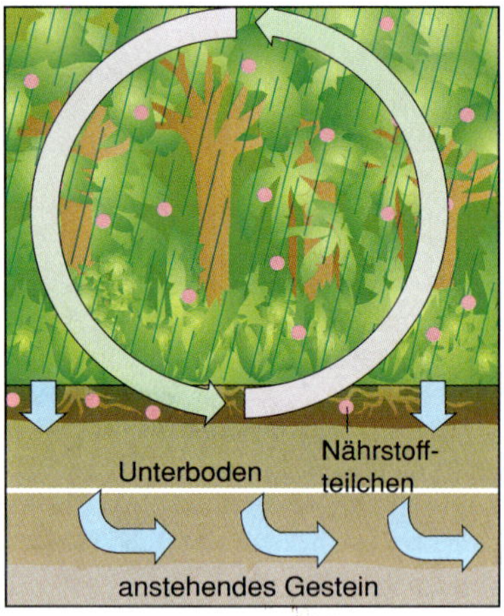

126.1, 2 Nährstoffkreislauf ... Und ohne Vegetation?

Der Boden im tropischen Regenwald ist sehr nährstoffarm. Trotzdem gibt es ein üppiges und schnelles Wachstum. Das liegt an der ganzjährigen hohen Feuchtigkeit und Wärme und dem „kurzgeschlossenen" Nährstoffkreislauf: Die abgestorbenen Pflanzen fallen auf den Boden und werden von Kleinstlebewesen (Bakterien und Insekten) sehr schnell zersetzt. Ein Pilzwurzelgeflecht nimmt die frei werdenden Nährstoffe auf und gibt sie unmittelbar an das Feinwurzelwerk der Pflanzen wieder ab.

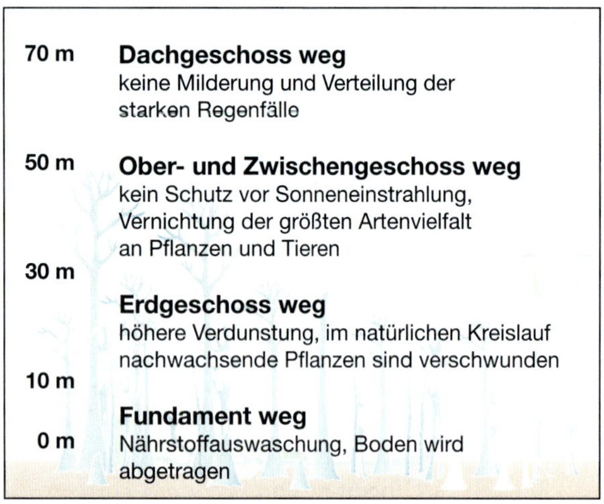

126.3 Wenn die Stockwerke zerstört sind

Wird dieser Kreislauf durch Abholzung oder Brandrodung unterbrochen, entstehen schwere Schädigungen (Abb. 126.3).
Die wenigen Nährstoffe können nicht mehr aufgefangen und von den Pflanzen aufgenommen werden. Der ungeschützte Boden trocknet rasch aus. Die Regenmassen prallen auf den harten Boden, in dem nur wenig Wasser versickern kann. Der größte Teil fließt an der Oberfläche rasch ab, zerfurcht den Boden oder spült ihn fort. Zurück bleibt eine verödete Landschaft (Abb. 126.4).

Die großflächige Zerstörung der tropischen Regenwälder führt zu einem unwiederbringlichen Verlust des **Ökosystems** mit seiner großen biologischen Vielfalt. Nach Schätzungen werden jeden Tag über 50 Tier- und Pflanzenarten ausgerottet. Niemand weiß, wie viele Arten dabei sind, die den Menschen als Nahrungs- oder Heilmittel nützen können.

126.4 Durch Rodung zerstörte Regenwaldfläche

1. Beschreibe den Nährstoffkreislauf im tropischen Regenwald.
2. Warum ist im Regenwald die Aufforstung abgeholzter Flächen nur schwer möglich? Erkläre.
3. Zukunftvision: Schreibe einen Reisebericht durch den Regenwald in 50 Jahren.
   Du kannst auch eine Zeichnung anfertigen.

Der tropische Regenwald ist ...

Apotheke der Natur
... liefert Grundstoffe für Kosmetika und Medikamente. Etwa ein Viertel unserer Medikamente haben ihren Ursprung aus den Wirkstoffen tropischer Pflanzen.

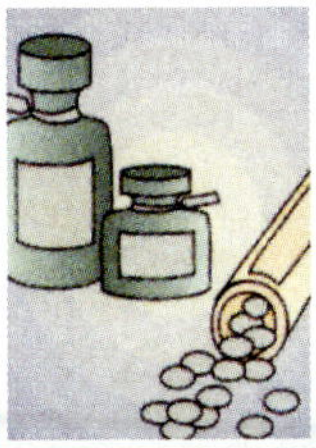

Nahrungsmittellieferant
... liefert z. B. Bananen, Kakao, Kaffee, Nüsse, Fleisch, Fisch, Eier, Zuckerrohr, Mango.

Rohstofflieferant
... liefert z. B. Öle, Kautschuk, verschiedene Fasern, Edelhölzer, Bambus, Rattan, Harze, Bodenschätze wie Gold, Eisenerz.

Lebensraum
... bieten den Waldindianern die Grundlage für ihre angepasste Lebensweise. Liefert ihnen alles, was sie zum Leben brauchen: Nahrung, Material zum Hausbau, für Geräte und Waffen, Kleidung.

Die „grüne Lunge" der Erde
... speichert wie ein Schwamm riesige Mengen Wasser und gibt es in trockenen Zeiten wieder an die Umwelt ab. Die Pfanzenmasse nimmt aus der Luft viel Kohlenstoff auf und wandelt ihn in Sauerstoff um. Hält das Weltklima im Gleichgewicht.

Gefährdet durch
... unangepasste Nutzung der Menschen: Einschlag wertvoller Tropenhölzer, riesige Plantagen, Viehwirtschaft, Abbau von Bodenschätzen, Brandrodung für Ackerland, Großprojekte (z. B. Staudämme, Energiegewinnung), Bau von Straßen und Industrieanlagen.

Artenvielfalt
... beherbergt die größte Anzahl von Pflanzen und Tieren auf der Erde. Viele Arten sind bis heute noch unentdeckt.

1. Welche Bedeutung haben die tropischen Regenwälder der Erde?
2. „Eine Erde ohne Regenwald" – welche Folgen hat das für uns?

Die Klimazonen der Erde

Das **Klima** wird wesentlich durch die Stärke der Sonneneinstrahlung bestimmt. Durch die Kugelgestalt der Erde treffen die Sonnenstrahlen in verschieden großen Einfallswinkeln auf die Erdoberfläche. Bei einem steilen Einfallswinkel ist die Erwärmung groß, bei einem flachen Einfallswinkel gering. Die größte Wärmezufuhr gibt es daher am Äquator. Zum Nordpol und zum Südpol hin wird sie immer geringer. Die Bereiche unterschiedlicher Erwärmung auf der Erde kann man in Temperaturzonen abgrenzen. Sie verlaufen fast parallel zu den Breitenkreisen.

Neben den Temperaturen gehören vor allem die Niederschlagsmenge, die Niederschlagsverteilung sowie das Verhältnis von Niederschlag und Verdunstung zu den Merkmalen des Klimas. Nach den Gemeinsamkeiten der Merkmale kann man vier große Klimazonen unterscheiden (siehe Karte). Auch sie verlaufen annähernd parallel zu den Breitenkreisen. Innerhalb dieser Zonen gibt es noch zusätzliche Unterscheidungen, denn das Klima wird durch weitere Faktoren beeinflusst, z. B. die Höhenlage der Landschaft, die Lage zu Gebirgen, oder die Entfernung zum Meer.

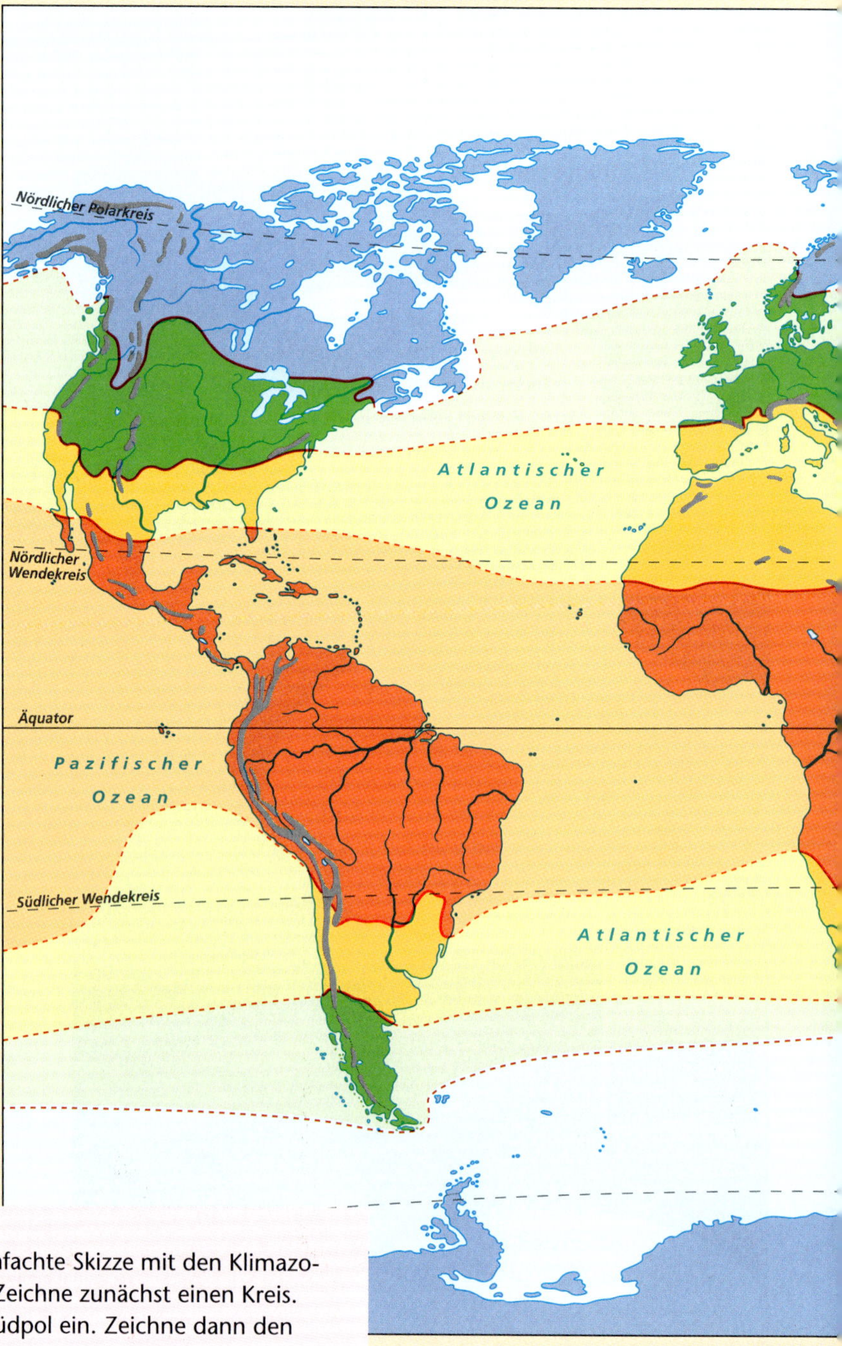

1. Zeichne eine vereinfachte Skizze mit den Klimazonen. Gehe so vor: Zeichne zunächst einen Kreis. Trage Nord- und Südpol ein. Zeichne dann den Äquator, die Wendekreise und die Polarkreise ein. Male die Flächen der Klimazonen mit unterschiedlichen Farben aus.
2. Ordne die vier Klimastationen von Seite 121 (Tabelle 121.1) den Klimazonen zu.
3. Welche Klimazonen gibt es jeweils in den einzelnen Kontinenten?

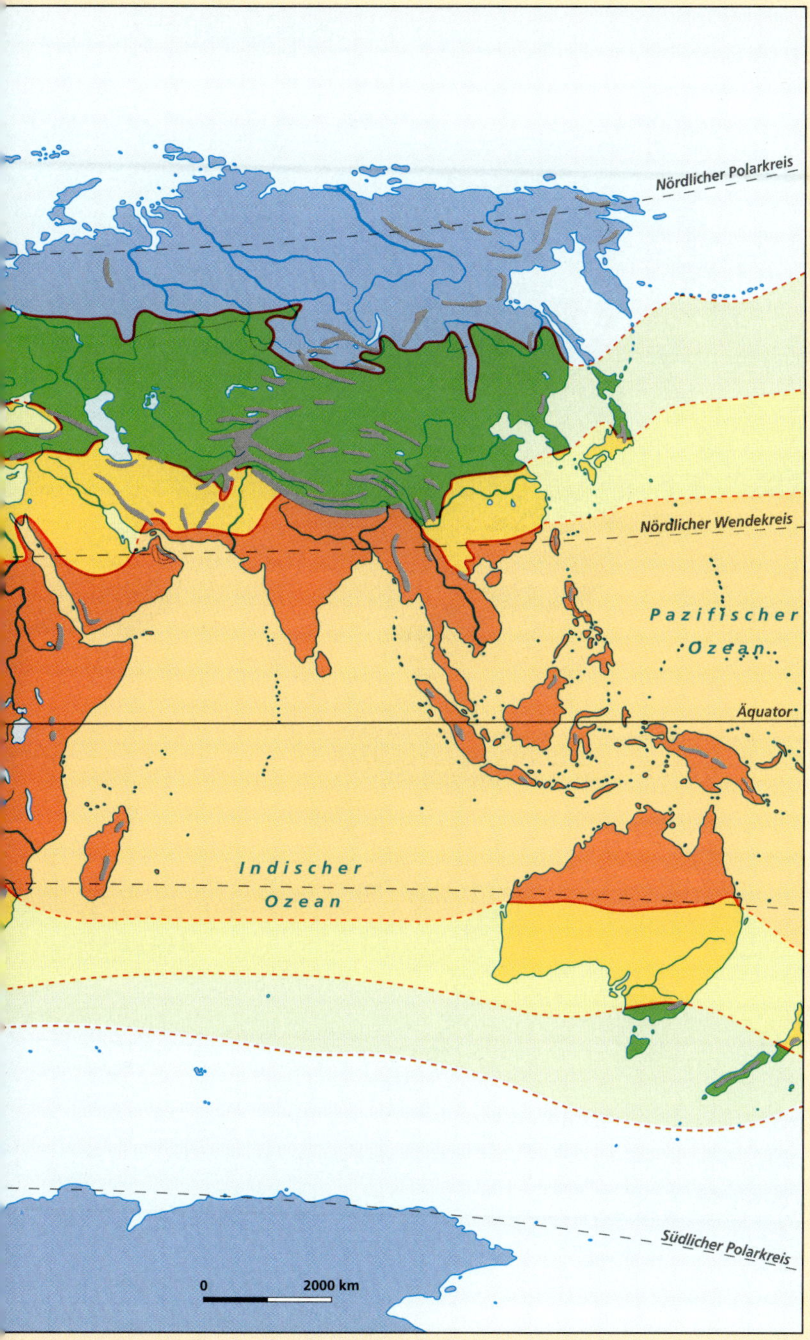

Die kalten Zonen
Sie erstrecken sich von den Polen der Erde bis etwa zu den Polarkreisen. Es gibt große Temperaturunterschiede zwischen dem kalten bis sehr kalten Winter und dem kurzen Sommer. Die Wachstumszeit der Pflanzen liegt unter 100 Tagen.

Die gemäßigten Zonen
Sie liegen zwischen den kalten und den subtropischen Zonen. Die Jahresmitteltemperatur reicht von unter 0° C bis 15° C. Es fällt ganzjährig Niederschlag. Die Wachstumszeit der Pflanzen beträgt 90 bis teilweise 200 Tage.

Die subtropischen Zonen
Sie sind an den Wendekreisen auf beiden Halbkugeln der Erde zu finden. Die Jahresmitteltemperatur liegt zwischen 15° C und 28° C. Die Zone ist der Trockengürtel der Erde. Hier befinden sich die meisten Wüsten.

Die tropische Zone
Sie erstreckt sich zu beiden Seiten des Äquators jeweils bis zu den Wendekreisen. Es ist das ganze Jahr über warm.
Es fallen hohe Niederschläge. In Äquatornähe können die Pflanzen das ganze Jahr über wachsen.

Die Vegetationszonen der Erde

Überall auf der Erde müssen sich die Pflanzen den Klimabedingungen anpassen. Ihr Wachstum ist abhängig von den vorherrschenden Temperaturen, den Niederschlägen und den Beleuchtungsverhältnissen.
Der enge Zusammenhang wird in der Gliederung in Zonen deutlich.
Die Vegetationszonen der Erde und die Klimazonen haben einen fast gleichen gürtelartigen Verlauf.

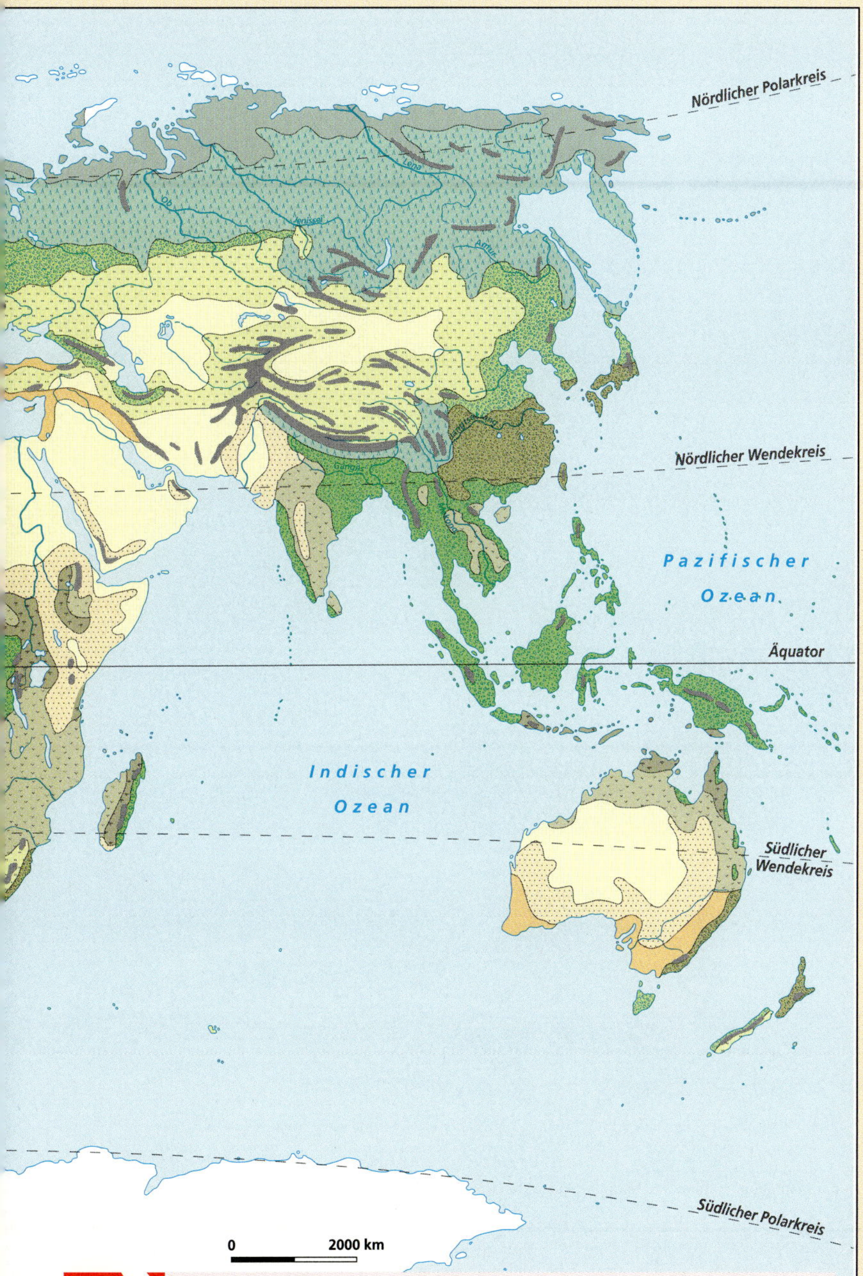

Vegetationszone		Klimazone
Fels- und Eisregion	keine Vegetation	kalte Zone
Tundra	fast baumlos, Flechten, Sträucher, Gräser, Moose	kalte Zone
Nadelwald, Gebirgswald	Nadelwälder, wenig Laubbäume	kalte Zone
sommergrüner Laub- und Mischwald	6–7 Monate Laubabwurf, Eichen, Buchen, Fichten, Kiefern	gemäßigte Zone
Steppe, Hochgebirgsgrasland	baumarme Graslandschaft, Kräuter, Büsche	gemäßigte Zone
Hartlaubvegetation (Mittelmeervegetation)	Stein- und Krokeichen, Ölbäume, Pinien, Zedern	subtropische Zone
subtropischer Regenwald	immergrün, teilweise Nadelhölzer, weniger artenreich als tropischer Regenwald	subtropische Zone
Halbwüste, Wüste	vereinzelt Büsche und Dornsträucher	subtropische Zone
Dornstrauchsavanne	niedriges Gras, Sträucher, vereinzelt Bäume	tropische Zone
Trockensavanne, Trockenwald	hohes Gras, Bäume	tropische Zone
Feuchtsavanne	hohes Gras, Wälder	tropische Zone
tropischer Regenwald, Monsunwald	immergrün, großer Artenreichtum, schnelles Wachstum	tropische Zone

Hochgebirge

1. Ordne die Bilder Nr. 1 bis Nr. 4 den entsprechenden Vegetationszonen und den Klimazonen zu.
2. Schreibe die Kontinente auf, in denen
   a) es keinen tropischen Regenwald gibt
   b) der nördliche Nadelwald wächst
   c) Wüstengebiete liegen.
3. Beschreibe die Veränderungen der Vegetation vom Nordpol bis zum Äquator.

Freiheit und Gleichheit – Die Französische Revolution

Das Schloss wird gestürmt

Ein Augenzeuge berichtet:
„Der König verlässt am 10. August 1792 um acht Uhr morgens den Palast. Einen Augenblick später nähern sich bewaffnete Revolutionäre der Schweizer Garde, die kampfbereit im Hof des Schlosses steht. Mehrere Kanonen, die im Schloss in den Fensteröffnungen aufgestellt sind, zerschmettern die Revolutionäre und fegen Bürger hinweg, die in Waffen auf dem angrenzenden Platz bereit stehen. Das Volk flieht mit lautem Geschrei. Die Artillerie der Revolutionäre, die in der Nähe ist, erwidert das Feuer.
Drei Feldgeschütze schießen das Schloss in Trümmer. Das Volk strömt von allen Seiten zusammen, um den Kanonieren zu helfen. Rasch ist das Schloss erstürmt, die Schweizergarden sind ermordet, ihre Anführer enthauptet und viele von ihnen aus den Fenstern geworfen. Das Volk setzt die Stallungen des Königs und die Kasernen der Schweizer in Brand. Rauchschwaden hüllen die Sieger und die Besiegten ein. Die Gemächer schwimmen von Blut und werden geplündert, alle Möbel zerschlagen und in Stücken hinausgeworfen. Mehrere Schweizer, die dem Gemetzel entkommen waren, sind unbarmherzig auf offener Straße ermordet worden."

(aus: Ulrich Friedrich Müller, Die Französische Revolution 1789–1815, Langewiesche-Brandt Verlag, München 1961, S. 174–176, bearbeitet)

Aufstand der Bauern

Ein ungewohnter Lärm dringt an diesem 28. Juli 1789 in das Zimmer des Abbés (Pfarrers). Er tritt an das Fenster. „Was ist nur auf dem Dorfplatz los?", murmelt er bestürzt. Schließlich hat die Ernte begonnen. Eigentlich müssten alle Bauern des Dorfes Perrier auf ihren Feldern sein. Aber wie es scheint, sind sie alle auf dem Dorfplatz. Mit einem unguten Gefühl macht er sich auf den Weg zu der Versammlung. Die Bauern stehen um einen Tisch herum und reden laut auf zwei herrschaftlich gekleidete Männer ein.

dass im vergangenen Jahr die Ernte sehr schlecht war! Alle unsere Vorräte sind aufgebraucht. Meine Frau und die Kinder hungern seit Wochen! Wir können nichts mehr abgeben, begreift das doch endlich!"

Der Abbé ergänzt: „*Der Mann hat recht. Das Dorf ist bettelarm!"*

Voller Erregung rufen die Bauern durcheinander. „*Recht hat er!" – „Wir hungern, und die Herren leben in Saus und Braus!" –"Ich kann nichts mehr abgeben!"* Der Lärm wird immer größer.

134.1 *Auf dem Dorfplatz*

„*Was geht hier vor?"* Die scharfe Frage lässt alle zusammenzucken. Sie drehen sich um. Der Herr! Es wird totenstill.

„*Mehr als die Hälfte von euch ist unserem Herrn noch die Abgaben und Steuern schuldig!"*, sagt einer der beiden gerade. „*Und heute müsst ihr sie abliefern."* Die Bauern machen dem Abbé bereitwillig Platz. Er ist nicht nur als Pfarrer geachtet. Seit Monaten predigt er, dass sich nun endlich etwas ändern müsse in Frankreich. Die Not der Bauern sei zu groß geworden.

Die Worte des Steuereintreibers führen zu einem Tumult. Die Männer blicken finster und murren laut. Die Frauen rufen durcheinander. Bauer Stefan schleudert den beiden seine Not entgegen: „*Ihr Herren wisst doch,*

Einer der beiden Steuereintreiber sagt: „*Die Bauern weigern sich, Steuern zu zahlen!"*

Der Grundherr und sein Begleiter wechseln einen bedeutungsvollen Blick. Der Herr bekommt ein rotes Gesicht, dann poltert er los: „*Unfassbar! Die Bauern wollen wohl einmal besonders gut speisen, wie? Mit den Abgaben, die uns zustehen, es sich mal gut gehen lassen, was?"*

Bauer Stefan sagt trotzig: „*Wir haben keine Vorräte mehr! Wir hungern seit Wochen."* Ein anderer ruft dazwischen: „*Mehr als auspressen könnt ihr uns nicht!"*

Verärgert schüttelt der Grundherr den Kopf.
„Unsinn! Seit Jahrhunderten sind die Abgaben festgelegt. Und ich tue alles, damit sie für euch nicht allzu drückend werden. Aber sprechen wir heute nicht mehr darüber. Nach der Ernte …"
„Nein, wir wollen darüber sprechen!" Bauer Marcel schiebt sich nach vorn. *„Wir müssen darüber sprechen. Was soll man denn von all diesen Abgaben halten? Von Körnerfrüchten, Gemüsen, Geld, Geflügel, Frondienste, Holz, Obst und Kerzen? Sie erheben solche absonderlichen Abgaben wie Brot, Wachs, Eier, Schweine ohne Kopf, Hochzeitsgaben, Veilchensträuße …"*
„Es ist an der Zeit, Frankreich von diesen verrückten Abgaben frei zu machen!", ruft einer aus der Menge. *„Die Zeiten sind vorbei, dass wir uns alles von den Herren bieten lassen! Unsere Macht, Brüder, ist größer als wir ahnen. Weg mit den Grundherren! Weg mit den Abgaben!"*
„Das ist Aufruhr!" Der Begleiter des Grundherrn zieht seinen Säbel, spornt sein Pferd an und will den Sprecher niederstechen.

Aber bevor er ihn erreichen kann, wird er vom Pferd gerissen und entwaffnet.
„Seht ihr?", ruft einer der Bauern erregt, *„So leicht können wir die Blutsauger loswerden."* Alle stehen stumm und sind wie vom Donner gerührt. Keiner sagt etwas.
„Was ist? Wollen wir nichts gegen unsre Fesseln unternehmen? Wollen wir ewig unter der Last der Abgaben stöhnen und sie bis ans Ende unserer Tage ertragen? Schaut dort hinüber zum Schloss! Dort finden wir alle die Urkunden, die der Ursprung unsres Elends sind. Holen wir sie uns und reißen sie in Stücke!"
Die Anspannung, die Wut und die Not entladen sich in einem Aufschrei. Die Bauern greifen nach Sensen und Forken, Äxten und Beilen und stürmen zum Schloss. Es gibt kein Halten mehr. Auch der Abbé kann nichts mehr tun.

Ende Juli 1789 kam es in vielen Gegenden Frankreichs zu einem Sturm auf die Schlösser. Vielerorts verbrannten die Bauern die Urkunden, in denen sie zu Abgaben verpflichtet wurden. Herren, die sich weigerten, sie herauszugeben, wurden gehenkt oder erschlagen. Diese Ereignisse waren ein wichtiger Teil der Französischen Revolution, die wenige Wochen vorher begonnen hatte.

135.1 *Sturm auf die Schlösser*

1. Schildere den Konflikt in eigenen Worten.
2. Schreibe auf, was die handelnden Personen wollten (z. B.: Der Abbé wollte den Bauern helfen, die Steuereintreiber …).
3. Warum kam es zum Sturm auf die Schlösser?
4. Spielt den Konflikt in einem Rollenspiel nach.

Die alte Ordnung funktioniert nicht mehr!

Die Unzufriedenheit wächst

Im 18. Jahrhundert lebten fast 85 % aller Franzosen auf dem Land. Der Landadel gehörte dem **Zweiten Stand** an. Er besaß Land und Bauern, die Leibeigenen. Neben den Erträgen aus der Landwirtschaft zog er Steuern und Abgaben ein, brauchte aber selbst keine Steuern zu bezahlen.

Die Bauern, Pächter oder Landarbeiter gehörten wie die Bürger in den Städten dem **Dritten Stand** an. Sie ernährten sich von den Erträgen ihrer Landwirtschaft. Nur wenige Großbauern konnten trotz hoher Steuern relativ gut leben. Die meisten Landbewohner waren aber Kleinbauern und Kleinpächter. Sie zahlten hohe Steuern an die königlichen Kassen, Pacht an ihre Grundherren und den zehnten Teil ihrer Ernte an die Kirche. In der Regel blieb ihnen nicht einmal ein Drittel ihrer Ernten zum Leben. Die Lebensverhältnisse der zahlreichen Landarbeiter und ihrer Familien waren unerträglich.

In den Jahren 1787 und 1788 gab es in Frankreich große Missernten. Es kam zu einer Hungersnot. Auch die armen Bürger in den Städten konnten sich kaum genügend Brot kaufen. Lebensmittel wurden im Jahre 1789 unerschwinglich. Männer verdienten trotz harter und langer Tagesarbeit nicht mehr genug, um ihren Familien den Hunger zu ersparen. Dennoch verlangten der König, die adligen Herren und die Kirche hohe Steuern. Das machte die Bürger unzufrieden und wütend.

Auch die reicheren Bürger waren unzufrieden. Eigentlich verdienten sie als Anwälte, Ärzte oder höhere Beamte genug, um nicht hungern zu müssen. Aber die hohen Steuern ließen ihnen nicht viel von ihrem Verdienst übrig. Täglich konnten sie sehen, wie die adligen Herren, die kirchlichen Würdenträger, die dem **Ersten Stand** angehörten, in verschwenderischer Pracht lebten. Das ärgerte sie besonders, denn sie durften nicht über die Verwendung ihrer Steuergelder mitbestimmen.

1. Vergleiche die Mahlzeiten der Menschen auf Abb. 136.1 und 136.2. Achte auf die Kleidung und das Geschirr.
2. Du bist Dienstmädchen und kommst vom Lande. Beschreibe deine Gedanken und Gefühle, wenn du die Herren bedienen musst.
3. Warum wuchs die Unzufriedenheit unter den Bauern und Bürgern?

136.1 Eine Mahlzeit „wohlhabender" Bauern

136.2 Austernfrühstück reicher Bürger mit Champagner

Der französische Staat ist bankrott

Der König beruft die Stände ein

1788 zeigte der Haushalt: Frankreich war bankrott. Die luxuriöse Hofhaltung und zahlreiche Kriege waren Ursachen für eine immer höhere Verschuldung des Staates. Nun war die Staatskasse leer. Der König musste mit seinen Ministern das Steuersystem reformieren. Ihr Ziel: Endlich sollten auch die Kirche und der Adel Steuern zahlen. Doch beide Stände wehrten sich.

Um die Staatskasse wieder zu füllen, mussten auch neue Steuern erlassen werden. In früheren Zeiten wurden die Vertreter der Geistlichen (*Erster Stand*), des Adels (*Zweiter Stand*) und der Bürger (*Dritter Stand*) zusammengerufen, wenn neue Steuern erlassen werden sollten. Die **Generalstände** wurden zum 1. Mai 1789 erstmalig seit 200 Jahren einberufen.
Gleichzeitig wurde das Volk aufgefordert, alle Wünsche in *Beschwerdeheften* niederzuschreiben.
Die Vertreter der Bürger des Dritten Standes brachten mehr als 6000 dieser Hefte mit. Fast alle enthielten dieselben Forderungen: Beseitigung der Vorrechte des Ersten und Zweiten Standes, unabhängige Gerichte, Abschaffung der Frondienste und des Kirchenzehnten, Beteiligung an der Gesetzgebung.

Der König sollte bleiben, aber seine unwürdigen Ratgeber sollten gehen. Der Prunk und die Verschwendung am Hofe sollten aufhören. In einer Flugschrift wurde mit wenigen Worten das Ziel des dritten Standes ausgedrückt:
„Was ist der dritte Stand? Alles! Was ist er bis jetzt in der Politik gewesen? Nichts! – Was fordert er? Etwas zu werden!"

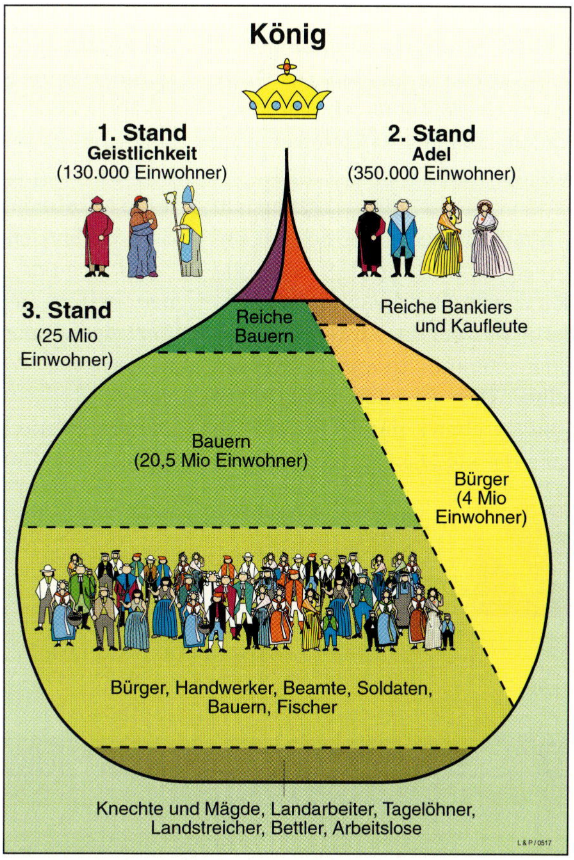

137.1 Gesellschaftsordnung Frankreichs

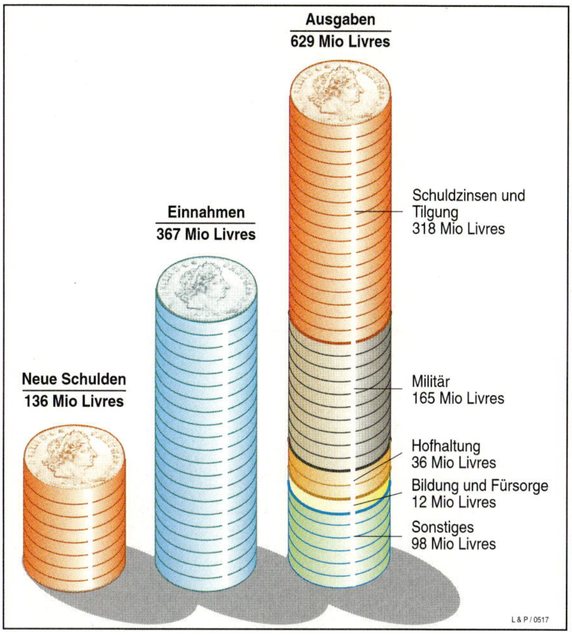

137.2 Staatshaushaltsplan 1788

1. „Frankreich ist bankrott." Belege diese Aussage.
2. Zu welchem Zweck wurden die Generalstände einberufen?
3. Erkläre, wer zu welchem Stand gehörte.
4. Welche Forderungen erhoben die Franzosen für die Generalstände?

Die Revolution beginnt

Die Nationalversammlung entsteht

Der Erste und der Zweite Stand durften zu den Generalständen je 300 Vertreter entsenden. Der Dritte Stand hatte 600 Abgeordnete. Frauen, Bauern, Handwerker oder Arbeiter waren nicht darunter.

Schon vor der ersten Sitzung am 1. Mai 1789 zeichnete sich ein unlösbarer Konflikt ab: Der Erste und der Zweite Stand wollten, dass jeder Stand bei der Abstimmung als eine Stimme gewertet werden sollte. Die Vertreter des Dritten Standes lehnten das ab. Sie wollten nach der Kopfzahl abstimmen.

Im Juni 1789 widersetzten sie sich der Anordnung des Königs, ihre Zusammenkünfte zu beenden.

König Ludwig XVI. schickte einen Hofbeamten mit dem Befehl, die Versammlung aufzulösen. Da donnerte **Mirabeaus** gewaltige Stimme dem Höfling entgegen: *„Wenn Sie beauftragt sind, uns hier zu entfernen, müssen Sie sich den Befehl zur Gewaltanwendung verschaffen. Wir weichen nur der Macht der Bajonette!"*

Das war offene Empörung. Der König ließ den Sitzungssaal des Dritten Standes verschließen. Deshalb versammelten sich die Abgeordneten in einem anderen Saal. Ein Bürger, ein Adliger und ein Priester als Vertreter der drei Stände reichten sich die Hände, und alle Abgeordneten erhoben zum Eide die Hand. *„Wir sind die Vertreter von 24 Millionen Franzosen, wir sind die einzigen und wahren Vertreter des ganzen französischen Volkes."*

Sie schworen voller Begeisterung, sich erst zu trennen, wenn sie eine **Verfassung** für das Königreich verabschiedet hätten.

1. Warum wehrten sich die Vertreter des Dritten Standes, nur mit einer einzigen Stimme abzustimmen?
2. Suche auf dem Bild 138.1 die Vertreter der drei Stände.
3. Welche Folgen hatte der Konflikt?

138.1 Der Schwur der Abgeordneten

Der 14. Juli 1789

Der Sturm auf die Bastille

139.1 Sturm auf die Bastille

In Paris wurden die hungernden Volksmassen mit jedem Tag unzufriedener. Am Morgen des 14. Juli erbeuteten Handwerker, Tagelöhner, Arbeiter und meuternde Soldaten ca. 32 000 Gewehre und 20 Geschütze. Aus tausend Kehlen zugleich ertönte wieder und wieder der Ruf: *„Zur Bastille! Zur Bastille!"* Die Menge strömte zu der alten Festung, die als Staatsgefängnis und Pulverhaus diente. Man brauchte für die erbeuteten Waffen das dort gelagerte Schießpulver. Das Volk sah in ihr aber auch das Symbol für seine Unterdrückung.

Der Befehlshaber der Bastille verfügte nur über wenig Männer. Er ließ die Vorhöfe räumen und verschanzte sich hinter den 25 Meter breiten Gräben. Immer mehr wuchs die Erregung der Menge. Gegen 13 Uhr gelangte sie bis an die Zugbrücke der Festung. Der Kommandeur fühlte sich bedroht und gab den Feuerbefehl. Die Schießerei war mörderisch. Etwa 100 Belagerer wurden getötet.

Drei am Morgen erbeutete Kanonen wurden in Stellung gebracht. Der Kommandeur bot die Übergabe der Bastille an, wenn er und seine Männer freien Abzug bekämen. Kaum waren die Brücken heruntergelassen, drängten die Aufständischen in die Bastille. Sie wollten ihre Toten rächen. Drei Offiziere und drei Soldaten wurden ermordet. Der Kommandeur der Festung und ein weiterer hoher Offizier wurden geschlagen, verhöhnt und schließlich geköpft. Die Menge trug die auf Lanzen gespießten Köpfe zum Königspalast.

Die Nachricht von der Eroberung verbreitete sich mit Windeseile in ganz Frankreich. Überall kam es in den kommenden Wochen zu Aufständen. Die Bauern stürmten die Schlösser und Klöster. Sie verbrannten die alten Dokumente mit ihren Abgabeverpflichtungen (s. S. 134/135).

Der 14. Juli wurde zum Nationalfeiertag in Frankreich.

1. Erzähle mit eigenen Worten, wie die Bastille erobert wurde.
2. Welche Folgen hatte die Erstürmung der Bastille? Lies auch noch einmal die S. 134/135 durch.
3 Erkläre die Bedeutung des 14. Juli für das französische Volk.

Freiheit und Gleichheit für alle?

Die alte Ordnung wird abgeschafft

Die Aufstände der Bauern (s. S. 134/135) alarmierten die Abgeordneten der Nationalversammlung.

Am 5. August 1789 beschlossen sie nach einer dramatischen Nachtsitzung das Ende der **Leibeigenschaft**. Alle Privilegien (Vorrechte) für Geistlichkeit und Adel wurden aufgehoben. Sie sollten die gleichen Steuern zahlen wie der Dritte Stand. Die Ämter in Staat und Armee sollten zukünftig allen offen stehen. Alle Menschen sollten fortan „gleich" sein. Damit war die alte Ordnung abgeschafft. Die Bauern waren frei.

1. Auf beiden Karikaturen sind die drei Stände dargestellt. Welche Person gehörte zu welchem Stand?
2. Bearbeite dann die Abb. 140.1. Erkläre die Lage, in der sich der Bauer befand. Die schriftlichen Hinweise helfen dir dabei.
3. Was taten die beiden anderen Stände? In welchem Verhältnis standen sie zu dem Bauern?
4. Bearbeite dann mit der gleichen Fragestellung die Abb. 140.2.
5. Beide Karikaturen stammen aus dem gleichen Jahr. Überlege, nach welchen Ereignissen sie jeweils gezeichnet worden sein könnten.
6. Als Abschluss deiner Arbeit beantworte die Titelfrage: „Freiheit und Gleichheit für alle?" Ist dieser Anspruch einzulösen? Gib eine eigene Einschätzung dazu.

140.1 *„Man muss hoffen, dass dieses Spiel bald endet." Karikatur, 1789*

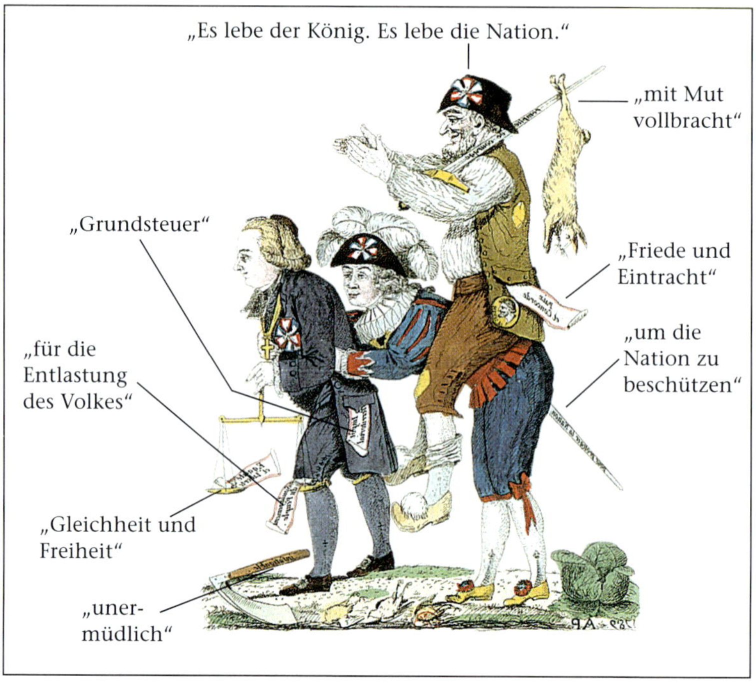

140.2 *„Ich wusste ja, dass wir auch mal an die Reihe kämen." Karikatur, 1789*

141.1 *Die Erklärung der Menschen- und Bürgerrechte*

Nur drei Wochen nach der Abschaffung der alten Ordnung im August 1789 verabschiedete die Nationalversammlung feierlich die „Erklärung der Menschen- und Bürgerrechte". Die weibliche Figur in den Farben Blau, Weiß und Rot steht als Sinnbild für Frankreich, das die Ketten der Unfreiheit zerbrochen hat. Der Engel weist daraufhin, wie wichtig die Menschen- und Bürgerrechte sind.
Sie gelten für alle Menschen und alle Zeiten. Auch unser Grundgesetz enthält sie.
Die Arbeit an der neuen Verfassung war erst am 3. September 1791 abgeschlossen. Der König erkannte sie an. Nun hatte er nicht mehr allein die Macht.

1. Schreibe aus Artikel 2 die Menschenrechte heraus. Erkläre sie mit eigenen Worten.
2. Denk dir ein Beispiel für den Artikel 4 aus. Nimm Stellung.
3. Versuche, die Aussage des Artikels 1 zu erklären.

Frauen treiben die Revolution weiter

142.1 Der Zug der Frauen nach Versailles, Zeichnung eines Unbekannten, 1789

„Der König gehört in die Hauptstadt!"

Hunger und Not herrschten auch nach der Erklärung der Menschenrechte in Paris. Die Lage spitzte sich immer mehr zu. Immer lauter erhoben sich die Klagen: *„Was beraten die denn in Versailles für uns? Die Menschenrechte sind verkündet, aber Brot gibt es immer noch nicht."*

In der Stadt gab es nur dieses Thema. Auf den Märkten wurden sich an einem regnerischen Oktobertag plötzlich 7000 Menschen einig:

„Der König muss in Paris wohnen. Holen wir ihn! Versailles schlemmt, Paris hungert!"

Ziel war auch die Nationalversammlung, wo die Frauen ihre Nöte vorbrachten. Ein Augenzeuge berichtete am 5. Oktober aus Versailles:

„Wir aßen gerade zu Mittag. Von den Fenstern, die den großen Platz beherrschen, sahen wir die Fischweiber, die Lastträger der Markthalle aus Paris ankommen. Alle verlangten Brot. Niemand wusste, was noch geschehen konnte. Gegen acht Uhr abends kam ich in die Nationalversammlung. Sie bot ein merkwürdiges Schauspiel. Das Pariser Volk war dort eingedrungen. Es hatte das ganze Haus besetzt. Die Zuschauerräume waren voll von Weibern und Männern, die Stöcke, Hieb- und Stoßwaffen mit sich trugen. Die Sitzung war unterbrochen worden. Nach und nach zog sich die Menge zurück, und die Abgeordneten berieten ruhig über einige Punkte des Strafgesetzbuches. Ich stand auf einer Galerie, wo ein Fischweib ungefähr hundert andere Frauen, vor allem junge Personen, anführte. Sie rief ungeniert die Abgeordneten an und fragte: ‚Wer redet denn da hinten? Lasst den Schwätzer den Mund halten! Darum handelt es sich gar nicht, es handelt sich darum, Brot zu bekommen.'"

(Brief des Genfer E. Dumont; G. Pemoud und S. Flaissier, Die Französische Revolution in Augenzeugenberichten, Düsseldorf 1965, S. 65 bearbeitet)

Auch in das Schloss drangen die Marktfrauen ein. Als die königliche Leibwache Widerstand leistete, wurde sie niedergemacht. Der König wurde Gefangener der Revolutionäre.

Im Triumph führte das Volk am nächsten Tag die königliche Familie nach Paris. Auch 50 Wagenladungen von Korn und Brot aus den Vorräten des Schlosses befanden sich im Zug.

„Die Köpfe von zwei Leibgardisten des Königs wurden dem Zug auf zwei Piken vorangetragen. Es folgten vierzig bis fünfzig Leibgardisten zu Fuß, ohne Waffen. Eine buntgemischte Menge umgab die Karosse des Königs. Die Gewehre zum Zeichen des Sieges mit Eichenlaub geschmückt, ununterbrochenes Musketenfeuer, Schreie: ‚Wir bringen den Bäcker, die Bäckerin und den kleinen Bäckerjungen!'"

(Memoiren des Marquis de Ferrieres; G. Pernoud/S. Flaissier, Die Franz. Revolution in Augenzeugenberichten, S. 72, bearbeitet)

143.1 *Rückkehr nach Paris*

Praktisch als Gefangener wohnte jetzt der König mit seiner Familie in den Tuilerien, seinem Stadtschloss.

Frauen kämpfen für Gleichheit

Sehr viele Frauen waren als Dienstbotinnen, Wäscherinnen, Näherinnen und Tagelöhnerinnen beschäftigt. Sie mussten die Familie ernähren. Auf der Suche nach Brot und Brennholz durchkämmten diese Frauen oft viele Bezirke von Paris. Die stets hungrigen Kinder ließen keine Ruhe. Schon früh, oft um 4 oder 5 Uhr morgens, räumten sie auf, putzten, und wenn sie die Kinder versorgt hatten, begann das endlose Anstehen vor den Schlachter- und Bäckerläden.

Häufig warteten sie stundenlang in langen Schlangen. Dabei kam es auch zu Plünderungen der Läden. Für diese Frauen gab es nur einen Gedanken: Die Revolution sollte vor allem für mehr und billigeres Brot sorgen.

Andere, besonders engagierte Frauen kämpften für die Gleichstellung von Mann und Frau.

In Versammlungen und Kampfschriften traten sie für ihre Ziele ein. Waren „Gleichheit und Freiheit" nicht die Forderungen der Revolution? Vor allem Gleichheit musste auch für die Frauen gelten. Sie wollten als gleichberechtigte Partnerinnen der Männer anerkannt werden. Die Nationalversammlung beschloss lediglich das Recht der Frauen auf Anteil am Familieneigentum und dasselbe Recht auf Ehescheidung wie die Männer. Auch für Mädchen galt nun eine Schulpflicht. Außerdem wurden sie mit 21 Jahren volljährig. Niemand konnte dann mehr über sie verfügen und sie gegen ihren Willen verheiraten. Die Frauen durften aber nicht wählen und keine öffentlichen Ämter bekleiden. Die Gleichheit war nicht durchzusetzen.

Das Ende der Frauenbewegung kam am 30. Oktober 1793. Die Abgeordneten beschlossen kurz und bündig: *„Die Frauen sollen sich nicht in die Politik einmischen, sondern sich ausschließlich ihrer Familie widmen."* Seit 1795 durften sich die Frauen nicht mehr öffentlich versammeln. Das Wahlrecht bekamen die französischen Frauen erst 1946.

1. Erkläre, warum die Frauen nach Versailles zogen.
2. Der König als Gefangener! – Überlege, was das für ihn selbst und für Frankreich bedeutete.
3. Hatten die Frauen in ihrem Kampf für Gleichheit Erfolg?
4. Im Grundgesetz der Bundesrepublik Deutschland steht: „Männer und Frauen sind gleichberechtigt." Ist das heute verwirklicht?

Frankreich wird Republik

Krieg

Der König trieb ein doppeltes Spiel. Er wechselte insgeheim Briefe mit seinem Schwager, dem deutschen Kaiser. Darin bat er um Hilfe. Österreich und Preußen verbündeten sich, um die Revolution mit Waffengewalt zu beenden. Frankreich erklärte beiden Mächten den Krieg. Der König billigte das, weil er auf einen raschen Sieg der Feinde der Revolution hoffte.

Zu Beginn des Krieges wurde die französische Armee mehrfach besiegt. Feindliche Truppen standen 1792 vor Paris und drohten mit der Zerstörung der Stadt, wenn der Königsfamilie nur ein Haar gekrümmt werden sollte.

Hinrichtung des Königspaares

144.1 Die Hinrichtung Ludwig XVI. am 21. Januar 1793 vor 20 000 Zuschauern (zeitgenössischer Stich)

Diese Erklärung der Feinde war der Funke im Pulverfass, denn Hunger und Elend suchten seit Kriegsbeginn erneut die Bevölkerung von Paris heim. Sie gab dem König die Schuld an ihrer Not. Am 10. August 1792 stürmten hungernde und wütende Menschen das Stadtschloss (s. S. 132/133). Der König brachte sich bei der Nationalversammlung in Sicherheit. Die hatte die Situation aber nicht mehr unter Kontrolle, denn die ärmeren Volksschichten, die sich Sansculotten nannten, bestimmten zunehmend die Politik. Noch am 10. August wurde der König abgesetzt. Die letzten Rücksichten auf die Gegner der Revolution fielen nun. Überall in Paris wurden Plakate aufgehängt:

„Das Volk muss sich selbst Gerechtigkeit verschaffen. Bevor wir an die Grenze eilen, wollen wir die schlechten Bürger richten."

Seit dem Beginn der Revolution waren viele Adlige ins Ausland geflüchtet. Der König und seine Familie versuchten nun ebenfalls die Flucht. Als Kammerdiener verkleidet, fuhren sie nachts los, um die österreichischen Truppen zu erreichen. Mit ihrer Hilfe gedachte Ludwig XVI. seine Herrschaft wiederherzustellen. Kurz vor dem Ziel erkannte jedoch der Sohn eines Postmeisters den König. Nationalgardisten und Bauern verhinderten die Weiterfahrt. Unter schwerer Bewachung wurde die königliche Familie nach Paris zurückgebracht.

Das Parlament diskutierte über die Strafe für den König. Der Abgeordnete **Robespierre** trat am heftigsten für die Todesstrafe ein. Nach langer Diskussion verurteilte es den König wegen Landesverrats zum Tode. Als „Bürger Louis Capet" wurde er am 21. Januar 1793 hingerichtet, seine Frau Marie-Antoinette wenig später.

Nun verbündeten sich alle wichtigen europäischen Mächte gegen Frankreich. England verhängte eine Einfuhrsperre gegen Frankreich. Es konnten keine Lebensmittel mehr eingeführt werden. Die Not der Bevölkerung wurde von Tag zu Tag bedrückender. Krieg und Hunger ließen die Revolutionäre immer radikaler werden.

1. Was wollte der König erreichen?
2. Nenne Auswirkungen des Krieges.
3. Gib in eigenen Worten wieder, wie die Drohung der Feinde wirkte.
4. „Das Volk muss sich selbst Gerechtigkeit verschaffen." Erkläre.

Die Schreckensherrschaft

Die Sansculotten

Die radikalsten Revolutionäre in Paris waren Ladenbesitzer, Kleinhändler, Handwerker, Lohnarbeiter und Tagelöhner. Ihr Leben hatte sich immer noch nicht verbessert. Sie waren immer noch bettelarm. Sie nannten sich „Sansculotten". Das heißt „ohne Kniehosen". Mit dieser Kleidung hoben sie sich vom Adel und den wohlhabenden Bürgern ab. Ihr politisches Abzeichen war eine rote Mütze als Zeichen für die Freiheit. Ein Sansculotte hat sich selbst beschrieben:

> *„Er ist einer, der immer zu Fuß geht, keine Millionen besitzt … keine Schlösser, keine Bediensteten zu seiner Bequemlichkeit hat, der mit Frau und Kindern im vierten oder fünften Stock wohnt. Er ist nützlich, weil er weiß, wie man einen Acker pflügt, wie man schmiedet, sägt, feilt, ein Dach deckt, Schuhe macht und wie man bis zum letzten Tropfen sein Blut für das Wohl der Revolution vergießt."*
>
> *(W. Markow/A. Soboul, Die Sansculotten von Paris, Berlin 1957, S. 3)*

Terror und Mord

1793 rissen Robespierre und seine politischen Freunde die politische Macht an sich. Sie errichteten eine revolutionäre **Diktatur**. Freiheit und Gleichheit sollten mit Gewalt eingeführt werden. Zu der Stütze und zum Werkzeug des Diktators wurden die Sansculotten. Sie einte der Hunger, die Sorge um das tägliche Brot, das schnell immer teurer wurde.

Robespierre kam den Sansculotten entgegen. Er setzte Höchstpreise für Brot und für weitere Verbrauchsgüter wie Zucker, Kaffee oder Seife fest. Daneben wurden auch Höchstlöhne vorgeschrieben. Aber dieses Gesetz war sehr schnell wirkungslos. Die Erzeuger und die Händler lieferten immer weniger Ware aus. Aber auf Hinterhöfen wurden die Waren des täglichen Bedarfs zu immer höheren Preisen von Schwarzhändlern angeboten. Eier, Butter, Zucker und Brot erreichten schwindelerregende Preise. So beschlossen Robespierre und seine Freunde ein Gesetz, das Schwarzhandel mit dem Tode bestrafte.

Robespierre setzte mit mitleidloser Strenge das Gesetz durch. Er erklärte den Terror, die Schreckensherrschaft, zum Mittel seiner Politik. Die Sansculotten halfen ihm. Sie hatten nichts zu verlieren. Eine einfache Anzeige gegen einen Verdächtigen reichte, um einen Haftbefehl zu erwirken.

Zu Tausenden verhaftete man so genannte „Feinde" der Revolution. Sie kamen vor Schnellgerichte. Sansculotten sprachen die Urteile. Es gab nur Freispruch oder Tod. Sie verurteilten innerhalb von 10 Monaten 50 000 Menschen zum Tod durch das Fallbeil. Darunter befanden sich immer mehr Unschuldige und viele politische Gegner Robespierres.
Als sich im Juli 1794 keiner mehr sicher fühlen konnte, schlossen sich die Gegner Robespierres zusammen. Sie ließen am 27. Juli 1794 Robespierre und seine Mittäter verhaften und hinrichten.

1. Beschreibe die Rolle der Sansculotten.
2. Erkläre, wer als Feind der Revolution galt.
3. Was bezweckte Robespierre mit dem Terror?
4. Diskutiert über den Ausspruch: *„Der Zweck heiligt die Mittel!"*

Napoleon beendet die Revolution

In den Kriegen stieg ein General zum Volkshelden auf: Napoleon Bonaparte. 1799 kam er als gefeierter Sieger nach Paris. Er hatte in Italien die zahlenmäßig überlegene österreichische Armee geschlagen, in Ägypten die Engländer in Schrecken versetzt.

Die fünf Männer des **Direktoriums**, der damaligen Revolutionsregierung, empfingen den Volkshelden mit gemischten Gefühlen. Ihre Zurückhaltung war nicht unbegründet. Noch nicht einmal drei Wochen war der General in Paris, als er an der Spitze von 1500 Reitern die Regierungsgewalt an sich riss. Er setzte die fünf Männer des Direktoriums ab und löste das Parlament auf. Damit beendete er die Revolution. Die Franzosen wollten nur noch Sicherheit statt Freiheit. 1804 ließ sich Napoleon zum Kaiser der Franzosen krönen (s. Abb. 145.1).

146.1 Napoleon wird 1804 französischer Kaiser

Napoleon ließ die meisten Ergebnisse der Revolution bestehen. Kein Bauer, der Äcker von der Enteignung seines ehemaligen Grundherrn bekommen hatte, musste sie zurückgeben. Kein Bürger, der sich ein Schloss eines geflohenen Adligen gekauft hatte, musste dieses wieder räumen. Jeder musste nach seinem Vermögen Steuern zahlen. Alle Gesetze blieben in Kraft und galten in ganz Frankreich.

1802 durften fast alle **Emigranten** nach Frankreich zurückkehren. Die Adligen durften aber ihre Titel nicht mehr führen und erhielten ihre Güter nicht zurück. Sie konnten wieder staatliche Ämter bekleiden und Offiziere in der Armee werden.

1. Beschreibe Abb. 146.1. Was fällt dir bei der Darstellung besonders auf?
2. Welche Ergebnisse der Revolution ließ Napoleon weiter gelten?
3. Schätze ein, warum er das tat.

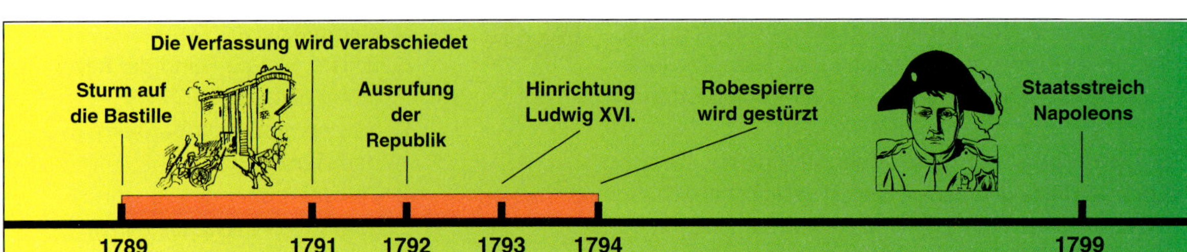

Freiheit und Gleichheit bei uns

Grundgesetz

Art. 1 (1) Die Würde des Menschen ist unantastbar. Sie zu achten und zu schützen ist Verpflichtung aller staatlichen Gewalt.

Art. 2 (2) Die Freiheit der Person ist unverletzlich.

Art. 3 (1) Alle Menschen sind vor dem Gesetz gleich.
(2) Männer und Frauen sind gleichberechtigt.
(3) Niemand darf wegen seines Geschlechts, seiner Abstammung, seiner Rasse, seiner Sprache, seiner Heimat und Herkunft, seines Glaubens, seiner religiösen oder politischen Anschauungen benachteiligt oder bevorzugt werden.

Art. 4 (1) Die Freiheit des Glaubens, des Gewissens und die Freiheit des religiösen und weltanschaulichen Bekenntnisses sind unverletzlich.

Art. 5 (1) Jeder hat das Recht, seine Meinung in Wort, Schrift und Bild frei zu äußern und zu verbreiten ... Die Pressefreiheit wird gewährleistet.

147.1

Menschenrechte in Verfassungen
Die Forderungen der französischen Revolution nach Freiheit und Gleichheit sind in die Verfassungen vieler Staaten aufgenommen worden. Am 23.5. 1949 trat das Grundgesetz der Bundesrepublik Deutschland in Kraft. In ihm sind die Menschenrechte als Grundrechte enthalten (Artikel 1–19). Sie stehen allen Menschen von Geburt an zu und gelten für alle in Deutschland lebenden Menschen.

1. Lies die Artikel des Grundgesetzes und unterscheide nach Freiheitsrechten und gleichen Rechten für alle Menschen. Lege dazu eine Tabelle an.
2. Welche Aussagen oder Bilder in Abb. 147.1 widersprechen deiner Meinung nach den Grundrechten? Begründe deine Antwort.
3. Suche Zeitungsartikel, die über Verletzung der Menschenwürde oder Grundrechte berichten.

Leben, um zu arbeiten? – Industrialisierung

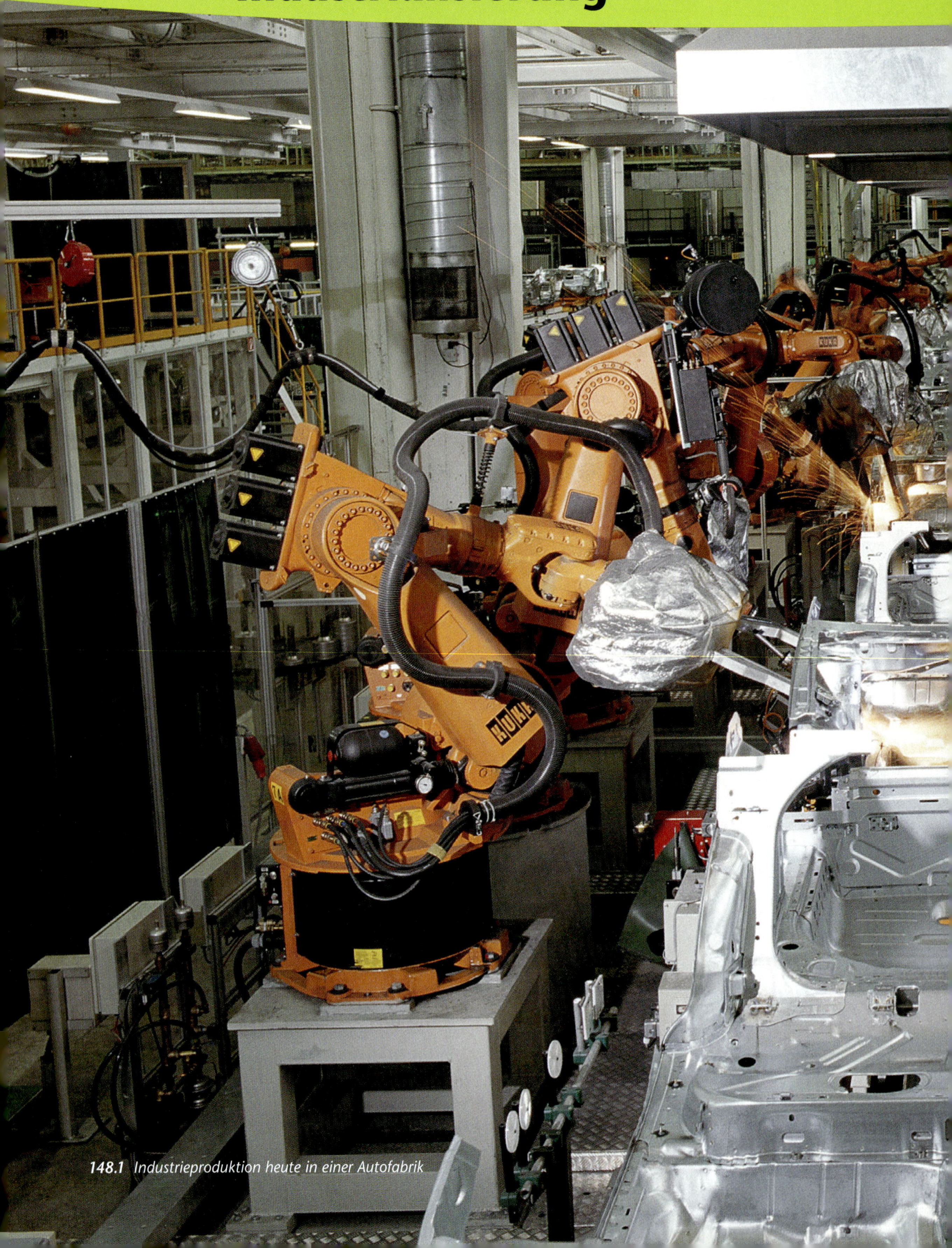

148.1 *Industrieproduktion heute in einer Autofabrik*

Um 1800 wurden Dampfmaschinen erfunden. Sie lösten vielerorts die Handarbeit des Menschen ab und wurden „Motor" für das beginnende Zeitalter der Industrialisierung. Mit den neuen Arbeitsbedingungen in Fabriken änderten sich die Lebensverhältnisse für sehr viele Menschen.

Auch heute verändert sich unsere Welt wiederum durch neue Techniken. Dabei verschwinden herkömmliche Arbeitsplätze und es entstehen ganz neue.

149.1 *Industrieproduktion um 1900*

Die Industrialisierung beginnt in England

Maschinen verändern die Arbeit

150.1 Spinnrad mit Tretantrieb

In England stieg zwischen 1750 und 1850 die Bevölkerungszahl von 6,5 Mio auf 18,0 Mio. Mehr Menschen brauchten auch mehr Kleidung. Dafür musste Wolle zu Garn gesponnen und dieses zu Stoffen gewebt werden. Die Nachfrage nach Stoffen wurde immer größer. Größer wurden auch die Mengen Baumwolle, die aus den Kolonien nach England kamen: 1740 waren es 1400 t, 1850 über 302 000 t. Die fertigen Stoffe wurden mit hohem Gewinn für den Textilhersteller verkauft.

150.3 Der englische Weber James Hargreaves entwickelte 1764 ein mechanisches Handspinnrad. Mit ihm konnte eine größere Menge Garn in kürzerer Zeit als zuvor gesponnen werden.

150.2 Baumwollspinnerei in England, 1839

1769 konstruierte der Engländer Richard Arkwright eine mit Wasserkraft angetriebene Spinnmaschine. Mit ihr konnten Menge und Qualität des Garns erheblich gesteigert werden. 1812 liefen in England auf Spinnmaschinen in Fabrikhallen über 4 Mio Spindeln.

Mit der Entwicklung von Spinn- und Webmaschinen verloren viele Menschen ihre Handarbeit und damit ihr Einkommen. Nicht alle fanden in den Fabriken einen neuen Arbeitsplatz.

151.1 Dampfmaschine (Nachbildung) von James Watt, 1784

Wasser wird bei 100 Grad C zu Dampf, der sich dabei ausdehnt (1 l Wasser gibt 1675 l Dampf) und dadurch Druck erzeugt.

151.2 James Watt (1736–1819)

Der englische Feinmechaniker und Techniker James Watt entwickelte von 1764 bis 1769 eine Dampfmaschine, die 34 Arbeitstakte (Auf- und Abwärtsbewegungen) pro Minute leistete. Die Kraft dieser Maschine reichte aber nur zum Betrieb z. B. von Pumpen in einem Bergwerk. Watt verbesserte seine Dampfmaschine so weit, bis die Dampfkraft in eine Drehbewegung übertragen wurde. Nun konnten mit einer Dampfmaschine über Treibriemen auch andere Maschinen angetrieben werden. 1785 bereits wurde die Dampfmaschine in der Baumwollindustrie eingesetzt.

1823 hieß es in einem Brief aus England über die Dampfmaschine:

„Höre, was das erwähnte Ungetüm alles leistet. Als Erstes ist seine Nahrung die wohlfeilste, denn es frisst nichts als Holz und Kohlen. Es braucht aber gar keine, sobald es nicht arbeitet. Es wird nie müde und schläft nie. Es ist keinen Krankheiten unterworfen und versagt nur dann die Arbeit, wenn es nach langer, langer Zeit vor Alter unbrauchbar geworden ist. Es ist gleich tätig in allen Klimaten und unternimmt unverdrossen jede Art von Arbeit … – in der Tat, es treibt alles und jedes Geschäft …"

(G. Schönbrunn [Hrsg.], Geschichte in Quellen, Bayer. Schulbuchverlag, München 1980, Bd. 5, S. 110, verändert)

1. Welche Vorzüge hatte nach Meinung des Briefschreibers aus England die Dampfmaschine?
2. Beschreibe nach den Abbildungen auf den S. 150 und 151 den technischen Fortschritt in der Herstellung von Garn.

Gegen Ende des 18. Jh. stand die Watt'sche Dampfmaschine in England in über 180 Bergbaubetrieben, Hüttenwerken, Brauereien, Baumwollspinnereien und Baumwollwebereien.
In den Textilfabriken konnten immer schneller Garne und Stoffe hergestellt werden. Diese waren in der Qualität besser und außerdem billiger. Doch es zeigten sich auch Nachteile: Viele Menschen verloren ihre Hand- und Heimarbeit oder ihr Handwerk. Sie mussten in der Fabrik Arbeit suchen, um dort bei niedrigen Löhnen und harten Arbeitsbedingungen ihren Lebensunterhalt zu sichern. Frauen und Kinder erhielten dabei die niedrigsten Löhne.

1795 waren in den Spinnfabriken Englands rund 340 000 Arbeiter beschäftigt: 150 000 Männer, 90 000 Frauen und 100 000 Kinder.

In den Bergwerken konnten mithilfe der neuen stärkeren Antriebskraft tiefer liegende Gruben entwässert werden. Die Schächte wurden nun noch tiefer getrieben. Es wurde mehr und bessere Kohle abgebaut. Die englische Steinkohlenförderung stieg von etwa 10 Mio t 1800 auf rund 50 Mio t 1850.
Im gleichen Zeitraum erhöhte sich die Roheisenerzeugung von 200 000 t auf rund 2 500 000 t. Immer mehr Maschinen aus Eisen wurden gebaut. So entstand neben der Textilindustrie die Metallindustrie.

152.2 Kohleförderung im englischen Staffordshire, Anfang 19. Jh.

Die Dampfmaschine regte besonders englische Erfinder an, diese Antriebsmaschine auch als Transport- und Beförderungsmittel zu nutzen.
Der technische Fortschritt im Verkehrswesen, die Textil- und die Metallindustrie machten England im 19. Jahrhundert zum führenden Industrieland in Europa.

152.1 Die englische Lokomotive „William", 1837

1. In welchen Industriezweigen wurde die Dampfmaschine zunächst eingesetzt?
2. Nenne Auswirkungen der Dampfmaschine auf die Entwicklung der Industrie.

TRIO-Methode: Wir lesen eine Wirtschaftskarte

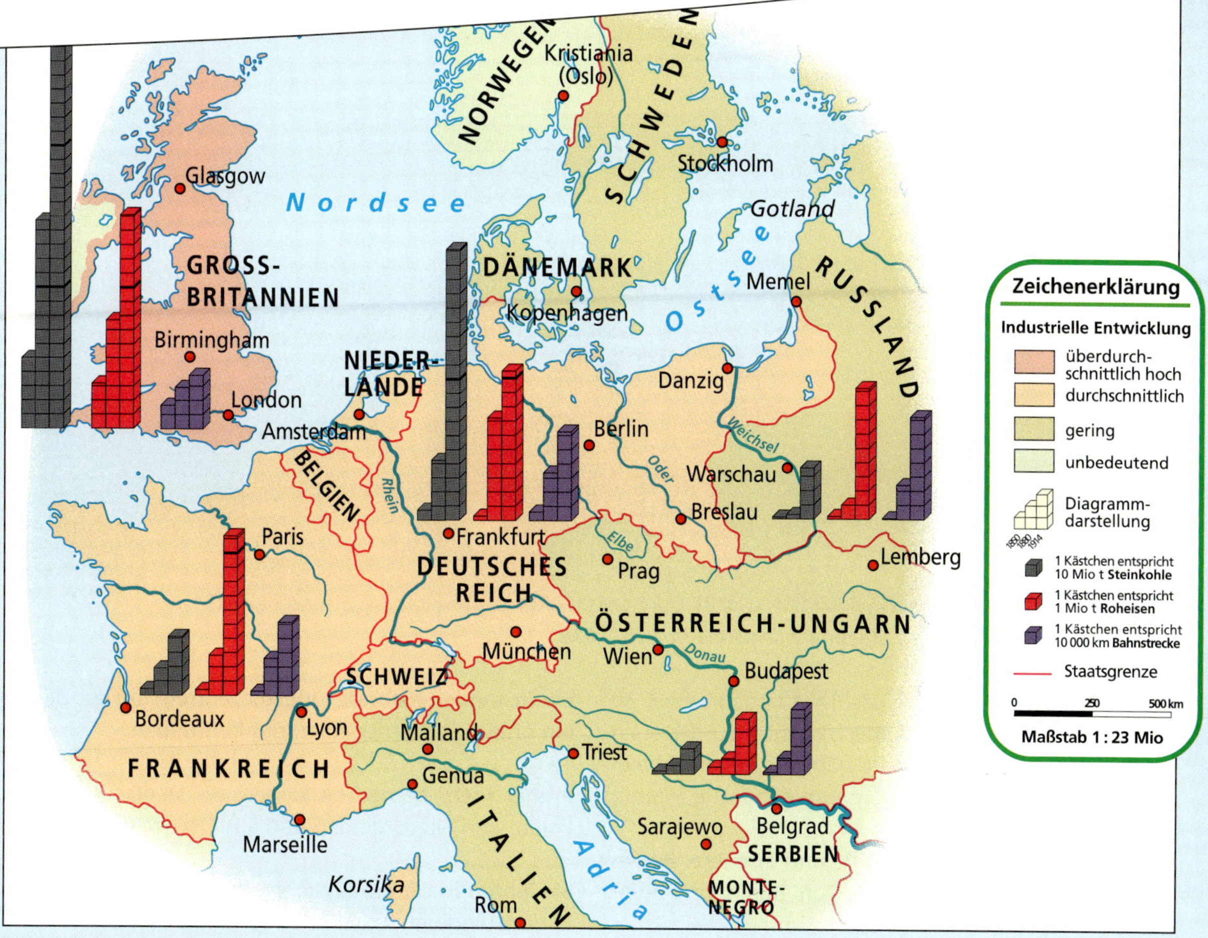

153.1 Industrielle Entwicklung um 1900 in Europa

Es gibt Karten im Atlas, auf denen bestimmte Angaben z. B. über die Wirtschaft, das Klima, die Bevölkerung, die Bodennutzung oder den Verkehr dargestellt werden. Diese Karten heißen „thematische" Karten. Damit kann man z. B. auch die um 1900 in Europa wichtigsten Industrieländer darstellen.

Vorbereitung

Beim Erlesen und Beschreiben dieser Karten helfen dir die *Signaturen* (= Symbole, Zeichen oder Farben), die in der *Legende* am Rande der Karte erklärt werden.
Die Signaturen stehen für bestimmte Aussagen, die aber auf der Karte nicht maßstabsgerecht dargestellt werden können. Hilfreich ist es, die einzelnen Signaturen der Reihe nach auf der Karte „zur Probe" festzustellen. Manchmal musst du z. B. dargestellte Zahlenwerte runden oder schätzen.
Halte deine Ergebnisse gleich schriftlich fest. Danach ordne und vergleiche sie.

Durchführung

Suche zunächst auf der Karte 153.1 für jede Signatur ein Beispiel auf der Karte.
Lies dann anhand der Diagramme die Produktion von Steinkohle und Roheisen für drei verschiedene Jahre in den genannten Staaten ab.
Ordne deine Ergebnisse in einer Tabelle.

Auswertung

Werte die Tabelle z. B. so aus, dass du eine Rangfolge der Länder aufstellst (Beispiel: *Wer hatte den ersten, zweiten, ... Rang 1850, ... in der Steinkohlenförderung und in der Roheisen-Produktion?).*

Erkläre danach die Aussagen (= Signaturen) der thematischen Karte über den Stand der industriellen Entwicklung um 1900 in Europa.

Industrialisierung in Deutschland

An Rhein und Ruhr entsteht ein Industriezentrum

154.1 „Lendersdorfer Hütte", Stammsitz der Firma Hoesch, 1838

Die Industrialisierung in Deutschland begann etwa 30 Jahre später als in England. Ähnlich wie hier wurden auch in Deutschland Fabriken dort gebaut, wo die *Standortbedingungen* für den Unternehmer günstig waren, wie z. B. im Ruhrgebiet.
Hier gab es die Rohstoffe, Kohle und Eisenerz. Beides wurde auf den Wasserstraßen von Rhein und Ruhr transportiert, später mit der Eisenbahn.

Die Steinkohlenförderung stieg von 1 Mio Tonnen 1840 auf 60 Mio Tonnen 1900. Gleichzeitig wurden immer größere Mengen an Eisen und später auch an Stahl hergestellt. Als Folge entwickelte sich die metallverarbeitende und auch die textilverarbeitende Industrie.

Es entstanden mehrere Industriezentren und aus diesen ein großes Industriegebiet: das Ruhrgebiet.

Immer mehr Menschen kamen aus Deutschland und Polen, den Niederlanden und aus Österreich.

Sie lebten in oft erbärmlichen Wohnverhältnissen und in der ständigen Angst um ihren Arbeitsplatz.

Neue Fabriken, neue Verkehrswege wurden gebaut, die Städte wuchsen. Dadurch wurden große Teile der Natur und Landschaft vernichtet. Auf die Gesundheit der Menschen nahmen die Unternehmer keine Rücksicht.

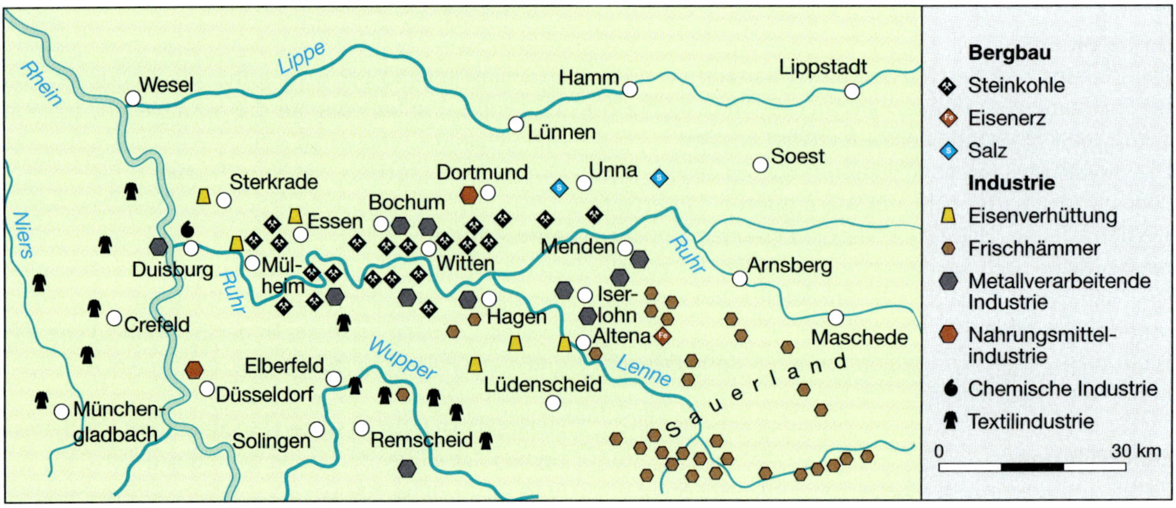

154.2 Industriegebiet an der Ruhr, um 1830

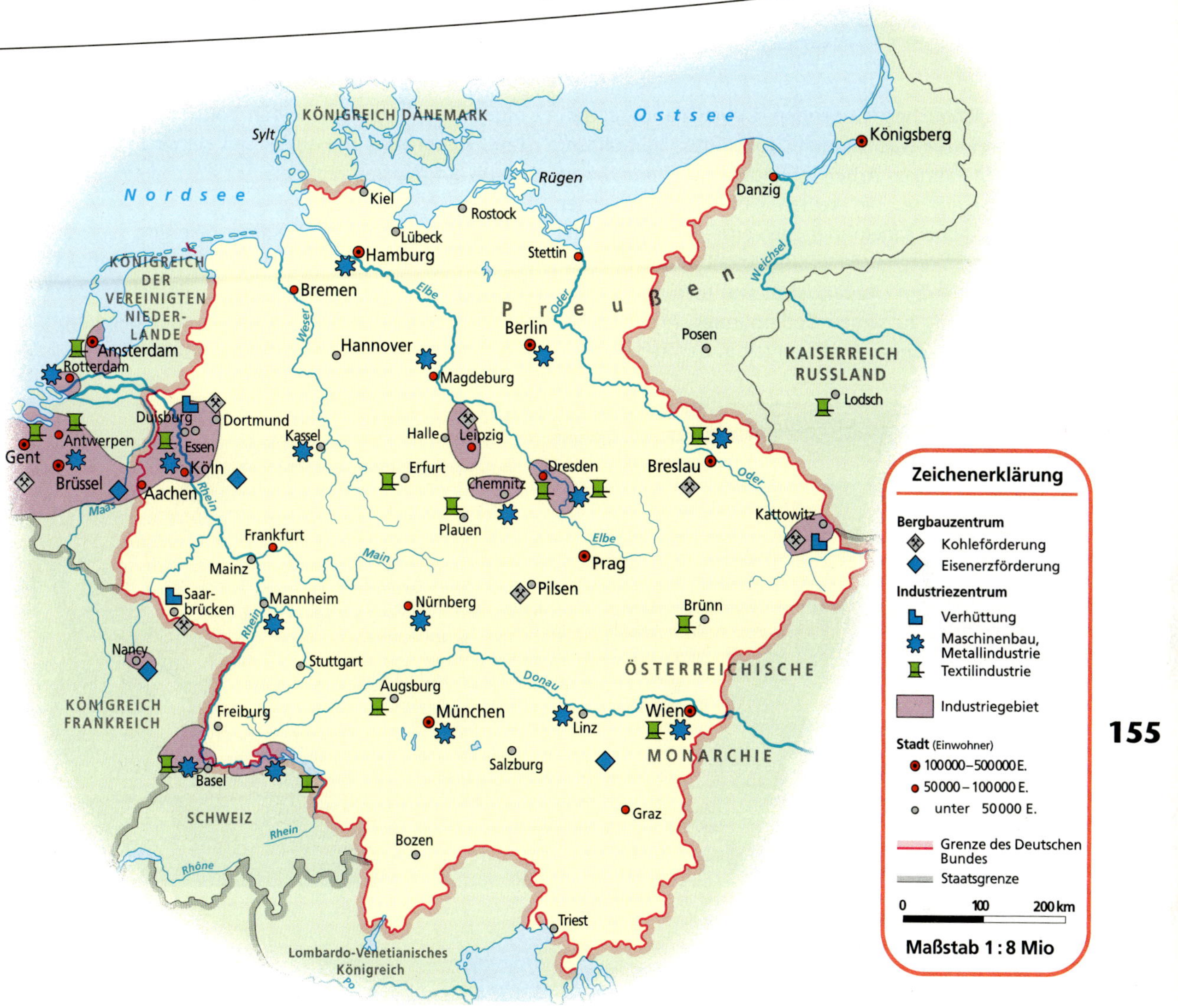

155.1 Industriezentren und Industriegebiete in Mitteleuropa, 1850

Bevölkerungsentwicklung ausgewählter Ruhr-Städte (in 1000 Einw.)

Ort	1818	1871	1900	1998
Bochum	2	21	66	396
Dortmund	4	44	143	595
Essen	4	52	119	609
Duisburg	5	33	93	529
Gelsenkirchen	1	8	37	286
Mülheim	5	14	38	176
Oberhausen	–	13	42	223
Witten	2	15	34	104

(Kersting Ruth/Ponthöfer, Lore, Seydlitz-Wirtschaftsraum Ruhrgebiet, Cornelsen & Schroedel Verlagsges., Berlin 1990, S. 30; Fischer Weltalmanach 2000, Fischer Tb Verlag, Frankfurt/Main 1999, S. 179 ff.)

1. Zähle nach der Legende von 154.2 die Anzahl der verschiedenen Industriestandorte aus.
2. Ordne sie nach der Häufigkeit der Symbole.
3. In welchen Städten Mitteleuropas gab es um 1850 Industriebetriebe (Karte 155.1)?
4. Stell die Bevölkerungsentwicklung in den Ruhr-Städten Bochum, Gelsenkirchen und Oberhausen in einem Säulendiagramm dar (2000 Einwohner ≙ 1 mm).

Arbeits- und Lebensverhältnisse ändern sich

Flucht in die Städte

Aus allen ländlichen Gegenden Deutschlands zogen Menschen in die wachsenden Großstädte. Sie hofften, dort in den Fabriken Arbeit zu finden. Darunter waren viele Bauernsöhne, die keinen Hof besaßen, ferner Handwerker und Tagelöhner. Sie vergrößerten das ohnehin schon bestehende große Angebot an Arbeitskräften. Bei diesem Überangebot war es für einen Fabrikherrn leicht, zu seinen Bedingungen Arbeitskräfte auswählen zu können. Arbeit erhielt in der Regel derjenige, der für den geringsten Lohn am längsten arbeitete. Andernfalls musste er mit seiner Entlassung von heute auf morgen rechnen.

Mit der Zunahme der Stadtbevölkerung hielt der Bau von Wohnungen nicht Schritt. Deshalb lebten viele Menschen in Notunterkünften, Barackensiedlungen und Mietskasernen. Von den kleinen Arbeiterwohnungen wurde oft noch ein Zimmer untervermietet.

156.1 Barackenkolonie in Berlin, 1872

Mitten im Kartoffel- und Ackerland erheben sich eine große Zahl ärmlicher, dürftig zusammengeschlagener Bretterbuden, durch deren Dach der Regen und durch deren fingerbreite Spalten in den Wänden der Wind pfeift. Auf der einen Seite ist eine Brettertür, an der anderen sind ein paar kleine Fenster angebracht, und an der dritten Seite ist ein Stück Ofenrohr durch die Bretterwand gesteckt, welches als Schornstein dient; und diese ärmlichen erbärmlichen Buden ... dienen einer großen Zahl von Einwohnern als Wohnstätten.

(Der Volksstaat, Nr. 62 v. 3. 8. 1872)

156.2 Wohn- und Schlafzimmer einer Arbeiterfamilie

157.1 *Wohnviertel von wohlhabenden Bürgern, um 1900*

157.2 *Hinterhof mit Arbeiterwohnungen in Berlin, 1897*

Aus dem Lebensbericht der Luise Juliana Margarete N.:

„An der Tür des schönen Hauses war ein Messingschild mit der Aufschrift „Betteln und Hausieren verboten“ angebracht. Die Wohnung bestand aus Diele, Salon, Esszimmer, Wohnzimmer, Elternschlafzimmer, Mädchenzimmer und zwei Dachkammern; außerdem gehörten ein großer Flur, Küche, Badezimmer, Toilette, Wintergarten und drei Veranden dazu.

Am Morgen schürte das Dienstmädchen den Herd, bereitete das Frühstück für alle, versorgte die Kinder für die Schule, kaufte ein und putzte. Dann stand die Hausfrau auf.

Luise Juliana Margarete N. hatte viel Spielzeug. Im Sommer ging sie mit ihren Eltern auf Sommerfrische (Ferien). …“

(Glaser, Hermann, Maschinenwelt und Alltagsleben, S. Fischer Verlag, Frankfurt a. M. 1981, S. 106 f.)

Ein Arzt berichtet über Arbeiterwohnungen in Berlin:

„Die geringe Menge frischer Luft, welche die vielseitig umbauten Hinterhöfe zulassen, wird durch die Ausdünstungen der Abtritte (Toiletten) vollends verunreinigt. An den Wänden und Türen läuft gewöhnlich das Wasser herunter. Oft teilen sich drei bis fünf Dutzend Menschen die Benutzung einer Wasserstelle, eines Ausgusses und eines Aborts. Alles ist unbeschreiblich schmutzig und verkommen; es wimmelt von Ungeziefer. Der Gesundheitszustand der Kinder ist schlecht.“

(A. Storjohann, Das Deutsche Reich zur Kaiserzeit 1871–1918, Schulfunk-Reihe Heft 53, Ehrlich Verlag, Lübeck 1988, S. 30)

1. Beschreibe nach den Abb. 156.2, 157.1 und 157.2 die unterschiedlichen Wohnhäuser.
2. Schreibe einen Bericht über die Lebensumstände eines Arbeitermädchens. Berücksichtige dabei auch die Hinweise des Arztes.

Vor 1850 arbeiteten Kinder sehr häufig täglich unbegrenzt, in der Fabrik und im Bergwerk zehn Stunden und mehr. Frauen und Kinder waren in vielen Fabriken gesuchte Arbeitskräfte. Sie konnten als „Zweit- und Drittverdiener" nur einen geringen Lohn erwarten. Sie galten als „anstellig" und mussten die niedrigsten Arbeiten leisten. Sie wurden oft unmenschlich behandelt und rücksichtslos ausgenutzt.

158.1 Kinderarbeit in einem englischen Bergwerk, um 1840

„In den Kohlen- und Eisenbergwerken arbeiten Kinder von 4, 5, 7 Jahren: die meisten sind indes über 8 Jahre alt. Sie werden gebraucht, um das losgebrochene Material von der Bruchstelle nach dem Pferdeweg oder dem Hauptschacht zu transportieren, und um Zugtüren, welche die verschiedenen Abteilungen des Bergwerks trennen, bei der Passage (Durchgang) von Arbeitern und Material zu öffnen und wieder zu schließen. Zur Beaufsichtigung dieser Türen werden meist die kleinsten Kinder gebraucht, die auf diese Weise 12 Stunden täglich im Dunkeln einsam in einem engen, meist feuchten Gange sitzen müssen ... Der Transport der Kohlen und des Eisengesteins dagegen ist eine sehr harte Arbeit ... Zu dieser anstrengenden Arbeit werden daher ältere Kinder und heranwachsende Mädchen genommen ... Feste Stunden für Mahlzeiten sind meist unbekannt, so dass die Leute essen, wenn sie Hunger und Zeit haben ... Die Kinder und jungen Leute, welche mit dem Schleppen der Kohlen und des Eisengesteins beschäftigt sind, klagen allgemein über große Müdigkeit ..."

(F. Engels, Die Lage der arbeitenden Klasse in England, Barmen 1845)

Die Arbeiterfrauen hatten es besonders schwer. Es belastete sie z. B.

- die anstrengende Arbeit in der Fabrik, um den geringen Lohn des Mannes aufzubessern,
- die tägliche Hausarbeit in oft erbärmlichen Wohnverhältnissen,
- die Angst, noch ein viertes, fünftes oder sechstes Kind zu bekommen,
- die Erziehung der Kinder, die oft selbst arbeiteten, und für die kaum noch Zeit und Geduld, Kraft und Zuneigung blieben,
- sehr häufig noch die Pflege kranker und alter Familienmitglieder,
- die Angst, dass der Mann aus Verzweiflung über sein erbärmliches Arbeiterleben seinen Lohn in einer Kneipe gleich vor dem Fabriktor vertrank.

Dem Unternehmer gehörten die Fabrik und die Maschinen. Er kassierte den Gewinn. Er diktierte die Arbeitszeit, setzte den Lohn fest, strafte und entließ „seine" Arbeiter.

Der Arbeiter besaß nur seine Arbeitskraft. Für ihn gab es in den Fabriken keinen Arbeitsschutz. Kranken- und Unfallversicherung, Arbeitslosenunterstützung und Altersvorsorge waren vor 120 Jahren noch unbekannt.

Doch immer häufiger und lauter wurde z. B. gefragt: Sind die Arbeitsbedingungen nicht unmenschlich? Warum haben so viele Mitmenschen keine ordentliche Wohnung? Wann erhalten die Arbeiter ihren gerechten Lohn? Zusammengefasst war das die „soziale Frage".

159.1 Arbeiterfamilie, um 1900

1. Beschreibe Abb. 158.1. Benutze dazu den Text von F. Engels.
2. Schreibe einen Brief, in dem eine Arbeiterfrau ihrer Schwester ihr Herz ausschüttet und über ihre Lebensverhältnisse in der Stadt berichtet.
3. Suche weitere Beispiele für die „soziale Frage".

Die soziale Frage

Antworten und Lösungen früher

160.1 Reaktion auf einen Streik, 1911

Nur gemeinsam konnten die **Arbeiter** etwas für die Verbesserung ihrer Lage tun. Unter dem Motto „Einigkeit macht stark!" unternahmen sie immer wieder gemeinsame Aktionen gegen die Unternehmer. Seit 1860 schlossen sie sich zu „Arbeitervereinen" zusammen. Ihr schärfstes Kampfmittel war der damals verbotene Streik, die Arbeitsniederlegung. Die Unternehmer reagierten mit Aussperrung und Entlassung.
Die Arbeiter riskierten ihren Arbeitsplatz, ihre Gesundheit und oft auch ihr Leben während eines Streiks.

1889 streikten z. B. im Ruhrgebiet über 90 000 der 104 000 Bergleute. Sie forderten kürzere Arbeitszeiten und Lohnerhöhungen. Polizisten und Soldaten wurden eingesetzt, um den Streik zu brechen. 15 Bergleute starben, Hunderte wurde verletzt. Der Streik brach zusammen.

Erst 1869 wurde den Arbeitern gesetzlich erlaubt, sich zu Interessenvertretungen zusammenzuschließen. Nach den jeweiligen Berufszweigen (Gewerken) entstanden **Gewerkschaften**. Sie vereinigten sich 1890 zu „Freien Gewerkschaften" und zu „Christlichen Gewerkschaften".

1869 wurde die **„Sozialdemokratische Arbeiterpartei Deutschlands"** gegründet.
Sie war die Vorläuferin der heutigen **SPD**.

In den Kirchen bemühten sich Einzelne, die Armut und Not der Arbeiter zu lindern. Sie errichteten z. B. Heime für vernachlässigte Jugendliche und für wandernde Handwerksgesellen. Pastor Wichern gründete das evangelische Hilfswerk der „Inneren Mission" und Pfarrer Kolping das katholische Hilfswerk der „Caritas" (= Nächstenliebe).

Es gab auch Fabrikbesitzer, die sich für „ihre" Arbeiter einsetzten. Krupp in Essen und Borsig in Berlin z. B. bauten für sie Wohnungen, Schulen, Kindergärten und Krankenhäuser.

Viele Arbeiter nutzten dankbar diese Einrichtungen. Dadurch fühlten sie sich mit dem Unternehmer verbunden und setzten sich für „ihre" Fabrik ein. Gleichzeitig wuchs damit aber auch ihre Abhängigkeit von dem Arbeitgeber.

Der **Staat** beantwortete die soziale Frage nur zögernd.
Erst seit 1883 gibt es die Krankenversicherung, die Unfallversicherung (1884), die Rentenversicherung (1889, mit Invaliditäts- und Altersversicherung) und den Arbeiterschutz (1891).

1. Beschreibe nach Abb. 160.1 und dem Text, wer den Unternehmern im Kampf gegen streikende Arbeiter half.
2. Welche „zwei Seiten" hatte die soziale Hilfe mancher Unternehmer?

Wie vor über 100 Jahren vertreten auch heute noch die Gewerkschaften die Interessen der Arbeitnehmerinnen und Arbeitnehmer. Die Interessen der Unternehmer werden durch Arbeitgeberverbände wahrgenommen.

Beide Interessenvertreter verhandeln z. B. über höhere Löhne, Arbeitszeiten, Anzahl der Urlaubstage oder Vorruhestandsregelungen.

In einem Tarifvertrag werden die erzielten Verhandlungsergebnisse verbindlich festgelegt. Sie gelten für eine bestimmte Zeit und auch für nicht gewerkschaftlich organisierte Arbeitnehmer.

Der „Deutsche Gewerkschaftsbund" **DGB** ist die „Dachorganisation" von elf Einzelgewerkschaften mit insgesamt etwa 8 Mio Mitgliedern (2000). Ein wichtiger Verband der Arbeitgeber ist z. B. die „Bundesvereinigung der Deutschen Arbeitgeberverbände" **BDA** mit über 50 Fachverbänden.

161.1 Warnstreik und Demonstration von Gewerkschaftlern, 1995

161.2 Plakat der Gewerkschaft IG Metall, 1999

Durchschnittliche wöchentliche Arbeitszeit	
1860	**70 Stunden**
1900	**60 Stunden**
1980	**40 Stunden**
2000	**38 Stunden**

1. Was bezwecken die streikenden Arbeiter mit einem Warnstreik?
2. Erläutere die Schlagworte der Gewerkschaft in Abb. 161.2.
3. Stellt die Entwicklung der Arbeitszeit in einem Säulendiagramm zeichnerisch dar.

Soziale Sicherung heute

Ein Beispiel: Kinder- und Jugendarbeitsschutz

162.1 Jugendliche Arbeiter in einer Buntpapierfabrik vor etwa 160 Jahren

Um 1825 arbeiteten Kinder bis zu 16 Stunden täglich, Jugendliche noch länger.

1839 wurde in Preußen die Beschäftigung von Kindern unter neun Jahren in Fabriken untersagt. Diese Bestimmung galt aber nicht z. B. in der Landwirtschaft und im Handwerk.

Erst 1901 gab es in Deutschland das erste Kinderschutzgesetz.

Heute verbietet das „Gesetz zum Schutze der arbeitenden Jugend" die Kinderarbeit und regelt die Ausnahmen.
Es schützt Jugendliche (15–18 Jahre) vor Überforderungen bei der Arbeit.

162.2 Bestimmungen aus dem Jugendschutzgesetz

1. Welche der oben genannten Bestimmungen ist für dich die wichtigste? Begründe.
2. Vergleiche die Arbeitsbedingungen von Kindern im 19. Jahrhundert (S. 158/159) mit heute.

TRIO-Methode: Wir zeichnen ein Kreisdiagramm

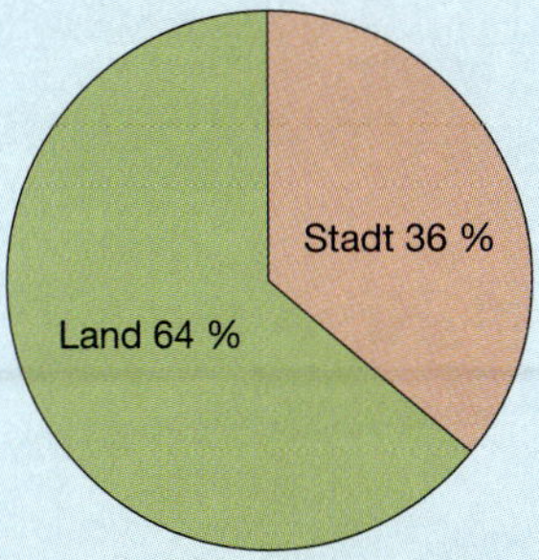

1871

Jahr	Land	Stadt
1871	64	36
1910	40	60
1997	8	92

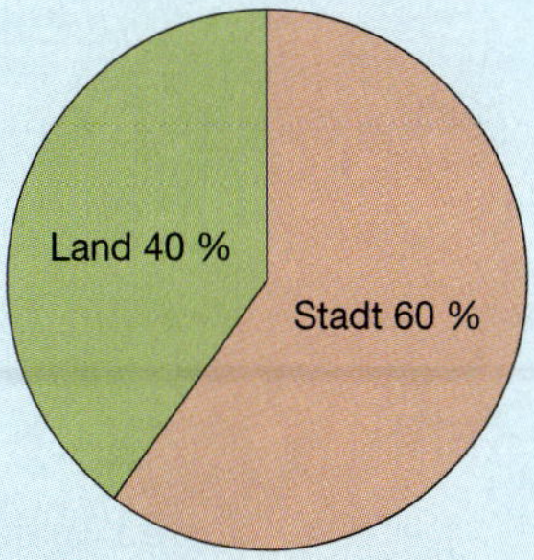

1910

163.1 *Verteilung der Bevölkerung Deutschlands auf ländliche und städtische Gemeinden (Angaben in %)*

1997

Die **Kreisdiagramme** zur Tab. 163.1 zeigen die Verteilung der Bevölkerung in Deutschland 1871 und 1910 auf ländliche (bis 2000 Einwohner) und städtische Gemeinden (ab 2000 Einwohner). Das Kreisdiagramm für 1997 sollst du zeichnen.

Bei einem Kreisdiagramm stellt der volle Kreis die Gesamtmenge dar (= 100 %). Die einzelnen Prozentsätze werden durch Kreissektoren (Kreisausschnitte) dargestellt. Ihre Größe kann man nicht genau ablesen. Deshalb müssen die Prozentsätze in oder neben die Kreissektoren geschrieben werden.

Vorbereitung

Zu jedem Prozentsatz gehört ein bestimmter Winkel. Zu 100 % gehört der Vollwinkel 360°. Zu 1 % gehört ein Winkel von 3,6°.

Durchführung

Berechne die Winkelgrößen nach dem nebenstehenden Beispiel.

Zeichne einen Kreis und einen ersten Radius als Ausgangslinie. Trage den ersten Winkel ab und zeichne den zweiten Radius (siehe Abb. 163.2!).

Prüfe: Die Summe der Winkel aller Kreissektoren muss 360° betragen.

Schreibe die Prozentsätze in die entsprechenden Kreissektoren.

Unterscheide die Kreissektoren mit Farben oder Schraffuren (siehe Abb. 163.1!).

Auswertung

Vergleiche die Kreisdiagramme miteinander. Schreibe auf, welche Entwicklung du erkennst.

Beispiel:
8 % ≙ 3,6° · 8 = 28,8° ≈ 29°

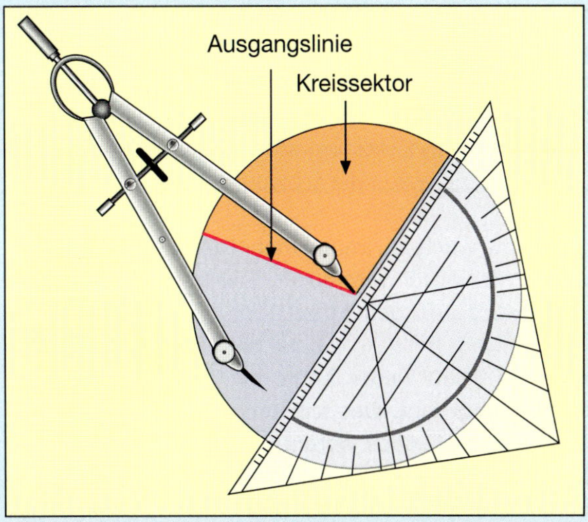

163.2 *Zeichnen eines Kreisdiagramms*

Eine Region verändert sich

Ein Beispiel: Das Ruhrgebiet

164.1 *Zechengelände „Concordia II/III" in Oberhausen, 1933*

Bis etwa 1960 war das Ruhrgebiet das größte und wichtigste Industriegebiet Deutschlands. Abbau und Förderung von Steinkohle, Eisen- und Stahlerzeugung, Metallverarbeitung, Maschinen- und Fahrzeugbau, Chemische und Elektroindustrie, Nahrungsmittel- und Textilindustrie waren die Schwerpunkte.

Die Städte wuchsen. Immer mehr Landschaft wurde auf Kosten der Natur verbraucht. Die Umwelt des Menschen wurde weitgehend zerstört.

Bis etwa 1960 wurde Kohle bis zu einer Tiefe von 1400 m abgebaut. Der technische und zeitliche Aufwand, um die noch darunter liegende Kohle abzubauen, wurde aber zu teuer. Die Einfuhr von Kohle aus dem Ausland, z. B. aus Polen und Österreich, war dagegen deutlich billiger.

Preisgünstiger und bequemer waren auch der Verbrauch von Erdöl und Erdgas sowie von Strom aus Atomkraftwerken. Es kam zur „Kohlenkrise".

Entwicklung des Steinkohlenbergbaus im Ruhrgebiet von 1957–1999

Jahr	Betriebe	Beschäftigte (in 1000)	Fördermenge (in Mio t)
1957	140	494	123
1970	56	199	91
1999	11	63	38

(Praxis Geschichte 5/2000, Westermann Verlag, Braunschweig 2000, S. 53)

165.1 Ehemaliges Zechengelände „Concordia II/III" in Oberhausen, 1987

Mit der „Kohlenkrise" wandelte sich das Ruhrgebiet. Kohlenzechen und Gruben wurden stillgelegt. Sehr viele Betriebe schlossen ihre Pforten. Dafür siedelten sich moderne Firmen an. Fünf neue Universitäten wurden gegründet. Auf Abraumhalden stehen heute Aussichtstürme. Gewässer wurden wieder naturnah gestaltet, Büsche und Bäume angepflanzt und alte Siedlungen aufwendig modernisiert.

In den ehemaligen Zechengebäuden finden z. B. Konzerte, Modenschauen und Firmenfeste, Tagungen und Theaterveranstaltungen statt. Die meisten Musical-Theater gibt es im Ruhrgebiet. In vielen Museen werden Zeugnisse der vergangenen Industriekultur gezeigt. Auf früheren Industrieflächen wurden Autofabriken, Einkaufs- und Erlebnisparks angesiedelt. Die Zahl der Touristen steigt von Jahr zu Jahr.

1. Vergleiche die Abb. 164.1 und 165.1. Was befindet sich heute auf dem Gebiet der Zeche?
2. Nenne Ursachen der „Kohlenkrise" im Ruhrgebiet.
3. Berechne die Entwicklung des Steinkohlenbergbaus (Tabelle S. 164) in Prozenten. Die Zahlen von 1957 entsprechen jeweils 100 %.

Begegnung mit dem Fremden

envia

„Ich bin 16 Jahre alt und wohne in Diepholz. Ich wurde hier geboren und bin auch hier aufgewachsen. Ich habe noch drei Geschwister. Meine Eltern fragten uns eines Tages beim Abendessen, was wir davon halten würden, wenn wir nach Norwegen ziehen würden. Wir nach Norwegen, ein Land, das ich nicht kenne. Und die Sprache kann ich doch auch nicht! Das waren die ersten Gedanken, die mir durch den Kopf gingen.

Jessica Wilker

Allerdings wäre wir nicht drum herum gekommen auf eine englische Schule zu gehen, (...)

Nach und nach kamen nicht nur mir immer mehr Zweifel, sondern auch meiner Mutter: Sollten wir hier wirklich alles aufgeben, die Familie – wir hätten unsere Verwandten höchstens zwei – dreimal im Jahr gesehen – unsere Freunde, Bekannten? Ich denke, man überlegt ja schon, wenn man in eine andere Stadt zieht, aber gleich in ein anderes Land? Ich habe meine Geschwister gefragt, was sie davon halten.“ (...)

(aus: Zeitzeugen, ein Buch der Klasse 9A der Jahnschule, Diepholz 1999, S. 48)

„Ich wurde am 1. 4. 82 im sibirischen Ort Druschba in Russland geboren, (...)
Ich war zwölf Jahre, als wir nach Deutschland gegangen sind. Fünf Jahre vorher hatten sich meine Eltern getrennt. (...) Wir sind mit dem Bus fünf Stunden von unserem Ort bis zum Novosibirsker Flughafen gefahren. Von dort sind wir dann mit dem Flugzeug nach Hannover acht Stunden geflogen. Von Hannover wurden wir nach Bramsche ins Lager gebracht. Dort haben wir zwei Wochen gewohnt, bis wir alle Formulare ausgefüllt hatten. Dann wurden wir auf die Insel Usedom geschickt.
Die Schule in Usedom, die ich in Deutschland als erste besuchte, mochte ich nicht. Wir waren sieben Aussiedler in der ganzen

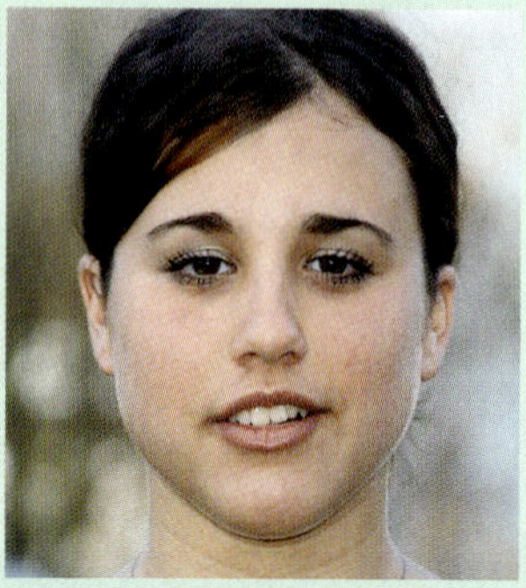

Faina Leimann

Schule, vier Mädchen und drei Jungs. In meiner Klasse waren nur ich und noch zwei andere Kinder Aussiedler. Die Klasse hat uns von Anfang an nicht akzeptiert. In der ersten Stunde sagten sie: „Wir wollen die hier in unserer Klasse nicht haben, die sollen dahin gehen, woher sie gekommen sind.“ Und die Lehrer haben nichts dagegen unternommen. Sie haben zu uns immer gesagt: „Oh, die sagen nichts gegen euch.“ Sie glaubten, dass wir nichts verstehen. Das Schlimmste war, dass alle Lehrer mit uns immer nur Russisch sprachen.
Später, als wir von dort nach Ostercappeln bei Osnabrück umzogen, konnte ich deshalb zwar alles verstehen, aber ich konnte nicht Deutsch sprechen. Deswegen blieb ich in der 7. Klasse sitzen. Dann habe ich angefangen, ein bisschen Deutsch zu sprechen und habe mich gut mit der Klassenlehrerin und der ganzen Klasse verstanden. Ich ging fast drei Jahre in diese Schule, bis wir nach Diepholz gezogen sind.
Ich gehe jetzt wieder in eine neue Schule, in eine neue Klasse und habe eine neue Lehrerin, mit der ich zufrieden bin.“ (...)

(aus: Zeitzeugen, ein Buch der Klasse 9A der Jahnschule, Diepholz 1999, S. 12, verändert)

169.1 Plakat gegen Fremdenhass

Der Gedanke wegzuziehen, um woanders zu leben, bereitet meist Unbehagen. Ein Fortzug bedeutet, das Gewohnte und Liebgewonnene zurückzulassen und sich in fremder Umgebung neu zu behaupten. Die Erfahrung, fremd zu sein, machen in Deutschland über sieben Millionen Menschen. Es sind Leute unterschiedlicher Nationalität, mit verschiedenen Religionen, Männer, Frauen und Kinder.

Im Umgang der Einheimischen und Fremden gibt es manchmal Unverständnis. Unkenntnis über Kultur und Religion der Fremden können zu Ablehnung führen, die mehr oder weniger offen gezeigt wird.

1. Versetz dich in die Situation von Jessica Wilker. Wie würdest du entscheiden? Begründe.
2. Soll Familie Wilker nach Norwegen gehen?
   Spielt das Gespräch über diese Entscheidung der Familie in einem Rollenspiel.
3. Beschreibe, was Faina Leimann das Einleben in Deutschland erschwert und was es ihr erleichtert.
4. Berichte von eigenen Situationen in denen du dich fremd gefühlt hast.
5. Worauf macht das Plakat aufmerksam? Welche Absicht wird damit verfolgt?

Ausländische Unternehmen bei uns

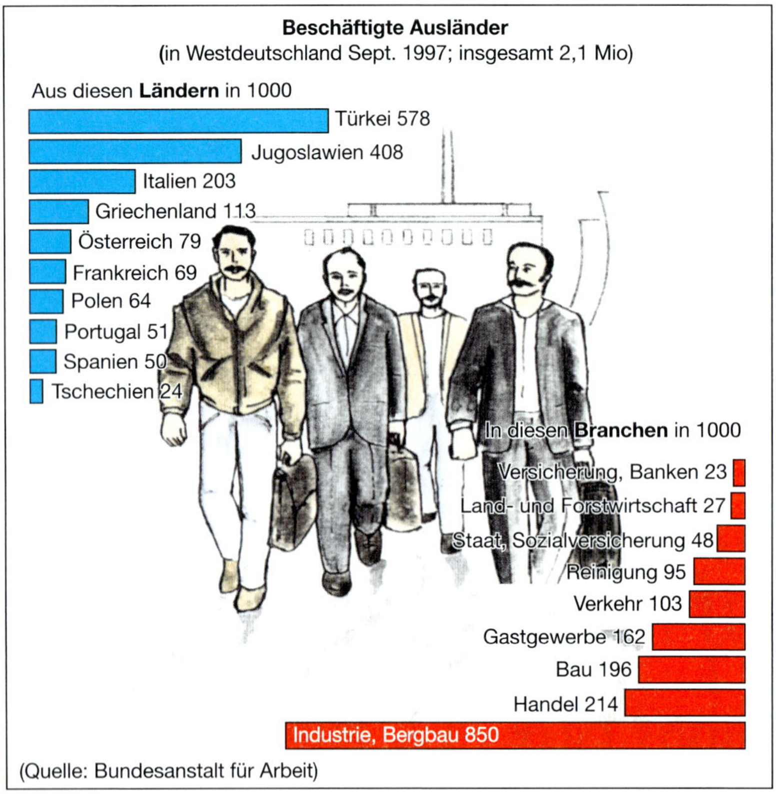

170.1 Beschäftigte Ausländer in Westdeutschland

170.2 Firmen, die von Ausländern bei uns gegründet wurden

Um 1960 herrschte in Deutschland Vollbeschäftigung. Die Anzahl der freien Stellen überstieg damals die Zahl der Arbeitslosen. Um weiterhin den Wohlstand in Deutschland zu sichern, wurden ausländische Arbeiterinnen und Arbeiter ins Land gerufen. So kamen viele Menschen aus Regionen Europas, in denen Armut und Arbeitslosigkeit herrschte, nach Deutschland. Sie sollten als „Gastarbeiter" die freien Arbeitsplätze in Industrie und Dienstleistung besetzen.

Mit dem Begriff „Gastarbeiter" verband sich die Vorstellung, dass diese Menschen nach einigen Arbeitsjahren in Deutschland wieder in ihre Heimat zurückkehren.
Im Laufe der Jahre haben diese ausländischen Arbeitnehmerinnen und Arbeitnehmer ihre Familien nachkommen lassen.

Viele der ehemaligen Gastfamilien sind für immer hier geblieben. Ihre Kinder sind hier geboren und leben zum Teil schon in der dritten Generation unter uns. Ausländische Beschäftigte arbeiten vorrangig im verarbeitenden Gewerbe (z. B. Fahrzeugbau), im Dienstleistungsbereich oder im Handel. Sie zahlen Steuern und Abgaben für Krankenkassen, Arbeitslosengeld, Rentenversicherung.

Mit ihrer Arbeitsleistung haben sie wesentlich zum Wohlstand in Deutschland beigetragen.
Ein Teil von ihnen schuf neue Arbeitsplätze, indem sie 300 000 Firmen in Deutschland gründeten.

Ausländische Unternehmer sind heute von großer wirtschaftlicher Bedeutung.

Ein imaginärer Ausländer-Generalstreik in Berlin

Die Dame im Café am Nachmittag
will Kaffee und Kuchen haben
aber die Tassen sind nicht gewaschen
die Serviererin ist nicht da.

Wo bleibt mein Essen etwas exotisch
gut gewürzt und mal was anderes?
Der „Dönerkebab"-Spieß dreht
sich nicht
auch der bunte Gemüseladen um
die Ecke
hat seit Tagen dicht gemacht.

Der Patient wartet auf den netten Arzt
umsonst
der Alte im Krankenbett wird
nicht gepflegt
auch die Suppe in der Küche
nicht gekocht
Die Müllabfuhr funktioniert
nicht ganz
die U-Bahnhöfe stinken.

Berliner Export hat Defizit
Kongressteilnehmer aus aller Welt
haben die Nase voll
ihre Betten sind nicht frisch
flinke Bedienung verschwunden.

Wohnungsnot nimmt kein Ende
Versprechen sind schön – wo sind die
Bauarbeiter?
Rentenkasse sucht dringend Zuschuss
weniger Beitragszahler, überall rote
Zahlen
Der letzte Ausländer macht alle
Lichter in Berlin aus
und geht.
Der Großbetrieb schreibt ans Werktor:
Wir suchen Leute! Jeder Kanaker ist
angenehm.
Der Mann auf der Straße schreit
immer noch:
Ausländer raus!

Aras Ören

(aus: Manfred Rudzinski (Hrsg.), Aktionshandbuch Ausländer, Merten, Bernheim 1983)

171.1 Plakat des DGB, 1991

1. Aus welchen Ländern kommen ausländische Arbeitnehmerinnen und Arbeitnehmer?
2. In welchen Branchen werden vorwiegend ausländische Arbeitnehmer beschäftigt?
3. Nenne Unternehmen, die von Ausländern gegründet wurden. Kennst du weitere Beispiele?
4. Gib die Aussagen der letzten beiden Sätze des Gedichts wieder. Erkläre den Widerspruch.
5. Gib die Aussage des Plakates mit eigenen Worten wieder.

Flüchtlinge weltweit

Zeichnung eines 12-Jährigen, Sarajewo, UNICEF Deutschland

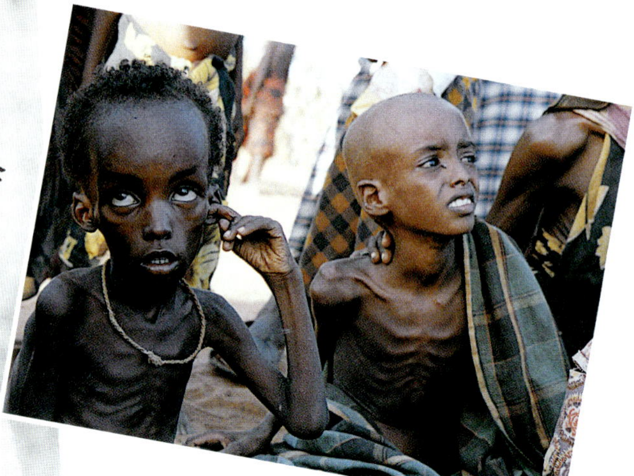

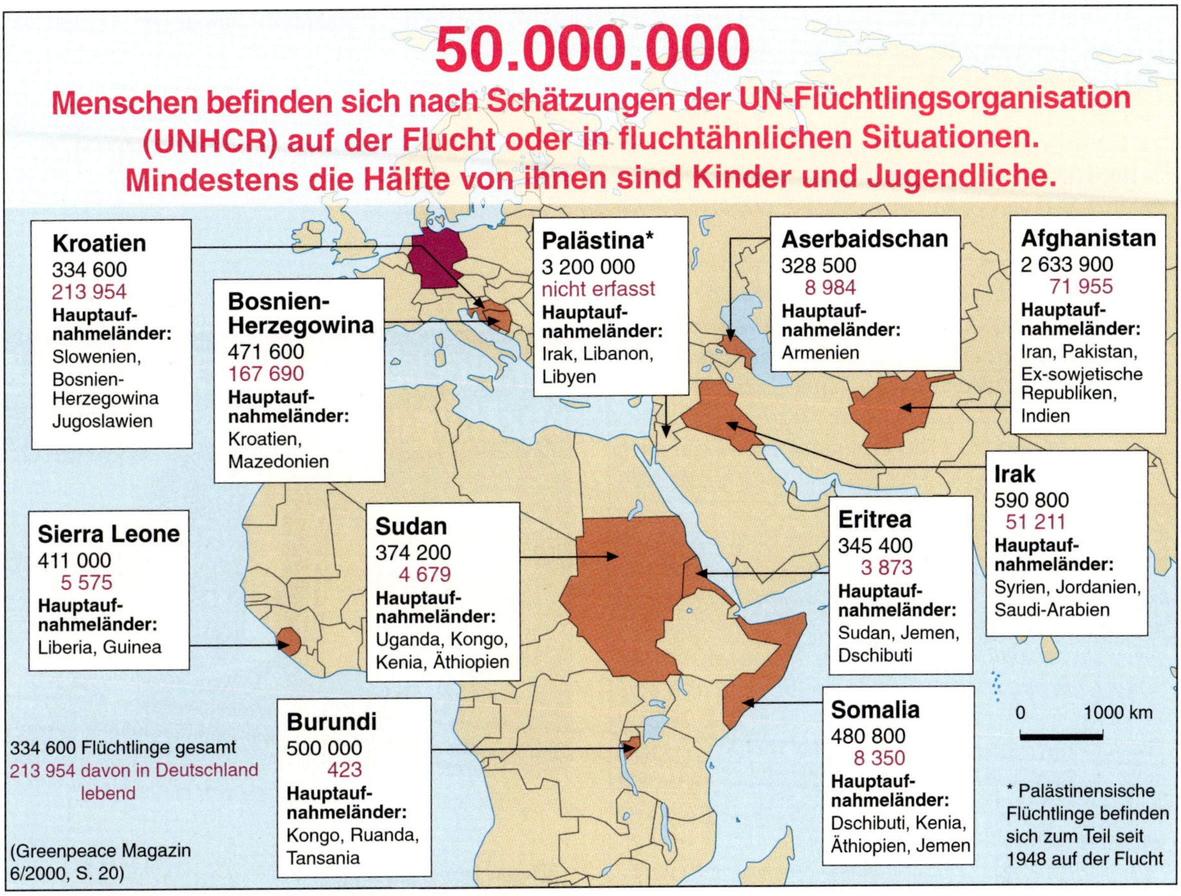

173.1 Die wichtigsten Herkunftsländer von Flüchtlingen

Das 20. Jahrhundert war das Jahrhundert der Flüchtlinge. Wir leben in einer Zeit, in der Krieg, politische Verfolgung, Naturkatastrophen, Hunger und Unterentwicklung weltweit Menschen zur Flucht treiben.

Die meisten Flüchtlingsströme entstehen in der Dritten Welt. Viele Millionen Männer, Frauen und Kinder sind über die Grenzen ihres Heimatlandes geflüchtet. Sie irren heimatlos umher.
Alle Flüchtlinge haben ein ähnliches Schicksal. Sie erleiden Angst und Hunger. Sie hoffen auf eine bessere Zukunft und haben Angst vor dem, was vor ihnen liegt. Flüchtlinge sind fast nirgends auf der Welt willkommen, denn mit ihnen muss man Nahrung, Wohnraum und Arbeit teilen.

Die Menschen in den Aufnahmeländern befürchten, durch zu viele Flüchtlinge zu Fremden im eigenen Land zu werden. So treffen Flüchtlinge auf neue Grenzen. Diese sind oft mit Stacheldraht gesichert, werden von Patrouillenbooten kontrolliert und von Polizisten streng bewacht. Viele Fluchtwege enden im Niemandsland zwischen zwei Staaten, in Lagern, in Zeltstädten, in Sammelunterkünften oder am Straßenrand.

1. Ordne die im Text genannten Fluchtgründe den Bildern zu.
2. Aus welchen Ländern kommen die Flüchtlinge? Wie viele werden davon in Deutschland aufgenommen?
3. Sammelt Meldungen über Krisengebiete: Stellt fest, was mit den Menschen geschieht, die fliehen müssen.

Zuflucht in Deutschland

Auch Deutschland nimmt Flüchtlinge auf. Kriegsflüchtlinge müssen nach einiger Zeit zurück in ihr Heimatland.
Der Artikel 16(2) des Grundgesetzes bestimmt:
„Politisch Verfolgte genießen Asyl."
Dafür müssen sie jedoch in einem Asylantrag glaubhaft nachweisen, dass sie politisch verfolgt werden. Über den Asylantrag entscheidet die Ausländerbehörde. Während des Bearbeitungszeitraumes müssen sich *Asylbewerber* in Sammelunterkünften aufhalten. Sie bekommen einen Wohnort zugewiesen und dürfen ihn nicht verlassen. Sie erhalten monatlich ein geringes Taschengeld sowie Naturalien.

„Ich kann die Luft nicht in Ruhe atmen"
Ein 25-jähriger Ghanaer schildert seine Situation
„So kam ich nach Deutschland und beantragte Asyl in Berlin. (...) Drei Monate blieb ich in Berlin, bevor ich nach Karlsruhe kam. Dann wurde ich zuerst nach Konstanz, dann nach Bad Säckingen und schließlich nach Schopfheim verschickt. Hier bin ich seit fast zwei Jahren und habe viele Freunde. (...)
Alles, was ich hier in Deutschland tue, ist herumsitzen. Manche Deutsche lassen mich spüren, dass ich dieser Gesellschaft nicht angehöre. Und warum? Wegen meiner Hautfarbe. ‚Schau, ein schwarzer Mann kommt', sagen sie, ‚er kommt, er hat schöne Kleider an, schöne Schuhe. Oh, oh, schaut, er trinkt ein Bier, er raucht eine Zigarette, wo kriegt er das Geld dafür her? Er kriegt von der Regierung unser Geld, und er tut nichts!' Ich will dieses Leben so nicht, niemals. Manchmal stehe ich morgens auf und frage mich, was ich den ganzen Tag lang tun soll. Ich kann nicht den ganzen Tag in meinem Zimmer oder diesem Haus bleiben. Ich werde krank, wenn ich den ganzen Tag drin sein muss. Aber was soll ich machen? Ich kaufe etwas zum Essen, ich rauche einige Zigaretten, ich trinke etwas Bier; ich nehme ein Buch, ich lese zehn Seiten, fühle mich müde, ich kann das Buch nicht den ganzen Tag lang lesen. Also gehe ich raus, um frische Luft zu schnappen. Aber was für eine frische Luft ist das? Ich kann sie nicht in Ruhe atmen.
Vor kurzem wurde mein Asylantrag endgültig abgelehnt."
(aus: Werkheft „Flüchtlinge – Prüfstein weltweiter Solidarität", Hrsg. Misereor, Aachen 1994, S. 21)

174.1 Plakat des Vereins Pro Asyl

1. Unter welcher Bedingung werden politische Verfolgte in Deutschland aufgenommen?
2. Was ist mit dem Satz *„Für Flüchtlinge hat Deutschland unzählige Grenzen."* gemeint?
3. Versuche dich in die Situation des 25-jährigen Ghanaers zu versetzen. Welche Probleme hat er?

TRIO-Methode: Wir interpretieren Karikaturen

175.1 „Das Boot ist voll", Karikatur von Mester

Die Karikatur ist eine künstlerische Zeichnung. Oft wird sie mit einer Bildunterschrift oder einem kurzem Text verbunden.
Bewusst sind die dargestellten Personen und Tatsachen verzerrt. Damit wird ein Problem zugespitzt.

Die Karikatur will provozieren.

Karikaturen geben nicht die Wirklichkeit wieder.
Sie stellen immer einseitig die Meinung und den politischen Standort des Zeichners dar.

Schritte zur Interpretation von Karikaturen

1. Schritt

Fragen an die Karikatur stellen:
- Was sehe ich?
- Was fällt mir in der Darstellung besonders auf?
- Wer oder was wird angesprochen?
- Wie reagiere ich auf die Karikatur?
- Warum reagiere ich so?
- Welche Absicht verfolgt der Zeichner?
- Wie wird das deutlich?

2. Schritt

Nun muss gefragt werden, ob die Aussagen der Karikatur der Wahrheit entsprechen.
- Welches Wissen brauche ich, um die Aussage der Karikatur zu beurteilen?
- Wie kann ich mir diese beschaffen?

3. Schritt

Jetzt kannst du deine eigene Stellungnahme zur Karikatur abgeben.
- Dazu musst du die Aussagen der Karikatur in Beziehung zu den Informationen setzen.
- Du kannst nun entscheiden, ob du der Aussage der Karikatur zustimmst.
- Du kannst nun deine Meinung zum Thema sagen ... oder in einer selbstgezeichneten Karikatur darstellen.

Rechte Gewalt

Seit Anfang der 90-er Jahre nehmen die Anschläge auf Ausländer in der Bundesrepublik stark zu.
Allein von Januar bis November 2000 wurden in Deutschland 13753 rechtsextremistische, fremdenfeindliche und antijüdische Straftaten registriert. Im Vergleichszeitraum des Vorjahres waren es 9456.
Seit der Wiedervereinigung verloren etwa 110 Menschen ihr Leben durch rechte Gewalt, 22 wurden vorsätzlich ermordet.
Heute, mehr als 50 Jahre nach dem Ende der Nazidiktatur, werden in Deutschland wieder Menschen wegen ihrer Herkunft, ihres Aussehens, ihrer religiösen und politischen Überzeugung missachtet, verfolgt, brutal geschlagen und ermordet.

176.1 Alberto Adriano

„Er war ein guter Afrikaner"

Von Peter Dausend

Nur noch 150 Meter (...) – und er wäre zu Hause gewesen, bei seiner Frau und den drei kleinen Kindern – und Alberto Adriano würde noch leben.
„Der Neger" habe sie provoziert, sagen die jungen Männer, zwei 16, einer 24 Jahre alt, in ihrer Vernehmung. Sie sollten nicht so grölen, habe er ihnen zugerufen, als er an ihnen vorbeigehen wollte. Also packten sie ihn, schlugen ihn nieder und traten so lange auf ihn ein, bis er sich nicht mehr bewegen konnte. (...)
Am Donnerstag erlag der Mosambikaner, 39-jährig, seinen schweren Kopfverletzungen.
Zwei der drei Männer, die ihn tot schlugen, sind wegen wiederholter Propaganda für rechtsradikale Organisationen vorbestraft. (...)
Razak Minhel, Ausländerbeauftragter der Stadt Dessau, sieht einen (...) Grund, warum sich der Hass auf alles Fremde und alle Fremden in Dessau immer weiter ausbreitet. Schwarzafrikaner würden permanent und überall von der Polizei überprüft (...) – in aller Öffentlichkeit, vor den Augen der Bürger, bei denen dann automatisch der Eindruck entstände: „Jeder Schwarzer ist ein Krimineller." Und auch jetzt, im Fall des ermordeten Alberto Adriano hatte in der Zeitung, gleich im zweiten Satz des Artikels gestanden, dass Adriano ein „guter Afrikaner" war, kein Dealer oder Krimineller. (...)
Zwei Afrikaner (...) berichten vom ganz alltäglichen Rassismus. Wenn sie in die Stadt gehen, so erzählen sie, ruft man ihnen „Scheiß Neger" hinterher (...). Wenn sie jemanden um eine Auskunft bitten, gehen die Leute einfach weiter, wenn sie in einem Laden etwas kaufen wollen, werden sie ignoriert. (...) Nur ab und zu kommt ein Jugendlicher auf sie zu und führt eine imaginäre Zigarette an die Lippen. „Haschisch?" (...)
Angelika Adriano (...) sitzt auf dem Sofa in ihrer Dreizimmerwohnung in einem der drei Plattenbauten am Rande des Dessauer Stadtparks, verweinte Augen, zittrige Stimme. In der Wiege neben dem Sofa schläft der fünfmonatige Gabriel. „Dass Gabriel seinen Papa nie kennen lernen wird, schmerzt am meisten."
(...)

(http://www.welt.de/daten/2000/06/17/0617del74337.htx, verändert)

-+-+- 24. Mai 2000: Neue Schändung des Gedenksteins für Omar ben Noui in Guben. -+-+-

-+-+- 25. Mai 2000: In Esenach verbreitet eine „Anti-Antifa-Gruppe" Steckbriefe von Gunter Heiß, Mitinitiator eines antifaschistischen Bündnisses. -+-+-

-+-+- 27. Mai 2000: In Passau nehmen 4000 Rechtsextreme an einer NPD-Veranstaltung unter dem Motto „Das Reich ist das Ziel. Die NPD ist der Weg" teil. -+-+-

-+-+- 18./19. März 2000: In Hannover wird der jüdische Friedhof geschändet. -+-+-

-+-+- 16. März 2000: In Essen werden zwei 15-jährige Ausländer von zehn Skinheads zusammengeschlagen. -+-+-

-+-+- 1. April 2000: In Luckenwalde greifen zwei Männer zwei Asylbewerber aus Sierra Leone an. -+-+-

-+-+- 21.März 2000: In Eberswalde brennt ein afrikanischer Kulturtreff durch Brandstiftung bis auf die Grundmauern ab. -+-+-

-+-+- 9. April 2000: In Rathenow wird ein libanesischer Asylbewerber nach einem Diskobesuch geschlagen und verletzt. -+-+-

-+-+- 11. April 2000: In Ditzingen schlagen vier Skinheads einen tamilischen Asylbewerber zusammen. -+-+-

177.1 *Brennendes Asylbewerberheim in Langenhagen/Hannover, 1999*

-+-+- 30. April 2000: In Lassan/Ostvorpommern schlagen und treten mehrere Männer neun Vietnamesen. -+-+-

-+-+- 1. Mai 2000: In Berlin, Dresden, Fürth, Grimma, Neuruppin, Ludwigshafen und Wetzlar finden Demonstrationen der NPD mit insgesamt 2700 Teilnehmern statt. -+-+-

-+-+- 6. Mai 2000: In Belzig wird ein Brandanschlag auf ein von Vietnamesen bewohntes Haus verübt. -+-+-

-+-+- 7. Mai 2000: In Frankfurt/Oder schlagen zwei Männer einen Polen und einen afghanischen Asylbewerber mit Knüppeln. -+-+-

-+-+- 1. Juli 2000: In Eberswalde stirbt ein 22-jähriger Punk, nachdem er von einem rechten Skinhead zusammengeschlagen und vor ein fahrendes Taxi gestoßen wurde. -+-+-

1. Nenne fremdenfeindliche Handlungen, die in dem Zeitungsartikel beschrieben werden.
2. Wie fühlt sich ein Ausländer, wenn er so wie im Text beschrieben, behandelt wird?
3. Lies die Meldungen über rechte Gewalttaten. Nimm Stellung.

Aktionen gegen Ausländerfeindlichkeit

178.1 Die häufigen rechtsradikalen, fremdenfeindlichen Anschläge lösen in der Bevölkerung in Deutschland Abscheu und Entsetzen aus. In vielen Städten gibt es Demonstrationen, Lichterketten und Aktionen gegen Rechts.

„Es geht um die Zukunft in diesem Land"

Mehr als zweihunderttausend Menschen demonstrierten am Brandenburger Tor gegen Fremdenhass und rechte Gewalt. Weit mehr als 200 000 Menschen demonstrierten gegen rechte Gewalt und Fremdenhass. Der Zug unter dem Motto „Wir stehen auf für Menschlichkeit und Toleranz." führte von der Synagoge an der Oranienburger Straße zum Brandenburger Tor.

(http://www2.tagesspiegel.de/archiv/2000/11/09/ak-th-8993.html, verändert)

Warum wir auf die Straße gehen

Die Rentner Manfred Schwarzien und Eduard Müller sind (...) aus Hannover nach Berlin gekommen. „Nach den jüngsten Vorkommnissen ist es wichtig, ein Zeichen zu setzen", sagt der 64-jährige Schwarzien. Er ist überzeugt, dass die erwarteten 100 000 Teilnehmer auf jeden Fall etwas bewirken. (...).

Dem 67-jährigen Müller geht es vor allem darum, den hier lebenden Ausländern ihre Ängste zu nehmen und zu zeigen, dass die Deutschen gegen Rechtsextreme aufstehen. (...) Die Berliner Studentin Anja Kunzmann sagt (...) „Ich (...) werde (...) mit demonstrieren. Ich halte das für wichtig."

Für die drei Schülerinnen Julia Brinkmann, Wiebke Bruns und Evelyn Vajen war es „selbstverständlich zu dieser Veranstaltung zu fahren". (...) Dass die Veranstaltung etwas bewirkt, darin sind sie sich einig." (...)

(http://www2.tagesspiegel.de/archiv/2000/11/09/ak-be-12743-html 30.05.01, verändert)

179.1 Demonstration von Schülern für Toleranz in Hannover, 2001

2500 Schüler marschieren für Toleranz

Hannover. Marschieren für den Frieden im Stadtteil: 2500 Schüler aus Herrenhausen und Stöcken demonstrierten gestern „Für Toleranz – gegen Gewalt". Auf dem Banner der Zweitklässler steht Frieden in vielen Sprachen. (...) „Haben wir alleine gemacht", verkünden sie stolz. Viele Hautfarben gibt es in dieser Klasse: weiß, braun, bronze, tiefschwarz. (...) „In unserem Viertel haben wir einen hohen Anteil an ausländischen Schülern", erklärt Theo Kleinebrahm vom Gymnasium Goetheschule. (...) „Das Zusammenleben ist nicht immer friedlich", weiß der Politologe und Sozialpädagoge Gazi Caglar. Zusammen mit Kleinebrahm bereitete er den Sternmarsch sechs Monate lang vor. Die Ausschreitungen prügelnder Skinheads im Langenhagener Stadtteil Wiesenau habe ihm Recht gegeben, dass die Demonstration „zum richtigen Zeitpunkt" komme. (...) „Wir wollen ein Zeichen für ein friedliches Miteinander setzen."

(aus: Neue Hannoversche Presse, v. 9. 6. 2001, S. 19)

1. Welche Motive haben die demonstrierenden Menschen? Welche haltet ihr für besonders wichtig?
2. Was sagt die Karikatur über Demonstrationen gegen rechts aus?
3. Eine Aktion gegen rechte Gewalt auch eurer Schule? Diskutiert.
4. Entwerft eigene Plakate gegen Fremdenhass.

Das geht so leicht

Wenn keiner Einhalt gebietet oder: Wie ein nettes Mädchen in die rechte Szene kommt

Von Antje-Maria Lochthofen

Sabrina kommt vom Dorf. Sie ist 18 und war schon immer ein gutes Mädchen. (...) Sabrina ist freundlich, sie hat gelernt, dass man zu jedem im Dorf „Guten Tag" sagt und Älteren den Vortritt lässt.
Nur keinen Ärger machen, nicht auffallen. (...) Sabrina streitet sich nicht, sie geht dann lieber in ihr Zimmer und macht die Tür zu. Meist gehorcht Sabrina. Sie raucht nicht, auch nicht heimlich. Sabrina hat ihre Eltern gern und eigentlich hat sie immer gemacht, was sie sagen. (...)
Die Eltern (...) haben beide studiert und ein gutes Einkommen. (...)
Sabrina hat sich in dieser Zeit zum ersten Mal verliebt. Es ist ein Junge aus ihrer Klasse; nicht so pickelig wie die anderen, groß und blond. Er ist nicht der Klassenprimus, eher eine Art graue Eminenz. Sein Widerspruch ist körperlich fühlbar. Er provoziert nicht laut, es ist so ein Grummeln, Kommentare zu Ausländern, die er durch die Zähne Sozialschmarotzer nennt. Alle haben es gehört, die Klasse hält den Atem an. Der Klassenlehrer redet darüber hin. Weiter im Stoff. So werden Punkte gemacht. Ein paar Tage später hat er Nazi-Aufkleber auf dem Hefter. Und tönt von freier Meinungsäußerung. Wieder keine Reaktion. Der Lehrer hat sich einfach tot gestellt, sagt Sabrina. So wird einer stark. Viele aus der Klasse sind zu ihm übergelaufen. Sie bestimmen, was gesagt wird, wer dazugehört und wer mit ätzendem Spott bloßgestellt wird, z.B. „du siehst nicht aus wie ein Deutscher, du bist wohl gar keiner."
Eigentlich findet Sabrina das fies. Sie wird sich hüten, etwas zu sagen. Sabrina macht mit. Sie will dazugehören. Was ist schon dabei, Nazisprüche, Liedertexte. Wer seine Aufmerksamkeit will, ist immer noch ein bisschen brutaler. Viele wollen seine Aufmerksamkeit. Mit der Musik wird reichlich Kohle gemacht, die CDs kommen illegal aus Dänemark, zu Hause am Computer werden Kopien gebrannt. Das ist alles verboten. Raubkopien und Nazi-Musik sowieso. Alle wissen es, alle halten den Mund. Sabrina sitzt jetzt neben ihm, auf ihrer Bank liegen offen die abgeschriebenen Liedtexte. Die sind brutal, die sind dreckig und strotzen vor Dummheit. Verrecken, vergiften, vergasen. Sie finden nichts dabei, vom Lehrer kein Kommentar, kein Verbot. Wieder ein Sieg. Auch für Sabrina. Keiner zu Hause ahnt auch nur, dass sie mit solchen Sachen etwas zu tun haben könnte. Die Eltern würden es nicht glauben. (...)

Es werden so Geschichten aus der Stadt erzählt. Zehn Rechte haben in der Straßenbahn einen Linken zusammengetreten. Erst war es Pöbelei, he, du dreckige Zecke, *dann wurde der Junge in die Ecke gedrängt. Er kam ins Krankenhaus und hat einen Schaden fürs Leben. Um Himmels willen, wer behauptet hier, die Gymnasiasten hätten damit etwas zu tun. Solange keiner verhaftet ist, werden sie jeden wegen Verleumdung anzeigen. Sie werden sich doch nicht die Hände dreckig machen. Sie vertreiben nur CDs und finden, dass sich die aus dem Asylheim vor der Trinitatis-Kirche zu breit machen. Die sollen ihre Kinder ins Bett bringen und nicht auf dem Platz rumlungern. Und mal eins aufs Maul hat noch keinem geschadet. (...)*

In einer Garage werden Hakenkreuze tätowiert. Eine Mutprobe. Wer am nächsten Tag Fieber hat ist ein Held. (...) Zuerst verdeckt das Pflaster das Hakenkreuz, später wird es offen getragen. Es wird akzeptiert.

Sabrina hätte alles für den Jungen gemacht. Er will ihre Mutproben nicht, und er will sie nicht, sie langweilt ihn. Als er sie vor einem anderen Mädchen demütigt, zieht sie sich zurück. Keine Treffs mehr. (...)

Inzwischen studiert Sabrina im Westen. Sie will nichts mehr wissen von damals. Sie weiß, dass sie nicht darüber reden darf. Sie sagt nur, es ist so leicht, da reinzurutschen, man fühlt sich richtig stark und hat keine Angst mehr. Es sind so viele.

(aus: Thüringer Zeitung vom 30. 9. 2000, S. 3)

Springerstiefel in Klassenzimmern künftig untersagt?

von Christian Holzgreve

Berühmt-berüchtigt: Springerstiefel *dpa*

Hannover. Sie gelten als die Symbole rechter Gewalt – bei ihren Trägern ebenso wie bei ihren Opfern. Und sie werden immer dann genannt, wenn es um Tritte gegen die Opfer geht: die Springerstiefel. Als Erkennungsmerkmal der rechtsradikalen Skinheads sind die schweren Schuhe berühmt-berüchtigt. Bundesfamilienministerin Christine Bergmann will sie am liebsten aus den Schulen verbannen. „Ich begrüße derartige Verbote, denn es geht hier nicht um Mode, sondern um die Gesinnung, die dahinter steckt", sagte sie in einem Interview (...)

Einige Schulen machen es vor. (...)

In der ostfriesischen Stadt Ihlow machte die Hermann-Tempel-Schule samt ihren 1705 Schülern vor eineinhalb Jahren mit dem Schuhwerk Schluss. „Wir haben uns darauf verständigt, dass hier keine Militärklamotten und Springerstiefel getragen werden", sagt Schulleiter Klaus-Dieter Zoschke, „und zwar ohne große Verbote". Entscheidend sei, dass man mit den jungen Leuten rede, sagt der Schulleiter der Kooperativen Gesamtschule. Es habe sogar Diskussionen gegeben, inwieweit die Vereinbarung das Recht auf freie Meinungsäußerung berühre. (...)

(Hannoversche Allgemeine Zeitung vom 28.2.2001, S. 1, verändert)

1. Beschreibe stichwortartig Sabrinas Weg in die rechte Szene.
2. Wie schafft der rechtsradikale Schüler es, andere Schüler auf seine Seite zu ziehen?
3. Welche Handlungen des Schülers sind eine schleichende Provokation? Wie verhält sich der Lehrer?
4. Überlegt, welche Wirkung die Hakenkreuztätowierung auf die Gruppe, welche sie auf Außenstehende hat.
5. Warum werden Springerstiefel in der Schule verboten?
6. Gibt es rechtsradikale Entwicklungen in eurem Umfeld? Wie könntet ihr dem begegnen?

Gewalt im Alltag

Was hast du erlebt?

Was hast du erlebt? Gibt es in deiner Schule oder Nachbarschaft viel Gewalt? Bist du schon mal bedroht worden oder sogar Opfer einer Gewalttat geworden? Wie hast du dich verhalten? Hast du schon mal bei einer Aktion gegen Gewalt mitgemacht? Erzähle uns deine Geschichte.
(URL: http://www.basta-net.de, Abrufdatum 18.1.01)
Auf diesen Aufruf einer Zeitschrift im Internet haben Jugendliche geantwortet.

Hi, ich bin Mandy und finde, dass das Thema Gewalt heutzutage sehr wichtig ist. Für mich wäre es sehr gut, wenn man im Unterricht mehr über Gewalt sprechen würde. Außerdem kenne ich viele, die mit Gewalt Probleme haben. Genauso wie dieser Idiot der Tausendmal geschrieben hat „Ich hasse Schule". Der ist doch voll krank, dem könnte ich eine in seine blöde Fresse, schlagen.

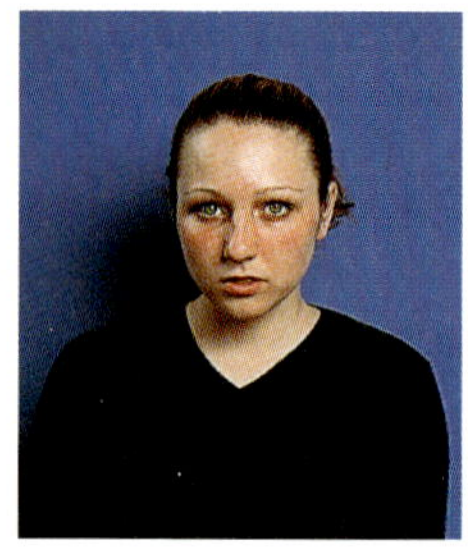

Alle die denken, dass man was mit Gewalt lösen kann sind Feiglinge. Schwache kleine Idioten, die sich damit besser fühlen wollen. Egal, ob Ausländer oder sonst wer, niemand verdient das.

Ich werde dauernd von anderen Schülern beleidigt und verhauen. Ab sofort wehre ich mich dagegen, bloß mit was?

Ich war mal gewalttätig, aber jetzt hab ich es geschafft, mich zusammenzureißen. Tut es mir nach!

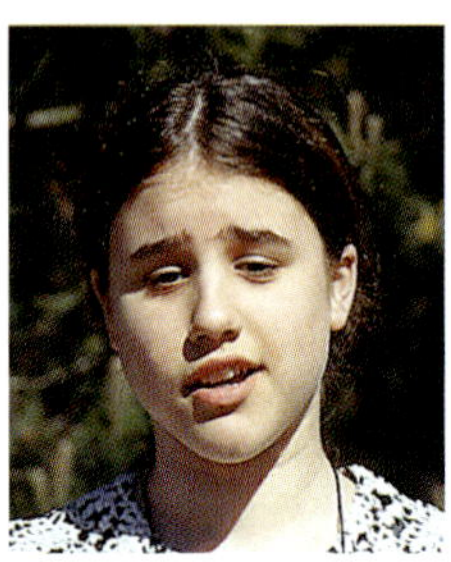

Ich werde ständig in der Schule runter gemacht. Was kann ich dagegen nur tun? Ich weiß nicht, wie das weitergehen soll. Ich fühle mich in meiner Haut nicht mehr wohl. Warum können sie mich nicht einfach in Ruhe lassen?

Gewalt ist sinnlos! Was bringt Gewalt? Was befriedigt euch, wenn ihr zuschlagt? Ich bin zwar gegen Gewalt, doch falls ich mal angegriffen werde würde ich mich wehren; würde aber nie ohne Grund zuschlagen.

1. Welche Aussagen der Schülerinnen und Schüler sprechen dich besonders an? Begründe.
2. Von welchen Erfahrungen zum Thema „Gewalt" könntest du berichten?

Gewalttätiges Verhalten

Entscheide dich, ob es Gewalt ist, wenn …

… ein Schüler oder eine Schülerin von Mitschülern über längere Zeit beleidigt wird.

… einem Mädchen hinterhergepfiffen wird.

… eine Bushaltestelle mit Graffitis besprüht wird.

… ein Mädchen keinen Ausbildungsplatz aufgrund ihres Geschlechts erhält.

… Schultische beschmiert werden.

… ein Mädchen im Haushalt mehr helfen muss als ein Junge.

… ein Schüler des Unterrichts verwiesen wird, weil er ständig den Unterricht stört.

… gesagt wird, dass Mädchen nicht so viel leisten können wie Jungen.

… gesagt wird, Mädchen/Frauen haben weniger Ahnung von Technik.

… ein Mitschüler getreten wird.

… in den Chefetagen viel mehr Männer als Frauen sitzen.

… Nazis grölend durch die Straßen ziehen.

… behauptet wird, Frauen könnten schlechter Auto fahren als Männer.

… ein Mädchen von einem Mann gefragt wird, gegen Geld mit ihm zu schlafen.

… ein türkischer Mitschüler als dummer Ausländer beschimpft wird.

… Mädchen/Frauen am Arbeitsplatz/in der Schule angegrapscht werden.

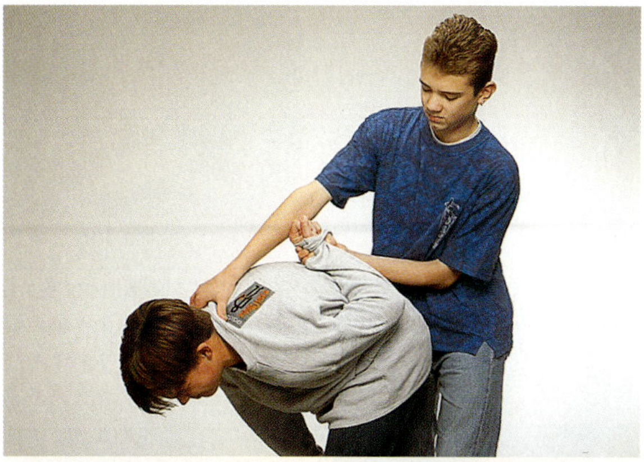

1. Beantwortet die Aussagen in Einzelarbeit.
2. Diskutiert anschließend in Kleingruppen, weshalb ihr eine Aussage für zutreffend haltet oder nicht.
3. Stellt in der Klasse die Ergebnisse der einzelnen Gruppen vor.

Kinder lernen, wie sie leben

Vertrauen

Freude

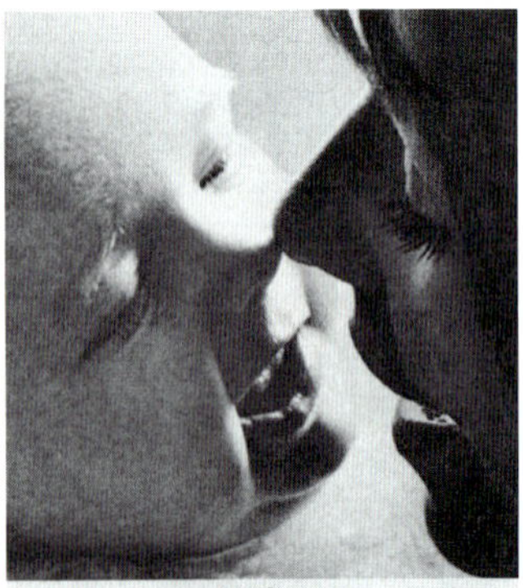
Nähe

Kinder lernen, wie sie leben
Wenn ein Kind aufwächst umgeben von Kritik,
lernt es zu verurteilen.
Wenn ein Kind aufwächst umgeben von Feindseligkeit,
lernt es, um sich zu schlagen.
Wenn ein Kind aufwächst umgeben von Spott,
lernt es, misstrauisch zu werden.
Wenn ein Kind aufwächst umgeben von Missgunst,
lernt es, schuldbewusst zu werden.
Wenn ein Kind aufwächst umgeben von Verständnis,
lernt es, nachsichtig werden.
Wenn ein Kind aufwächst umgeben von Aufmunterung,
lernt es Zuversicht.
Wenn ein Kind aufwächst umgeben von Lob,
lernt es einzuschätzen, richtig zu handeln.
Wenn ein Kind aufwächst umgeben von Ehrlichkeit,
lernt es Gerechtigkeit.
Wenn ein Kind aufwächst umgeben von Geborgenheit,
lernt es Vertrauen.
Wenn ein Kind aufwächst umgeben von Freundlichkeit,
lernt es Großmut.
Wenn ein Kind aufwächst umgeben von Anerkennung
und Freundschaft,
lernt es, die Welt zu lieben.
(Dorothy Law Nolte)

(aus: Kinder stark machen, gemeinsam gegen Sucht, Hrsg. Bundeszentrale für gesundheitliche Aufklärung, Köln)

Schutz

Geborgenheit

Lernen

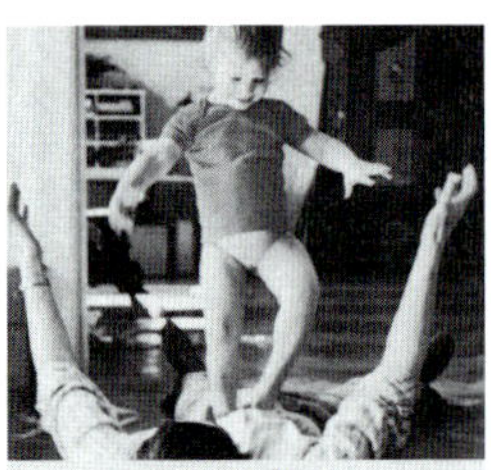
Sicherheit

Trost

1. Wie fühlen sich die Kinder in den einzelnen Bildszenen?
2. Suche im Gedicht für die Begriffe Kritik, Feindseligkeit, Spott usw. jeweils ein Beispiel aus dem Alltag.

Konflikte in der Familie

Gewalt mit Schlägen

Marco berichtet: Seit einiger Zeit ist mein Vater arbeitslos. Seitdem ist bei uns oft dicke Luft. Gestern hatte ich mich mit meiner jüngeren Schwester gezankt, weil sie mal wieder in meinen CDs rumgeschnüffelt hatte. Plötzlich kam mein Vater ins Zimmer und schlug mich mitten ins Gesicht. Als ich dann noch Widerworte gab, nahm er seinen Gürtel und schlug mich dann noch einige Male auf den Rücken. Als er wieder weg war, habe ich nur noch geheult. Ich habe mich auf mein Bett geschmissen. Später habe ich vor lauter Wut ein Poster von der Wand gerissen, das meine Schwester mir geschenkt hatte.

187.1 „Wie oft habe ich dir gesagt, du sollst deine kleine Schwester nicht schlagen!" (Gerhard Mester)

187.2 Unterschiedliche Vorstellungen von Musik

1. Gib die Aussagen der einzelnen Karikaturen mit eigenen Worten wieder.
2. Versetzt euch in die Rolle der Mutter von Karikatur 187.1. Wie würdet ihr reagieren? Stellt euer Verhalten in einem Rollenspiel nach.
3. Welche Gründe mögen die beiden Personen in Abb. 187.2 zu diesen Aussagen bewegen?

Gewalt in den Medien

In den Medien ist Gewalt allgegenwärtig. Das Massenangebot von Gewaltszenen hat die Öffentlichkeit aufgeschreckt. Untersuchungen haben ergeben, dass schon Kinder und Jugendliche unzählige Gewalttaten in Vorabendserien, Comicfilmen, Actionstreifen, Nachrichtensendungen und Computerspielen zu sehen bekommen. Besonders brutale Medien werden von der Bundesprüfstelle für jugendgefährdende Schriften verboten.

188.1 *Umschlag einer CD*

188.3 *Ausschnitt aus einem Videospiel*

In Deutschlands Kinderzimmern geht es zur Sache: Im Säurebecken löst sich der Held in Sekunden auf

Uhrzeit: 16.20, Marsmond Phobos, irgendwann in der nahen Zukunft. Die Mächte des Bösen haben die Raumstation übernommen und du musst sie alleine bekämpfen …
Unser Held schleicht durch ein Gebäude, erschießt drei Raumpiraten und einen Alien-Verschnitt mit einer Schrotflinte, findet einen Raketenwerfer und verwandelt damit ein eher niedliches zweibeiniges Monster in einen nicht mehr sehr ansehnlichen Brei. Plötzlich trifft ihn die Rakete eines fünf Meter großen, gehörnten Monsters, das ein wenig an den Teufel erinnert. Die Explosion schleudert unseren Helden in ein Säurebecken, in dem er sich nach etwa drei Sekunden auflöst …

Kein schlechter Horrorfilm

Ein schlechter Horrorfilm, ein Buch von Stephen King? – Nein, Realität in vielen deutschen, amerikanischen, japanischen, eigentlich allen Kinderzimmern, in denen ein PC steht. Die tägliche Brutalität heißt Wolfenstein (eingezogen), Heretic, Rise of the Triad (werden wahrscheinlich bald indiziert) oder einfach nur Doom (indiziert) beziehungsweise Doom 11 (indiziert). Metzelspaß in hoher Geschwindigkeit und mit sehr realistisch animiertem Blutspritzen. Ob das zu einer erhöhten Gewaltbereitschaft führt, ist fraglich, darüber streiten sich die „Experten“ noch.

Verwerflich, aber schön?

Ekel erregend genug sehen die blutigen Augenreste, die an der Wand kleben, jedenfalls aus, und auch Epileptikern sind solche Spiele wegen ihrer schnellen Bildwechsel nicht zu empfehlen. Die Spiele kopieren sich die Jugendlichen von Freunden oder aus Mailboxen; die Eltern wissen meistens nichts davon, weil sie auch oft nichts von Computern verstehen.
Doch bei all der moralischen Verwerflichkeit steht für mich fest: Diese Spiele machen einen Heidenspaß, besonders wenn man mit zwei Computern gegeneinander spielt, und sie sind allemal besser, als diese Fantasien auf der Straße auszuleben.

188.2 *Ein Schülerartikel zu diesem Thema in der Hannoverschen Allgemeinen Zeitung vom 16. 5. 1995*

Warum werden so gern gewalttätige Filme und Computerspiele von Jugendlichen gesehen bzw. gespielt?

Wir führen eine Medienanalyse durch

Sucht euch gemeinsam mit eurer Lehrerin bzw. eurem Lehrer einen entsprechenden Actionfilm oder ein entsprechendes Video- oder Computerspiel aus, das ihr anschauen bzw. spielen wollt. Die Fragen unten sind zur Analyse hilfreich.

Wählt aus der *linken Spalte* Fragen aus, denen ihr nachgehen wollt. Das sollte arbeitsteilig geschehen. Während des Films oder Spiels sollten kurze Notizen zu den Fragen gemacht werden. Haltet auch eure Beobachtungen über das Verhalten der zuschauenden Mitschülerinnen und Mitschüler bzw. Spielerinnen und Spieler fest.

Im Anschluss findet eine Auswertung der Notizen statt. Wählt aus der *rechten Spalte* Fragen für die weitere Diskussion eurer Ergebnisse.

Gewalttaten

- Wie viele Gewalttaten werden begangen?
- Von welcher Qualität sind sie? (Seelische Verletzungen? Körperliche Verletzungen – von welcher Art? Mord und Totschlag? Mit welchen Waffen?)
- Wie sind die Gewalttaten dargestellt? (Bloß im Gespräch erwähnt? Nebenbei? Ausführlich? In Zeitlupe?)
- Wie kommt es zu Gewalttaten?
- Werden die Gewalttaten erklärt? (Durch die Lebensgeschichte oder Psychologie des Täters? Als zwingende Notwendigkeit aus bedrohlichen Situationen heraus?

Nachahmungsgewalt

- Führt Gewalt in den Medien zur Nachahmung? Begründet.
- Welches Ergebnis entspricht euren Erfahrungen?

Gewalt zur Unterhaltung

- Was empfindet ihr beim Computerspiel oder wenn ihr einen Gewaltfilm seht?
- Was macht die Attraktivität des Gewalterlebnisses aus? (Die rasante Action? Die Lust an der Zerstörung, an der Gewalt?)

Täter/Opfer

- Welche Informationen gibt es über die Täter?
- Welche Informationen gibt es über die Opfer?
- Kann man die Handlungen der Täter nachvollziehen, mit dem Verstand begreifen?
- Welche Schuld tragen die Opfer, dass ihnen Gewalt angetan wird?

Sinnfrage

- Warum schauen sich Menschen Actionfilme an oder spielen gewalttätige Video-/Computerspiele?
- Welche Lösungen für reale Konfliktsituationen kennt ihr?

Zensur-Frage

- Sollen Actionfilme oder gewalttätige Video-/ Computerspiele verboten werden? Diskutiert diese Frage.
- Gibt es Gewalt-Szenen, die grundsätzlich nicht gezeigt werden sollten? Nennt Beispiele.

Auf dem Fußballplatz

Spannende Spiele, spektakuläre Tore, historische Siege – das ist Fußball, wie die Fans ihn lieben. Die Schattenseiten des Sports: brutale Fouls und ca. 350 000 Verletzungen pro Jahr alleine in Deutschland.

Nach Auffassung des Vaters geht Sohn Ralf nicht hart genug in die Zweikämpfe. *„Geh' ran", „Halt' drauf!" „Nicht so ängstlich!" „Tritt durch!"* – so und ähnlich lauten seine Anfeuerungsrufe.

Ralfs Vater ist ehrgeizig. Er möchte, dass sein Sohn einen Stammplatz bekommt. Und bald lernt Ralf, was ein „taktisches Foul" ist, wann man die „Notbremse" zieht. Auch Ralfs Idole in der Bundesliga „gehen so zur Sache". Er hört und sieht, wie ein Nationalspieler nachträglich ein Foul, das ihm Rotgelb einbringt, mit der Begründung verteidigt, es hätte ja eine torgefährliche Situation entstehen können. Und überhaupt ist Fußball nun einmal ein aggressiver „Männersport", und für das Leben benötigt man ja auch „Ellenbogenmoral", wenn man sich durchsetzen will.

(URL: http://www.basta-net.de/, Abrufdatum: 18.01.01, verändert)

190.1 *Schiedsrichter zeigt Fußballspieler die rote Karte*

190.2 *Foul beim Fußball*

190.3 *Hooligans auf dem Fußballfeld*

Aussagen von Fußballtrainern

„Wenn wir hier nicht gewinnen, dann treten wir ihnen wenigstens den Rasen kaputt."
„Alle müssen defensive Aufgaben verrichten, auch Spielmacher sind als Krieger gefragt."

1. Welche Stimmung geht von den einzelnen Bildern aus?
2. Zu welchem Verhalten fordert der Vater Ralf auf?
3. *„Fußball ist nun einmal ein aggressiver ‚Männersport'"*. Wie stehst du zu dieser Aussage?
4. Wie verhältst du dich im Sportunterricht?
5. Nimm Stellung zu den Aussagen der Fußballtrainer.

(aus: Halt! Keine Gewalt, Hrsg. Arbeitsgemeinschaft Jugend und Bildung e. V., in Zusammenarbeit mit dem Bundesministerium des Innern, Wiesbaden, hintere Umschlagseite)

1. Beschreibe Leos Beziehungen zu seinen neuen Kumpels und zu Sunje.
2. Welche Probleme ergeben sich für Leo aus der Beziehung zu Sunje?
3. Wie endet der Konflikt? Wie hätte er auch anders enden können?

Sexuelle Gewalt gegen Mädchen und Frauen

Sexueller Missbrauch

Petra erzählt: „Seit einer Woche haben wir eine Neue in der Klasse, Anita. Sie wohnt im Heim. Zuerst war sie zu total ruhig, hat kaum etwas erzählt und wirkte sehr schüchtern. Da sie gut aussieht, haben sich gleich einige Jungen an sie herangemacht. Irgendwann hat einer versucht sie zu begrabschen. In dem Moment ist sie ausgerastet. Nur mit Mühe konnten wir sie zurückhalten. Ich bin dann nach der Schule mit ihr nach Hause gegangen. Als ich sie fragte, warum sie im Heim ist, sagte sie zuerst gar nichts. Nach einiger Zeit erzählte sie: ‚Der Partner meiner Mutter hat mich fast ein halbes Jahr lang missbraucht. Als es dann endlich rausgekommen ist, kam ich ins Heim.' ... Jetzt war ich es, die vor Wut und Entsetzen heulte. Ich hätte Anita so gerne geholfen. Aber ich merkte, ich war völlig hilflos."

- ***Sexuelle Gewalt und sexueller Missbrauch*** sind sehr grausame Verbrechen. Viele Opfer leiden sehr lange stark seelisch und körperlich. Die Opfer sind meist Mädchen und Frauen. In vielen Fällen sind die Täter Verwandte wie Väter, Brüder, Onkel, Stiefväter oder andere nahe stehende Verwandte. Die Mädchen und Frauen schämen sich, die Täter anzuzeigen. Auf jeden Fall brauchen die Opfer unbedingt Hilfe.

- ***Sexuelle Gewalt und sexueller Missbrauch*** sind ein krimineller Straftatbestand. Sie müssen bei der Polizei und der Staatsanwaltschaft angezeigt werden. Denn alle Menschen, auch Kinder, haben das Grundrecht der Selbstbestimmung. Für die Opfer ist der Gang zur Polizei oft eine große Belastung weil sie nur schwer über ihr Erlebnis sprechen können.

192.1 Plakat einer Beratungsstelle

- ***Beratung*** erhalten Frauen und Mädchen bei den verschiedenen Beratungsstellen des Jugendamtes, der Kirchen oder anderer Träger wie AWO und Pro Familia.
  Außerdem gibt es Frauenhäuser und Mädchenhäuser. Hier finden Frauen und Mädchen Zuflucht und werden durch Pädagoginnen und Therapeutinnen beraten.

- Anders als Männer sind Frauen vielfach ***Belästigungen und Angriffen*** ausgesetzt. Diese erfolgen z. B. in öffentlichen Parkanlagen, nicht beleuchteten Straßenzügen oder an Bushaltestellen.
  Die berechtigten Sicherheitsansprüche von Mädchen und Frauen werden oftmals nicht beachtet.

1. Was ist mit dem Grundrecht auf Selbstbestimmung gemeint?
2. Welche Hilfs- und Beratungsmöglichkeiten gibt es für Mädchen und Frauen in deiner Region?

Kinder- und Jugendtelefon

Das Kinder- und Jugendtelefon hilft Heranwachsenden, mit ihren Sorgen und Nöten umzugehen – bundesweit, anonym und kostenlos.
Mit 4,6 Millionen Anrufen im Jahr 1999 ist das Kinder- und Jugendtelefon zu einer der meist genutzten Anlaufstellen junger Menschen in Deutschland geworden.
Das Kinder- und Jugendtelefon ist ein Netzwerk von bundesweit 91 Beratungstelefonen.

freecall

Die Nummer gegen Kummer

0 800 - 111 0 333

Deutsche Telekom · Partner des Kinder- und Jugendtelefons

Die Telefone sind bundesweit montags bis freitags von 15.00–19.00 Uhr besetzt. Aus ganz Deutschland können Kinder und Jugendliche unter der bundesweiten Rufnummer **0800-1110333** kostenlos anrufen.

Spielt ein mögliches Telefongespräch mit dem Kinder- und Jugendtelefon im Rollenspiel nach. Allgemeine Hinweise über die Methode des Rollenspiels findet ihr auf Seite 97. Bearbeitet folgende Aufgaben:

1. Warum wendet sich der Jugendliche wohl an das Jugendtelefon und nicht an Lehrer und Eltern?
2. An welche Punkte muss er bei einem Telefongespräch denken?
3. Was würde der Gesprächspartner am Kinder- und Jugendtelefon sagen?

Umgang miteinander

Mit Sprache kann man „Öl ins Feuer gießen", einen Konflikt eskalieren lassen oder zur Beruhigung und Versachlichung beitragen. Wie würdest du beispielsweise in den folgenden Situationen reagieren?

Diana, deine Mitschülerin, hat es nach dem Schulschluss sehr eilig und reißt im Vorbeilaufen dein Fahrrad um.
Deine möglichen Antworten sind:

1. *Bist du bescheuert? Immer schmeißt du mein Fahrrad um!*
2. *Wenn du mein tolles Fahrrad absichtlich umschmeißt, ...*
3. *Kannst du nicht aufpassen? Mein Fahrrad hat jetzt bestimmt jede Menge Kratzer und du bist Schuld!*
4. *Eh, pass doch auf, mein neues Fahrrad soll nicht sofort Kratzer bekommen.*

Dein Nachbar hat seine Hausaufgaben nicht vollständig erledigt. Er nimmt sich in der Pause einfach dein Heft, um sie abzuschreiben.
Deine möglichen Antworten sind:

1. *Eigentlich habe ich ja nichts dagegen, dass du die Hausaufgaben bei mir abschreibst. Aber ich möchte, dass du mich vorher fragst.*
2. *Das sage ich der Lehrerin.*
3. *Du faules A ...! Immer schreibst du die Hausaufgaben bei mir ab. Gib mir sofort mein Heft zurück, blöder Sack.*
4. *Na, hast du die Hausaufgaben schon wieder nicht kapiert?*

Mehrere Schülerinnen und Schüler stehen um den Klassen-CD-Spieler herum und hören deine CD. Einer aus der Gruppe hat die CD einfach aus deinem Rucksack genommen, aber du weißt nicht wer.
Deine möglichen Antworten sind:

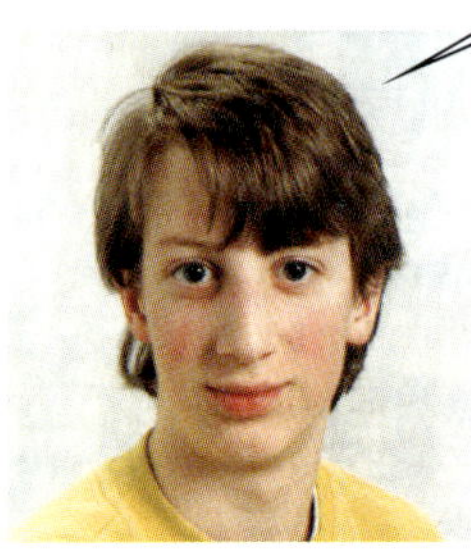

1. *Wer von euch war das, wenn ich den kriege ...*
2. *Die CD hat doch bestimmt Bennie aus meinem Rucksack genommen, der klaut doch immer.*
3. *Wenn ein Kratzer auf der CD ist, dann könnt ihr mir eine neue kaufen.*
4. *Ich finde es nicht gut, wenn ihr meine CD aus dem Rucksack nehmt. Ich möchte nächstes Mal gefragt werden.*

1. Welche Antwort würdest du spontan wählen?
2. Welche Antwort wäre bei näherer Überlegung die beste Antwort?
3. Versetze dich in die Lage der jeweiligen Personen. Notiere was die Formulierungen bewirken.

Streitschlichter

Der Konflikt

Vier Schülerinnen und Schüler aus der 8 b, die sich rechtzeitig für die Benutzung eingetragen hatten, spielen in der Pause am Krökeltisch. Daniel aus der 8 a schaut zu und drängelt sich dazwischen, um mitzuspielen: „Du störst, hau ab", ist die erste Reaktion. Daniel lässt sich nicht wegdrängen. Sebastian schubst Daniel zur Seite. Dieser schubst zurück.

Dann schlägt Sebastian Daniel mit der Faust ins Gesicht. Er krümmt sich vor Schmerzen. Es schellt und die 8 b rennt davon. Daniel wird von einem Lehrer wegen seiner starken Rötung im Gesicht nach Hause und mittags von der Mutter zum Arzt geschickt.

1. Schlichtung einleiten
Ein Streit hat zwei Mitschüler in Rage gebracht. Der Streitschlichter nimmt sich Zeit für den Konflikt und verständigt sich mit den Rivalen, dass sie dem jeweils anderen zuhören, ohne ihn zu unterbrechen oder zu beschimpfen.

2. Sachverhalt klären
Die Kontrahenten setzen sich zusammen und legen ihre Position dar. Der Vermittler sorgt dafür, dass die Streithähne ihre unterschiedliche Auffassung deutlich formulieren. Sie sollen sich gegenseitig verstehen. Es geht nicht um Schuldzuweisung, sondern um die Frage, warum es so gekommen ist, warum man so reagiert hat. Jeder muss dabei in sich selbst hineinhorchen.

3. Lösungen suchen und Verständigung finden
Gemeinsam werden Lösungsmöglichkeiten gesucht. Es geht um zwei Hauptfragen: „Was bin ich bereit zu tun?" und „Was erwarte ich vom anderen?" Es darf keine Gewinner und Verlierer geben. Beide müssen mit den Lösungen leben können.

4. Vereinbarungen treffen und schriftlich festhalten
Die Kontrahenten treffen eine Vereinbarung. Die Vereinbarung wird schriftlich festgehalten und unterschrieben. Das erhöht die Verpflichtung. Mit der Vereinbarung verbinden sich Wiedergutmachung, Versöhnung und künftiges Verhalten.

(URL: http://www.basta-net.de, Abrufdatum 18.01.01, verändert)

1. Wie löst ihr Konflikte in eurer Klasse?
2. *„Eine Wiedergutmachung zu finden, mit der beide Seiten einverstanden sind, ist besser als Strafe."* Äußere dazu deine Meinung.
3. Welche neutralen Vermittler könntet ihr bei Konflikten in der Klasse/Schule einschalten?
4. Spielt in einem Rollenspiel die Konfliktschlichtung nach.

Politische Mitbestimmung

Nachwuchs wählt Vorstandsquartett

Jugendparlament tritt zur ersten Sitzung zusammen

Runder Tisch soll Konflikt entschärfen

Jugendliche geben auf

einige Bürger verhindern geplanten Jugendtreff

Runder Tisch tagt zum wiederholten Male

Anwohner stellt Klageverzicht in Aussicht

Bürger gegen half-pipe

Keine Skateranlage wegen Bürgerprotest

Bürger sammeln Unterschriften

Wir wollen keine weitere Lärmbelästigung – half-pipe-Platz fraglich

Das Nettlinger Schwimmbad soll geschlossen werden

198.1 Freizeitstätten von Kindern und Jugendlichen

Schwimmbäder, Fußballplätze, Eisstadien, Spielplätze und Freizeitheime sind aus unserem Leben nicht mehr wegzudenken. Diese Anlagen kosten sehr viel mehr, als über Eintrittspreise eingenommen wird. Darum muss die Gemeinde für diese Einrichtungen Zuschüsse zahlen. Das fällt Gemeinden immer schwerer: *Wo soll gekürzt werden? Welche Einrichtungen sollen geschlossen werden?*

Diese Diskussion gab es auch 1993 in der Gemeinde Söhlde. Nettlingen, ein Ortsteil der Gemeinde Söhlde im Landkreis Hildesheim, hat ein eigenes Schwimmbad. Es war ein beliebter Treffpunkt des Dorfes. Dort trafen sich an warmen Sommertagen die Kinder des Dorfes, um im Wasser und auf dem großen Wiesengelände zu spielen. Viele Mütter gingen mit ihren kleinen Kindern ins Bad. Abends trafen sich dort Jugendliche und Nachbarn, um Sport zu treiben, sich zu erfrischen oder auszuspannen.

Im Frühjahr 1993 sollte das Nettlinger Schwimmbad aus finanziellen Gründen geschlossen werden.

In diesem Kapitel sollt ihr euch mit der drohenden Schließung des Freibades in Nettlingen auseinandersetzen. An diesem Beispiel könnt ihr lernen, wie Entscheidungen in der Gemeinde zustande kommen. Ihr müsst aber auch wissen, welche Fragen in der Gemeinde geregelt werden, welche Personen und Gremien die Entscheidungen fällen. Wichtig ist, dass ihr euch über das Problem und verschiedene Möglichkeiten seiner Lösung informiert.

Über Vorgänge in der Gemeinde berichtet die Zeitung „Kehrwieder“:

Die letzte Saison für das Nettlinger Freibad läuft

Eine der wichtigsten und schwierigsten Entscheidungen der letzten Jahre musste der Gemeinderat Söhlde auf seiner letzten Sitzung treffen. Es ging um die Bäderfrage.

Der SPD-Fraktionsvorsitzende J. Pisalski schlug in einem Antrag vor, mit einem Kostenaufwand von 50 000 € das Nettlinger Schwimmbad zu sanieren. Der Antrag wurde abgelehnt.

Eine Mehrheit fand hingegen der Antrag von Heinrich Dammann (CDU), das Freibad am Ende der Badesaison zu schließen.

Sehr enttäuscht waren darüber die 200 Nettlinger Zuhörer. Heinrich Dammann erklärte dazu: Die Zuschüsse für die Bäder hätten sich von 1980 bis 1993 mehr als verdoppelt. Diese Investitionen seien nicht mehr tragbar. (...)

SPD-Fraktionschef Jürgen Pisalski hingegen verwies auf die Bürgerversammlung, in deren Verlauf die Teilnehmer sich ganz klar für den Erhalt beider Bäder ausgesprochen hätten. So hatte es der Rat schon einmal 1989 einstimmig beschlossen. Man müsse sich Gedanken machen, wie die anfallenden Unterhaltungskosten gesenkt werden könnten.

Mit diesem Vorschlag hatte Pisalski die Zuhörer auf seiner Seite, die lange klatschten.

Gemeindedirektor G. Blase unterstrich jedoch die Finanznöte der Gemeinde, und dass man das Geld für die Kindergärten bräuchte.

Renate Reulecke sprach direkt die Sozialdemokraten aus Söhlde an: Das Nettlinger Freibad sei in so schlechtem Zustand, dass sich weitere Ausgaben nicht mehr lohnen würden.

(Kehrwieder, 1. 7. 1993, verändert und vereinfacht)

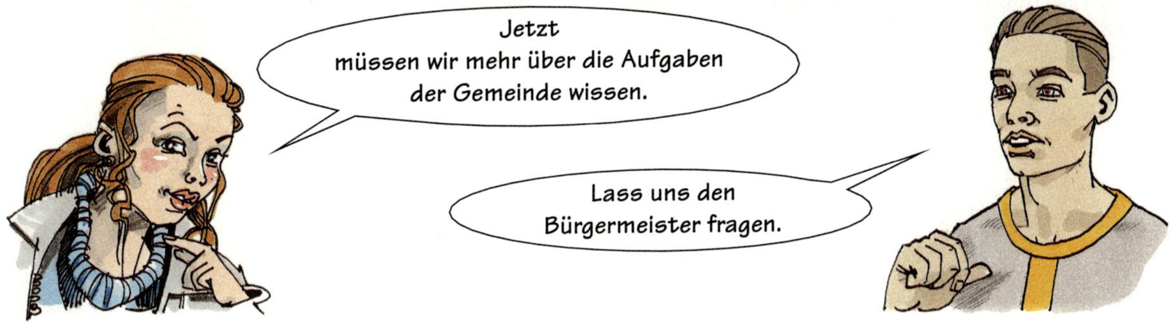

1. Welche Bedeutung haben Freizeiteinrichtungen für dich in deiner Gemeinde? Berichte.
2. Welche Bedeutung hat das Nettlinger Schwimmbad für die Bürger?
3. Beschreibe die Probleme, die die Gemeinde Söhlde mit ihren Schwimmbädern hat.
4. Gib die Hauptargumente der Ratsfrauen und Ratsherren in der Gemeinderatssitzung mit eigenen Worten wieder.

Die Gemeinde hat vielfältige Aufgaben

Gemeinden sind Dörfer und Städte, die sich selbst verwalten. Oft sind mehrere kleine Orte zu einer Gemeinde zusammengefasst.
Im Gemeinderat oder Stadtrat werden alle Angelegenheiten der Gemeinde beraten und beschlossen. Im Rathaus tagt der Gemeinderat und es ist Sitz der Verwaltung. Der Bürgermeister/die Bürgermeisterin ist Chef der Gemeinde. Er oder sie leitet den Gemeinderat und die Gemeindeverwaltung. Die Gemeindeverwaltung gliedert sich in Ämter mit unterschiedlichen Zuständigkeiten, z. B. das Schul- und Kulturamt, Sozialamt, Einwohnermeldeamt usw.

Die Gemeinde hat vielfältige Aufgaben. Sie muss zuerst die **Auftragsangelegenheiten und die Pflichtaufgaben** erfüllen. Erst danach kann sie die **Freiwilligen Aufgaben** ausführen.

Freiwillige Aufgaben

Dies sind Aufgaben, zu denen die Gemeinden nicht verpflichtet sind. Dazu gehören: Bau von Schwimmbädern, Turnhallen und Sportplätzen, Unterstützung von Theatern, Museen und Vereinen, Bau von Jugendzentren, Büchereien und Altersheimen, Bau von Gas-, Wasser- und Elektrizitätswerken.

Pflichtaufgaben

Diese Aufgaben müssen die Gemeinden auf Grund eines Gesetzes erledigen. Dazu gehören: Errichtung und Unterhaltung von Straßen, von Grundschulen, Unterhaltung einer Feuerwehr, Abwasserbeseitigung, Ausweisung von Gewerbegebieten.

Auftragsangelegenheiten

Diese Aufgaben führen die Gemeinden auf Grund von Weisungen des Landes oder des Bundes aus. Dazu gehören: Führung des Standesamtes und des Einwohnermeldeamtes, Ausstellung von Lohnsteuerkarten, Mithilfe bei Landtags- und Bundestagswahlen.

Gemeinden müssen wie normale Haushalte mit ihrem Geld auskommen. Der Gemeindehaushalt, das sind alle Einnahmen und Ausgaben, muss ausgeglichen sein. Das heißt, es darf nur soviel Geld ausgegeben werden, wie die Gemeinde einnimmt. Deshalb müssen bei sinkenden Einnahmen die Ausgaben gekürzt werden. Dann werden oft Gelder bei den freiwilligen Aufgaben eingespart.

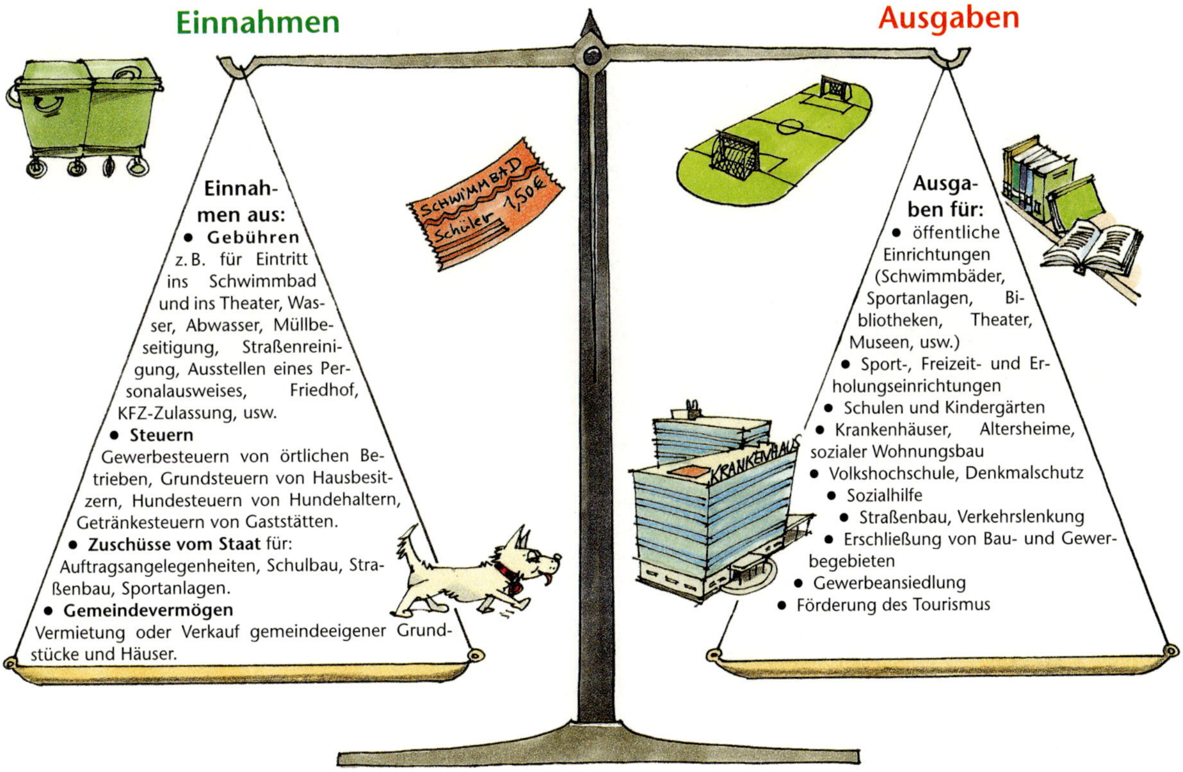

201.1 Einnahmen und Ausgaben der Gemeinde

1. Ordne die Ausgaben in einer Tabelle nach Pflichtaufgaben, Auftragsangelegenheiten und freiwilligen Aufgaben. Zu welchen Aufgaben gehört die Unterhaltung von Schwimmbädern?
2. Überlegt, für welche Personengruppen die jeweiligen Ausgaben von besonderer Bedeutung sind. Welche Ausgaben betreffen dich selbst?
3. Erkunde, welche Ämter es in der Verwaltung deiner Gemeinde gibt und welche Aufgaben sie haben.
4. Beschreibe am Beispiel der Waage die Ausgewogenheit von Einnahmen und Ausgaben im Gemeindehaushalt.
5. *„Die Gemeinde kann nicht alle Wünsche erfüllen."* Erkläre.

Eine Bürgeraktion schafft neue Tatsachen

 202.1 Meinungen von Nettlinger Bürgerinnen und Bürgern

BÜRGERAKTION ERHALTET DAS FREIBAD NETTLINGEN

Name: Frau/Herr/Familie

Straße:

Ich bin/Wir sind bereit, einem Verein zum Erhalt des Nettlinger Freibades beizutreten.
Als Jahresbeitrag bin ich/sind wir bereit, den folgenden Betrag zu zahlen:

☐ 20€ ☐ 30€ ☐ 50€

(Zutreffendes bitte ankreuzen)

Ich werde/Wir werden darüber hinaus jährliche folgende Dauerkarten beziehen:

( ) Saisonkarte(n) für Erwachsene
( ) Saisonkarte(n) für Jugendliche
( ) Familienkarte mit ( ) Kindern

Ich sehe/Wir sehen zur Finanzierung des Freibadbetriebes noch folgende Möglichkeiten:

202.2 Fragebogen

Am 1.7. 1993 hatte der Rat der Gemeinde Söhlde beschlossen, das Nettlinger Bad zu schließen. Diese Entscheidung löste Proteste und Betroffenheit in Nettlingen aus.
Spontan wurde eine
BÜRGER-AKTION ERHALTET DAS FREIBAD NETTLINGEN
ins Leben gerufen.
Die Bürgeraktion beschränkte sich nicht allein auf den Protest, sondern suchte nach neuen Möglichkeiten, das Schwimmbad zu erhalten und zu finanzieren. Die Mitglieder der Bürgeraktion forderten die Einwohnerinnen und Einwohner Nettlingens auf, selbst ihren Beitrag zum Erhalt des Schwimmbades zu leisten. Um festzustellen, welche finanzielle Unterstützung zu erwarten wäre, verteilten sie in Nettlingen und den umliegenden Dörfern einen Fragebogen (Abb. 202.2).
Das Ergebnis der Fragebogenaktion war beeindruckend. Sehr viele Bürgerinnen und Bürger Nettlingens hatten ihre finanzielle Unterstützung zum Erhalt des Freibades zugesagt.

Der „Kehrwieder" berichtete über diese Aktionen am 23.9. 1993.

Nettlinger Freibad gerettet?!

Bürgeraktion gegründet/Rat muss neu entscheiden

Nettlingen (H. R.) Erhebliche Aktivitäten hat in Nettlingen der Beschluss des Rates der Gemeinde Söhlde vom 7. Juni dieses Jahres ausgelöst, das Freibad Nettlingen mit dem Ablauf der Badesaison 1993 endgültig zu schließen.

Zahlreiche Bürgerinnen und Bürger der Ortschaft, die zuvor auf der Bürgerversammlung den Erhalt des Bades gefordert hatten, haben nun selbst die Initiative ergriffen und die **BÜRGERAKTION ERHALTET DAS FREIBAD NETTLINGEN** gegründet. Diese hat den Gemeinderatsfraktionen ein Angebot unterbreitet, wie das Bad erhalten werden kann – (...)

Diese Bürgeraktion war während der Sommermonate in vielfältiger Weise aktiv. Neben der Untersuchung des Zustandes des Freibades wurde mit Gemeinden Kontakt aufgenommen, in denen bereits jetzt die Freibäder durch Vereine oder unter der Führung von Ortsräten betrieben werden. Die Betreibermodelle wurden genau studiert und für Nettlingen die Gründung eines Freibadvereins in Erwägung gezogen.

Um die Unterstützung in der Bevölkerung für diese Idee festzustellen, führte die Bürgeraktion in Nettlingen eine Bürgerbefragung durch. Die Ergebnisse dieser Befragung überraschten selbst Optimisten.

Neben einer großen Bereitschaft zur Mitarbeit im Freibadbetrieb bei der Wartung, Pflege und Renovierung ergab sich auch ein eindrucksvolles Bild im Hinblick auf die mögliche finanzielle Unterstützung des Bades durch die Bevölkerung.

Daher sah sich die Bürgeraktion in der Lage, dem Gemeinderat das Angebot zu unterbreiten, das Bad ab der Saison 1994 von der Gemeinde zu pachten und in eigener Regie zu betreiben. Statt der im Haushalt der Gemeinde bisher dafür ausgewiesenen Kosten von 50 000 € benötigt die Bürgeraktion dafür von der Gemeinde lediglich einen Kostenzuschuss von 17 900 €.

(...)

Die Kosten waren auf der Gemeinderatssitzung am 7. Juni der entscheidende Grund für die Schließung des Freibades. Nun entsteht durch die Eigeninitiative und Spendenbereitschaft der Bevölkerung eine völlig neue Lage. Über die zunächst beabsichtigte Schließung muss deshalb im Rat noch einmal neu verhandelt werden.

(...)

Über die Ergebnisse wird die Bürgeraktion die Bevölkerung umgehend in der Presse informieren.

(nach: „Kehrwieder" vom 23. 9. 1993, verändert)

1. Warum beschränkt sich die Bürgeraktion nicht auf den Protest?
2. Liste auf, welche Vorschläge die Bürgeraktion zum Erhalt des Schwimmbades macht.
3. Was wird von den Einwohnerinnen und Einwohnern Nettlingens erwartet?
4. Versetz dich in die Lage von Gemeinderatsmitgliedern. Was würdest du zu dem Ergebnis der Bürgeraktion sagen?

Der Gemeinderat

Jetzt müsst ihr genau wissen, wie eine Gemeinderatssitzung abläuft.
Der Gemeinderat wird von Bürgerinnen und Bürgern der Gemeinde gewählt.

Wahlberechtigung
Wahlberechtigt sind in Niedersachsen alle deutschen und alle anderen Einwohner der Gemeinde, die aus Ländern der Europäischen Union stammen und das 16. Lebensjahr vollendet haben.

Wählbarkeit
In den Gemeinderat wählbar sind in Niedersachsen alle Bürgerinnen und Bürger, die das 18. Lebensjahr vollendet haben. Sie müssen allerdings seit mindestens sechs Monaten in der Gemeinde, in der sie kandidieren, wohnen.

Aufstellung der Kandidaten
Die Kandidatinnen und Kandidaten zur Gemeinderatswahl werden von politischen Parteien oder unabhängigen Wählergemeinschaften aufgestellt. Auch Einzelpersonen können sich zur Wahl stellen.

Ratsfrauen und Ratsherren
Ratsfrauen und Ratsherren werden für fünf Jahre in den Gemeinderat gewählt. Sie haben bei Abstimmungen je eine Stimme. In ihren Entscheidungen sind sie frei. Meist stimmen sie jedoch dem Vorschlag ihrer Partei zu. In einzelnen Fällen können sie bei der Abstimmung vom Vorschlag ihrer Partei abweichen.

Ratsbeschluss
Stimmt die Mehrheit der Gemeinderatsmitglieder einem Antrag im Gemeinderat zu, so ist dieser beschlossen.

Fraktionen
Ratsfrauen und Ratsherren, die einer Partei angehören, bilden eine **Fraktion**. Das ist ein Zusammenschluss, um die gemeinsamen politischen Ziele durchzusetzen.

Koalition
Fraktionen unterschiedlicher Parteien können sich zu Koalitionen zusammenschließen. Das sind Bündnisse, um im Gemeinderat Mehrheiten zu bilden.

Opposition
Fraktionen und einzelne Gemeinderäte, die nicht der Mehrheitskoalition angehören, bilden die Opposition. Diese prüfen kritisch die Anträge der Koalition, üben Kritik und versuchen, andere Problemlösungen zu entwickeln.

Ratsvorsitzender
Gleich nach seiner Wahl wählt der Gemeinderat aus der Mitte der Gemeinderatsmitglieder die Ratsvorsitzende bzw. den Ratsvorsitzenden. Ratsvorsitzende

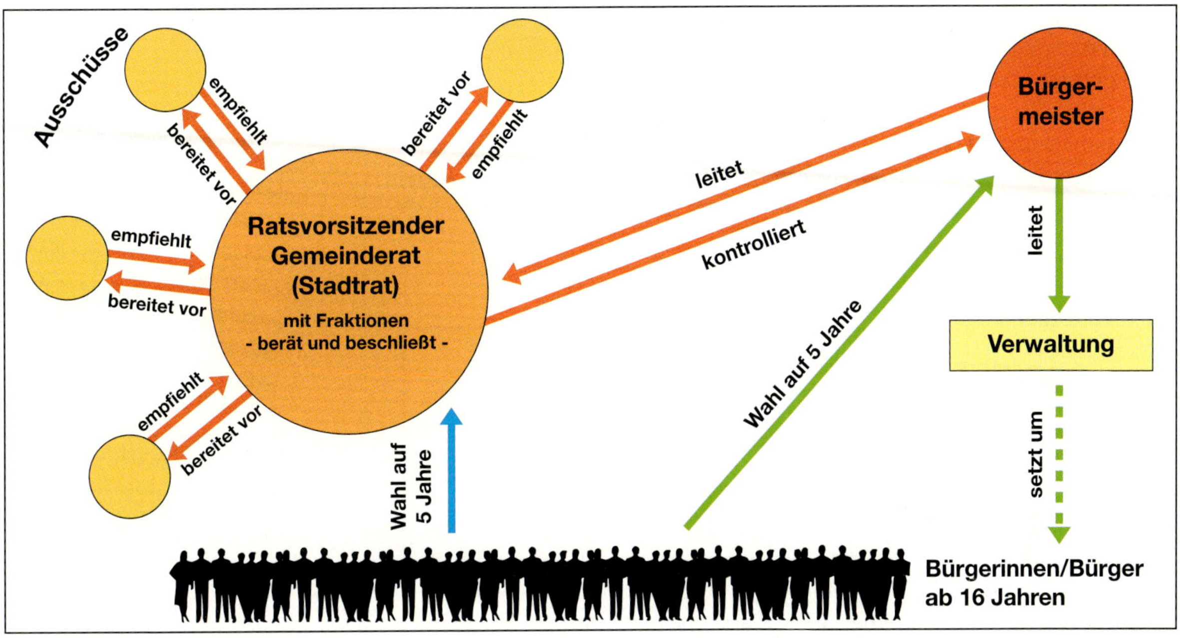

führen die Rednerliste und achten darauf, dass die Sitzung ordnungsgemäß durchgeführt wird.

Ausschüsse

Der Gemeinderat bildet Fachausschüsse, wie z. B. den Umweltausschuss, den Schulausschuss oder den Bauausschuss. In den Ausschüssen werden Sachfragen diskutiert und Beschlussvorlagen für die Ratssitzung vorbereitet.

Bürgermeisterin / Bürgermeister

Die Wahl:

Mit der Wahl des Gemeinderates wählen die wahlberechtigten Bürgerinnen und Bürger für die nächsten fünf Jahre auch den Bürgermeister bzw. die Bürgermeisterin. Oft erhält im ersten Wahlgang keiner der Bürgermeisterkandidaten die Mehrheit der Stimmen. Dann gibt es eine Stichwahl zwischen den beiden Kandidaten mit der höchsten Stimmenzahl.

Die Aufgaben:

Sie haben folgende Aufgaben:
- Leitung des Gemeinderates.
- Vorbereitung und Ausführung der Ratsbeschlüsse.
- Leitung und Beaufsichtigung der Gemeindeverwaltung.
- Vertretung der Gemeinde nach außen.

1. Wer kann in den Gemeinderat gewählt werden?
2. Wer darf den Gemeinderat wählen?
3. Erkläre die Begriffe: Gemeinderat, Fraktion, Koalition, Opposition und Ratsvorsitzender mit eigenen Worten.
4. Welche Aufgaben hat die Bürgermeisterin?
5. Erkläre die Grafik in eigenen Worten, z. B. so: *„Bürgerinnen und Bürger wählen den Gemeinderat für fünf Jahre.“*

TRIO-Methode: Planspiel – Der Gemeinderat fasst einen Beschluss

Am Beispiel der Auseinandersetzung um die Schließung des Schwimmbades in Nettlingen soll nun in einem Planspiel eine Gemeinderatssitzung von euch gespielt werden.

In diesem Planspiel könnt ihr erfahren, wie unterschiedliche Interessen ausgetragen werden und wie demokratische Entscheidungen zustande kommen.

Das Planspiel erfolgt in drei Schritten:

1. Vorbereitung
Wählt Schülerinnen und Schüler aus, die vor der Klasse die skizzierten Personen spielen. Fertigt für jede Person ein Namensschild an. Überlegt vorher, welche Interessen die Personen zu vertreten haben und wie sie im Spiel zum Antrag der Bürgeraktion Stellung beziehen könnten.
Baut mit Tischen und Stühlen eine Sitzgruppe auf, die der in einem Gemeinderat entspricht.

2. Durchführung
Die Spieler setzen sich mit den Namensschildern in die Sitzgruppe. Der Bürgermeister eröffnet die Gemeinderatssitzung. Er nennt das Thema der Beratung und den Beschluss, über den abgestimmt werden soll: *„Soll das Schwimmbad von der Bürgeraktion selbst verwaltet werden?"*
Der Ratsvorsitzende leitet die Diskussion. Er erteilt den Ratsmitgliedern das Wort. Diese melden sich, wenn sie etwas sagen wollen. Sie sprechen sich für oder gegen den Antrag aus. Sie versuchen diejenigen, die anderer Auffassung sind von ihrer eigenen Meinung zu überzeugen.
Am Ende der Sitzung wird abgestimmt.
Die Schülerinnen und Schüler der Klasse, die nicht am Spiel teilnehmen beobachten den Spielverlauf unter folgenden Fragen:
- Welcher Spieler hat seine Rolle gut, welcher weniger gut gespielt? Begründet.
- Was hat die Abstimmung am meisten beeinflusst?

3. Auswertung
Bei der Auswertung äußern sich die Spieler zunächst selbst zum Spiel. Dabei haben sie Gelegenheit darzustellen, dass die dargestellte Meinung eine gespielte und nicht die persönliche war.
Nun bringen die Beobachter ihre Wahrnehmung des Spielverlaufs ein.
Dann wird das Spiel unter den Fragestellungen: *„Was bedeutet der Ratsbeschluss für die Gemeinde? Was bedeutet er für die Bürgeraktion?"* abschließend beurteilt.

Am Ende der Unterrichtseinheit könnt ihr die Bedeutung politischer Mitbestimmung mit der Bearbeitung folgender Arbeitsaufträge bewerten:
„Die Bürger haben keinen Einfluss." – „Der Gemeinderat fasst einen Beschluss." Diskutiert Vor- und Nachteile beider Verfahren für die Gemeinde.

Ich bin **Rainer Kaune (SPD)**, Ratsherr aus Söhlde.
„Ich habe viel Sympathie für die Nettlinger Bürgeraktion. Doch die Söhlder haben mich für die Durchsetzung ihrer Interessen gewählt. Ich kann dem Antrag der Bürgeraktion nur zustimmen, wenn der Ortsteil Söhlde dadurch keine Nachteile hat. Ich entscheide mich erst in der Sitzung."

Ich bin **Udo Braun (SPD)**, Ratsherr aus Nettlingen.
„Ich will die Interessen der Nettlinger vertreten. Deshalb stimme ich für die Übernahme des Schwimmbades durch die Bürgeraktion."

Ich bin **Maria Schmidt (SPD)**, Ratsfrau aus Söhlde.
„Ich freue mich über Menschen, die sich für die Allgemeinheit engagieren. Die Bürgeraktion ist gelebte Demokratie in der Gemeinde. Das muss einfach unterstützt werden. Deshalb stimme ich für die Bürgeraktion."

Soll das Schwimmbad in Nettlingen geschlossen werden?

Ich bin **Volker Klische (SPD)**, Ratsherr aus Söhlde und **Ratsvorsitzender**.
„Auch in Zukunft werden wir große finanzielle Probleme in unserer Gemeinde haben. Je eher wir sparen, desto besser. Die Schließung des Nettlinger Schwimmbades ist vernünftig. Bei allem Verständnis, ich kann dem Antrag der Bürgeraktion nicht zustimmen."

*Ich bin **Karl Rinke (CDU)**, Bürgermeister.*
„Als Chef der Gemeindeverwaltung stehe ich der Bürgeraktion eher skeptisch gegenüber. Können Ehrenamtliche nach Feierabend wirklich das Gleiche leisten wie die Angestellten der Verwaltung? Ich bin gegen den Antrag der Bürgeraktion – keine Experimente!"

Ich bin **Manfred Bode (CDU)**, Ratsherr aus Nettlingen.
„Ich bin zwar mit meinen Parteifreunden aus Söhlde der Meinung, dass ein Superschwimmbad in Söhlde für alle das Beste ist. Aber wenn ich gegen den Antrag der Bürgeraktion stimme, kann ich bei der nächsten Wahl in Nettlingen Wählerstimmen verlieren. Ich weiß noch nicht, wie ich mich entscheide."

*Ich bin **Karin Kunze (SPD)**, Ratsfrau aus Nettlingen.*
„Die Mitglieder der Bürgeraktion sind meine Nachbarn und Freunde. Es ist doch wohl klar, dass ich sie auch im Rat unterstütze und für ihren Antrag stimme."

Ich bin **Sabine Rohlfs (CDU)**, Ratsfrau aus Söhlde.
„Lieber ein gutes, attraktives Schwimmbad in Söhlde finanzieren, als Gemeindegelder an vielen Stellen im Gießkannenverfahren vergeuden. Ich bin gegen den Antrag der Nettlinger Bürgeraktion."

Ich bin **Horst Albert (CDU)**, Ratsherr aus Söhlde.
„Egal, welche Einrichtung wir schließen. Es wird immer zu Protesten kommen. Ich bin gegen den Antrag der Bürgeraktion."

Ich bin **Walter Binkowski (unabhängige Wählergemeinschaft)**, Ratsherr aus Söhlde.
„Ich bin in keiner Partei. In Söhlde wurde ich gewählt, weil ich für mein Engagement im Sportverein bekannt bin. Ich habe großen Respekt vor Leuten, die in Ehrenämtern arbeiten. Ich unterstütze deshalb die Bürgeraktion."

Ich bin **Susanne Möller (CDU)**, Ratsfrau aus Söhlde.
„Wenn wir weniger Geld haben, müssen wir sparen. Deshalb muss das Nettlinger Schwimmbad geschlossen werden. Ich bin gegen die Bürgeraktion."

Tourismus – Die grenzenlose Freiheit?

Urlaub

5Endlich Ferien, keine Schule, kein Stress.
Die Schüler der 8 a gehen lärmend nach Hause. Jeder hat seine besonderen Urlaubswünsche und Träume. Doch nicht alle gehen in Erfüllung.

Spaß haben

Entspannen

aktiv sein

Entdecken

etwas anderes sehen

Dennis möchte später Tierarzt werden. Sein größter Wunsch ist der Urlaub auf einem Reiterhof. Das Reiten und die Tierpflege sind seine Leidenschaft.

Felix bleibt zu Hause. Er wünscht sich viele Sonnentage, damit er mit seinen Freunden ins Freibad kann.

Für *Igor* geht in diesen Ferien ein besonderer Wunsch in Erfüllung. Er ist vor drei Jahren nach Deutschland gekommen und besucht nun zum ersten Mal seine Großeltern in einem kleinen Dorf in Kasachstan.

Für *Gülsah* und *Marie* wären die Besuche eines Spaßbades oder Freizeitparks der Hit der Ferien.

Ayse fliegt mit ihren Eltern in die Türkei.

Daniel möchte gerne surfen, tauchen und Tennis spielen. Er darf nach Mallorca fliegen. Dort arbeitet sein Onkel als Animateur in einem Ferienclub.

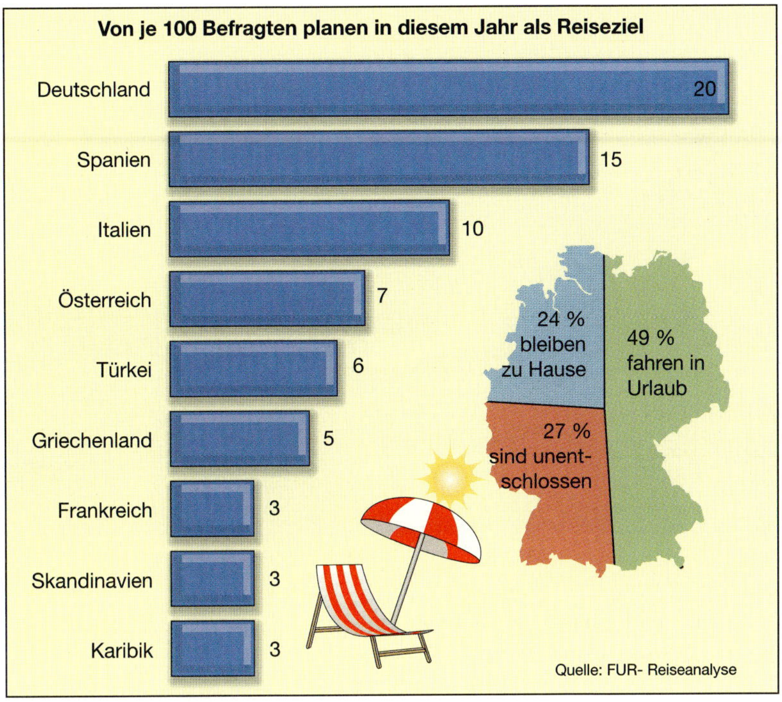

211.1 Reiseziele 2002

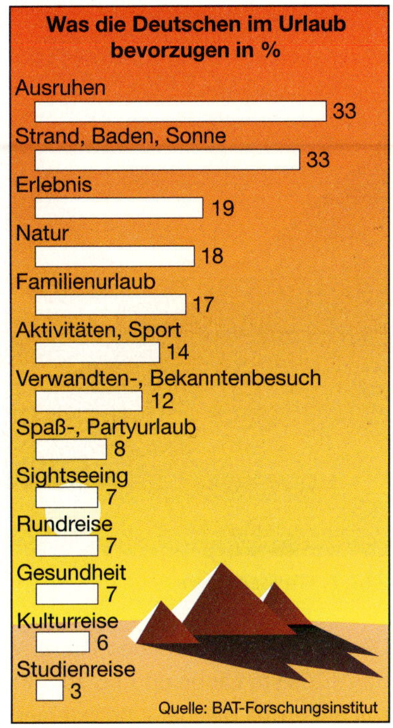

211.3 Was die Deutschen im Urlaub bevorzugen

„Wo fahren wir dieses Jahr hin?" „Was machen wir?" Das sind die häufigsten Fragen zu den Urlaubsplänen. Über 49 Mio Deutsche zieht es jährlich in den Urlaub, ungefähr $^1/_2$ Mrd sind es weltweit. Und es werden immer mehr. Bis zum Jahr 2010 wird sich die Zahl der Urlauber verdoppelt haben.

Viele Familien planen schon im Jahr vorher, was sie machen wollen und wo sie hinfahren möchten. Ihre Reiseziele richten sich nach ihren finanziellen Möglichkeiten aus.

1. Was ist für euch in den Ferien besonders wichtig?
2. Nennt Gründe, warum 24 % der Deutschen zu Hause bleiben (211.1).
3. Findet Beispiele, die die Aktivitäten in 211.3 erklären.

211.2 Schaufenster eines Reisebüros

Urlaub in den Alpen

212.1 Walliser Alpen

Der Alpenbogen zwischen Nizza, Wien und Laibach (Lubljana) ist mit seinen 1200 km Länge und bis zu 300 km Breite das größte und höchste zentral in Europa gelegene Berggebiet.
Hier befinden sich die verschiedensten Berg- und Gipfelformen: die hellen Kalksteinwände der Nördlichen Kalkalpen, die mit Schnee bedeckten Gipfel der Zentralalpen und die zerklüfteten Zinnen und Türme der Dolomiten.
Durch die breiten und tiefen Täler sowie die zahlreichen Pässe und Tunnel können die Alpen heute bequem durchquert werden.

212.2 Urlauber beim Wandern

Die Alpen sind ein wichtiges Erholungsgebiet. Im Alpenraum leben nur sieben Millionen Menschen, aber jährlich strömen 50 Mio Urlauber und 100 Mio Tagesausflügler in die Berge.
Der Wintersport hat seine besondere Anziehungskraft. Immer neue Abfahrten werden geschaffen. Daneben entstehen aber auch besondere Pisten für Snowboardfahrer.
Sommerurlauber suchen auf Wanderungen die Erholung in der Natur. Durch ein Angebot, das Unterhaltung und Abenteuer verspricht, sollen immer neue Urlauber gewonnen werden. So entstehen Erlebnisschwimmbäder, Klettergärten, Mountainbikewege und Golfplätze.

1. Stell mit dem Atlas fest, welche Länder nur in den Alpen liegen.
2. Es entstehen immer mehr Urlaubsangebote in den Alpen. Nenne Vor- und Nachteile aus deiner Sicht.

Kennst du dich im Alpenraum aus?

213.1 Stumme Karte

Eine Reise durch die Alpen
Du startest in München mit der Bahn zu einer Rundreise durch die Alpen. Dabei willst du folgende Orte besuchen:
München – Bozen – Zürich – Mailand – Luzern – Innsbruck – Verona – München

Stell eine günstige Reiseroute zusammen.

An welchen Stellen wird ein Pass überquert oder ein Tunnel durchfahren?

Nebenflüsse der Donau
Nenne die Nebenflüsse der Donau, die in den Alpen entspringen.

Kur- und Erholungsorte
Suche Kur- und Erholungsorte der Allgäuer und der Bayerischen Alpen.
Welche Spezialkarte musst du benutzen?

1. Schreibe die Namen der Städte S1–S8 auf. In welchem Land liegen sie?
2. Schreibe die Namen der Flüsse (a–h) und der Seen (1–3) auf.
3. Schreibe die Namen der Landschaften (I–IV) und der Pässe (P1–P5) auf.
4. Notiere Name und Höhe der höchsten Berge von Deutschland, Frankreich, Italien, Österreich und der Schweiz.

Vom Bergbauern zum Hotelbesitzer

Der Hof des Bergbauern Franz Hutegger

Der Hof liegt in Rohrmoos bei Schladming in Österreich. Er wurde an einem steilen Hang gebaut und war ein Land- und Forstwirtschaftsbetrieb.
Größe (1950): 24 ha, davon 15 ha Weide, Wiese und Ackerland.
Vieh: 6 Milchkühe, 6 Stück Jungvieh, zwei Schweine, 30 Schafe und einige Hühner.
Gebäude: Wohnhaus mit Stall. Die Wohnung bestand aus einem Zimmer und Küche.
Der Bauer bewirtschaftete den Hof mit seiner Frau und den drei Kindern. Die Einkünfte reichten lediglich zur Selbstversorgung aus.

Maria, die älteste Tochter des Bergbauern Franz Hutegger, erinnert sich:

Der Tag fing für uns Kinder früh an, denn wir hatten einen weiten Schulweg. Jeden Tag mussten wir 6 bis 7 km zur Schule gehen. Dazu brauchten wir mehr als eine Stunde. Im Winter legten wir den Weg auf Schiern zurück. Schnee lag von Ende Oktober bis Ende April. Er lag oft über 3 m hoch. Mittags hatten wir dann noch einmal die gleiche Strecke vor uns. Im Sommer dehnten wir den Weg gerne aus, denn zu Hause erwartete uns ja doch nur Arbeit. Wir mussten mit auf die Wiesen zur Heuernte oder in den Wald zum Beerenpflücken.

Die Arbeit auf den nahen Hängen am Hof war sehr mühselig. So konnte es auch leicht passieren, dass wir uns an dem Gerät verletzten. Das Melken der Kühe und Füttern des Viehs gehörte natürlich auch zu unseren Aufgaben. 1953 kamen erstmals Sommerurlauber zu uns. Wir hatten unseren einzigen Raum geräumt und die ganze Familie schlief während dieser Zeit in der Scheune: Mein Vater holte die Gäste in Schladming vom Bahnhof mit einem Ochsenkarren ab. Das Gepäck wurde aufgeladen, aber die Gäste mussten den Weg vom Schladminger Bahnhof, der 750 Meter hoch liegt, zu uns hinauf auf 1200 m Höhe zu Fuß zurücklegen. Das bedeutete einen Fußmarsch von 1 1/2 Stunden.

214.1 Gäste auf dem Weg zum Bergbauernhof der Familie Hutegger, 1953, und Foto von Maria Hutegger

So lebt Maria heute:

Das Leben unserer Familie hat sich grundlegend geändert. Ich arbeite heute in einem Reisebüro in Schladming. Früher war ich auch Skilehrerin. In meinem Urlaub habe ich häufig Sprachkurse in England und Italien besucht. Diese Sprachkenntnisse sind für meine Arbeit sehr hilfreich. Auf dem Grundstück meiner Eltern habe ich ein eigenes Haus gebaut. Während der 5-jährigen Bauzeit hat natürlich die ganze Familie geholfen. In dem Haus gibt es auch zwei Ferienwohnungen.

Meine Eltern betreiben die Landwirtschaft heute nur noch nebenbei. Ihre Haupteinnahmequelle ist ein Gasthof mit 42 Betten. Mein Vater und mein Bruder führen den Betrieb, die Mutter leitet die Küche. Im Gasthof arbeiten je nach Saison zwei bis fünf Angestellte. Darunter sind auch ausländische Arbeitnehmer. Meine Schwester und mein Neffe Mario helfen während der Saison als Bedienung aus. 1988 machten meine Eltern zum ersten Mal in ihrem Leben Urlaub. Wir Kinder hatten ihnen eine Schiffsreise von Venedig nach Jugoslawien und Griechenland geschenkt.

215.2 *Gasthof der Familie Hutegger*

Rohrmoos ist heute ein beliebter Touristenort. Wie bei Huteggers hat sich das Leben der meisten Bergbauern geändert. Viele von ihnen arbeiten in der Forstwirtschaft, im Straßenbau, in der Gemeinde oder in einer nahegelegenen Skifabrik. Die Landwirtschaft wird nur noch im Nebenerwerb betrieben. Viele einheimische Landwirte bieten zusätzlich Urlaub auf dem Bauernhof an.

Mit der zunehmenden Zahl der Touristen zogen auch Menschen aus anderen Gegenden nach Rohrmoos, um dort zu arbeiten. Im Winter bedienen viele Einheimische die Pistengeräte oder arbeiten als Skilehrer.
Der Ort ist gewachsen. Es wurden Zufahrtsstraßen, Brücken, Wohnungen und eine Kanalisation gebaut. Es gibt jetzt auch Beleuchtung und ein modernes Telefonnetz.

215.1 *Schneeraupe*

1. Welche besonderen Belastungen musste Maria Hutegger in der Kindheit ertragen?
2. Beschreibe die Veränderungen im Leben der Bergbauern.
3. Stell die Veränderungen in Rohrmoos mit eigenen Worten dar.

Der Berg ruft ...

nicht mehr ...

..., er kommt!

Das natürliche Gleichgewicht der Alpen

Der Naturraum der Alpen ist ein natürlicher Wasserspeicher. Der Niederschlag kann sich in Hochmooren, in den zahlreichen Sumpfgebieten oder in den Gletscherregionen sammeln.
Die Wald- und Wiesenflächen wirken mit ihrer artenreichen Vegetation wie ein Schwamm. Sie verzögern dadurch das Abfließen des Wassers besonders bei ausgiebigen Regenfällen.
In den Tälern fließen Bäche und Flüsse. Sie haben viele Windungen und fließen deshalb langsam. Bei Überschwemmungen kann sich das Wasser zunächst in der Uferregion verteilen.

***217.1** Bergmischwald*

Der immer stärker zunehmende Tourismus der letzten Jahrzehnte hat das natürliche Gleichgewicht des Alpenraums verändert. Die Täler wurden immer mehr bebaut und zersiedelt. Mit der Zahl der Urlauber stieg der Autoverkehr. Selbst in bisher unbewohnten Seitentälern wurden Skiabfahrten und Hotelanlagen gebaut. Ganze Landstriche wurden versiegelt, Flüsse begradigt, Wälder abgeholzt und Wiesen trocken gelegt.
Auf den Skipisten des Winters fehlt nun die schützende Oberschicht, die Vegetation geht weiter zurück.
Die Folgen sind verheerend:
Lawinen im Winter, Hochwasser und Erdrutsche im Sommer gefährden viele neue Siedlungen.

Hochwasser und Erdrutsche im Kanton Wallis

Brig (15. 10. 2000): Nach neuen schweren Regenfällen herrscht jetzt im gesamten Schweizer Kanton Wallis Hochwassergefahr. Die Behörden riefen die Bevölkerung inzwischen auf, ihre Häuser möglichst nicht zu verlassen. Die Straßenverbindungen in dem Kanton sind durch Erdrutsche und Überschwemmungen unterbrochen. Wegen des anhaltenden Regens konnten in dem Grenzort Gondo die Bergungsarbeiten nach dem schweren Erdrutsch noch nicht wieder aufgenommen werden. Hier werden noch immer 13 Menschen vermisst.

(Quelle: BR-Radionachrichten)

Um weitere negative Folgen zu begrenzen, haben die Alpenländer miteinander ein Abkommen geschlossen: **„Alpenkonvention zum Schutz des Alpenraumes"**

Ziele der Alpenkonvention:
- Eine nachhaltige Entwicklung sicherzustellen.
- Die Umwelt zu schonen und zu schützen.
- Die Eigenart und Schönheit der Landschaften zu schützen und zu erhalten.

1. Beschreibe das natürliche Gleichgewicht der Alpen.
2. Eure Schülerzeitung plant eine Ausgabe zum Thema: *Urlaub in den Alpen*. Du wirst gebeten, einen Artikel mit dem Titel *„Der Berg ruft nicht mehr, er kommt."* zu schreiben.
3. Erkundige dich im Internet unter www.cipra.de nach weiteren Zielen der Alpenkonvention. Stell dann deine Ergebnisse der Klasse vor.

TRIO-Methode: Rollenspiel – Der Gemeinderat tagt

Ein neues Skigebiet im Defreggental

Viele Regionen in den Alpen möchten für den Tourismus attraktiver werden. Die Gemeinden entwickeln deshalb Konzepte für neue Freizeitangebote. Dabei stehen sie immer wieder vor der Entscheidung:

Ökologie oder Ökonomie? Naturerhaltung oder Wirtschaftsaufschwung?

Oder lassen sich Mittel und Wege finden, die unterschiedlichen Interessen zusammenzuführen?

In einem Rollenspiel könnt ihr die Sitzung eines Gemeinderates nachspielen.

So geht ihr vor:

(Zum Ablauf eines Rollenspiels vgl. auch TRIO 1, S. 97)

1. Vorbereitung der Sitzung

Der Gemeinderat besteht aus sieben Mitgliedern. Jedem Mitglied ordnet sich eine Gruppe der Klasse zu. Die Gruppe entscheidet, wer später auf der Gemeinderatssitzung die Rolle der ausgewählten Person übernehmen soll.

Nun wertet jede Gruppe ihre Rollenkarte aus. Welche Interessen vertritt die Person? Welche Argumente werden vorgebracht? Welche weiteren Argumente findet ihr?

2. Die Sitzung des Gemeinderates

Der Bürgermeister bittet die „Ratsmitglieder" an den Tisch und verteilt die Namensschilder. Er eröffnet und leitet die Sitzung. Zunächst soll jedes Mitglied eine Stellungnahme abgeben. Anschließend wird über die vorgebrachten Argumente diskutiert. Am Ende der Sitzung erfolgt eine Abstimmung.

3. Auswertung

Die Zuhörer äußern sich zu vorher festgelegten Fragen: Wie verlief die Diskussion? Welche Positionen wurden am überzeugendsten vorgetragen?

Der Fall: ***In einem Ort im Defreggental ist ein neues Skigebiet geplant. Darüber berät der Gemeinderat.***

Max Knaus ist der Bürgermeister.

Unsere Gemeinde lebt vom Tourismus. Mit steigenden Gästezahlen steigt der Wohlstand der Gemeinde. Aber zuerst müssen wir neue Straßen, Parkplätze und Skihänge anlegen. Das ist mit hohen Kosten verbunden. Wir müssen aber auch den Naturschutz beachten. Unsere schöne Landschaft zieht im Sommer auch viele Gäste an. So soll es bleiben.

Luise Moser ist Ärztin und arbeitet in der Umweltschutzgruppe.

Das Gedränge auf den Hängen wird immer größer. Die Unfälle häufen sich. Unsere Gemeinde sollte sich mehr für Erholung und Entspannung in der Natur einsetzen. Das neue Skigebiet bedeutet mehr Autos, mehr Lärm und neue Diskos. Die Ruhe des Ortes geht verloren.

Alois Eibl ist Bauunternehmer im Defreggental.
Ein neues Skigebiet mit einer großen Hotelanlage wäre ein Gewinn für das ganze Tal. Für den Bau der Hotels und der Skianlage werden viele Arbeitskräfte gebraucht. Außerdem entstehen neue Geschäfte.

Johann Untermoser ist Förster.
Dieses neue Skigebiet gefährdet unser Dorf. Für die Skihänge müssen kostbare Waldbestände geopfert werden. Aber die Wälder schützen unser Tal vor Lawinen. Im Sommer besteht die Gefahr, dass die Hänge nach starken Gewitterregen abrutschen, weil der Boden kein Wasser mehr aufnimmt.

Edith Laimer arbeitet als Kellnerin im Nachbardorf.
Ein neues Skigebiet wäre schon sehr wichtig. Ich hätte einen gesicherten Arbeitsplatz und auch mehr Zeit für die Kinder.

Fritz Gebauer betreibt eine Skischule.
Je mehr Gäste im Winter kommen, umso besser laufen die Geschäfte. Die guten Skilehrer aus unserer Gemeinde finden dann auch bei uns Arbeit Sie müssen nicht in den Nachbargemeinden arbeiten. Durch gezielte Werbung in den großen Hotelanlagen kann ich viele Gäste ansprechen.

Anni Wiesner führt eine kleine Ferienpension, ihr Mann arbeitet in einer Skifabrik.
Die großen Anlagen verschandeln unseren Ort. Hoffentlich bleiben dann meine Stammgäste nicht weg. Aber je mehr Skigebiete im Defreggental sind, um so sicherer sind natürlich auch die Arbeitsplätze in der Skifabrik.

Wohin im Urlaub?

Das richtige Urlaubsziel herauszufinden ist nicht immer leicht. Urlaubsprospekte und Links im Internet geben erste Entscheidungshilfen über das Urlaubsziel. Wenn ich verschiedene Ziele miteinander vergleiche, kann ich am besten erkennen, ob das Urlaubsziel auch meinen Wünschen entspricht.

Faszination Mallorca – Paradies der unendlichen Vielfalt
Mallorca lebt mit und von seinen Kontrasten, fasziniert durch weltstädtisches Flair in der Hauptstadt Palma und verzaubert durch idyllische Landschaften im Inselzentrum.

Mallorca – ein einziges großes Sportparadies.
Radsport, Tauchen, Golf, Tennis, Reiten, Wandern

Wochenmärkte
Die regelmäßigen Märkte auf Mallorca – zum Schlendern, Gucken und Schwätzen, zum Staunen, Feilschen und Sich-Wohlfühlen.

Hier gibt es
Die schönsten Strände, die interessantesten Ausflüge, die heißesten Diskos, Geheimtipps, Top-Adressen für Restaurants.

Spiekeroog – Darf's ein bisschen „Meer" sein …
www.spiekeroog.de
Spiekeroog ist eine außergewöhnliche Insel: Autofrei, mit altem Baumbestand, urgemütlichem Dorfkern und einem natürlichen 12 km langen Sandstrand.

Spiekeroog ist gesund
Das Nordsee-Klima bewirkt schonende und gründliche Heilprozesse bei der Erkrankung der Haut- und Atemwege. Drei Umstände begünstigen das Klima: Meer, die Luft und das Licht.

Spiekeroog ist natürlich
In die Schonung der Umwelt hat Spiekeroog viel investiert. Es gibt eine hochmoderne Kläranlage, ein Blockheizkraftwerk und ein Wasserwerk, das Trinkwasser von erlesener Qualität liefert.

(Auszüge aus Urlaubsprospekten)

Spiekeroog ist unterhaltsam
- Ausflüge per Schiff, zu Fuß, im Segelboot, hoch zu Ross oder auf dem Kutschbock
- Minigolf, Kegeln, Tennis
- Meerwasserhallenbad
- Jonglieren, Einradfahren, Jazz-Dance
- Duathlon, Volkslauf, Boßeln
- Spiele für die Jüngsten

1. Wodurch unterscheiden sich die einzelnen Urlaubswünsche?
2. Für welche Insel würden sich die einzelnen Familienmitglieder entscheiden? Begründe.
3. Welche Angebote entsprechen euren Urlaubswünschen?
4. Vergleicht Urlaubsprospekte anderer Urlaubsziele. Welche Urlaubswünsche werden in ihnen angesprochen?

Landwirtschaft bei uns – Agrarfabrik oder Ökohof?

In den vergangenen 40 Jahren hat sich die Landwirtschaft stark verändert. 1960 ernährte ein Bauer 17 Menschen, heute sind es 125. Auf immer größeren Flächen wurden mit leistungsfähigeren Maschinen immer mehr landwirtschaftliche Produkte erzeugt.
Mit der Massentierhaltung stieg die Produktion von Fleisch rasant an. Damit fielen die Preise.
Kann die Entwicklung so weitergehen?

Zuckerrüben- und Weizenanbau in der Börde

224.1 *Mitten im Dorf: Der Hof des Bauern Hische*

Herr Hische stellt seinen Betrieb vor

Mein Betrieb liegt in Bennigsen in der Calenberger Börde. Hier in der Börde gibt es die besten Böden Deutschlands. Mein Hof hat 85 ha Ackerland. Ich führe ihn seit 1985. Damals hatte ich gerade meine Ausbildung als Landwirtschaftsmeister abgeschlossen und habe das Land von meinem Onkel und von meinem Vater gepachtet.

Ich bin verheiratet. Wir haben zwei Kinder.

Auf dem Hof sind drei Ackerschlepper, 1 Mähdrescher, 2 Sämaschinen, 1 Pflug, Pflanzenspritzen und weitere Geräte zur Bodenbearbeitung, sowie 1 Kartoffelroder. Die Maschinen haben einen Wert von ca. 1/2 Mio Euro.

Ich bewirtschafte den Hof allein. Manchmal brauche ich noch einige Aushilfskräfte. Zur Zeit habe ich auch zwei Auszubildende.

Wir sind ein reiner Ackerbau-Betrieb und bauen vor allem Zuckerrüben und Weizen sowie Kartoffeln als Zwischenfrucht an. Die Zuckerrüben sichern uns das Haupteinkommen. Leider ist die Menge durch die Zuckerquote, die von der EU in Brüssel festgelegt wird, begrenzt.

Auf 0,25 ha bauen wir noch Kräuter und Gemüse an. Diese verkaufen wir in unserem Hofladen, den meine Frau führt. Wir verkaufen hauptsächlich unsere eigenen Produkte sowie einige Zukäufe von anderen Gemüsebauern. Der Hofladen wird für uns immer wichtiger. Deshalb haben wir jetzt auch eine homepage: www.hisches-gemuesediele.de. Unser Einkommen liegt über dem Durchschnitt der deutschen Landwirtschaft. Dazu trägt der Hofladen mit etwa 35 % bei.

Im Frühjahr und in der Ernte sind wir „rund um die Uhr" beschäftigt. Urlaub hatten wir zuletzt vor drei Jahren. Dennoch sind wir sehr zufrieden.

Es macht Freude, in diesem gesegneten Landstrich Bauer zu sein.

224.2 *Herr Hische an seinem Computer*

Die Zuckerquote

Die Marktordnung der EU bestimmt für den Zuckerrübenanbau Menge und Preise. Die Bauern in der Börde sind neben den Weizenpreisen vor allem von der **Zuckerquote** abhängig. Diese wird für jeden Bauern einzeln festgelegt. Nur für 80 % seiner Ernte erhält er den Höchstpreis. Der Rest wird geringer bezahlt.

Die Zuckerquote schützt die Bauern vor den niedrigeren Weltmarktpreisen, gleichzeitig beschränkt sie aber auch die Anbaufläche für Zuckerrüben.

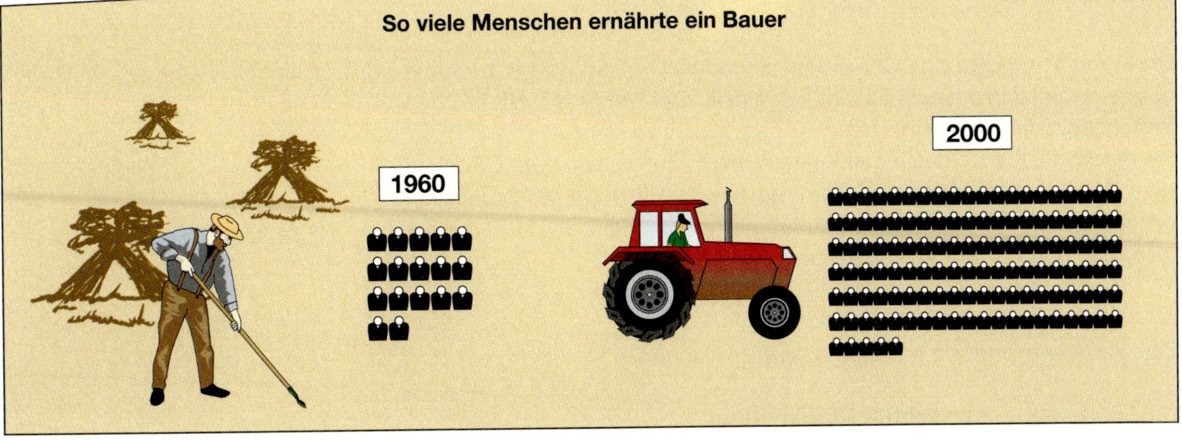

225.1

Wandel in der Landwirtschaft
In den letzten 40 Jahren hat sich die Landwirtschaft tiefgreifend verändert. Die Merkmale sind: **Mechanisierung** und **Intensivierung.**

Mechanisierung
Der Großteil der Bauernhöfe ist heute voll mechanisiert. Zum Maschinenpark gehören mehrere Ackerschlepper und Anhänger, hochwertige Wendepflüge, Spritzgeräte und vor allem die teuren Drill- und Erntemaschinen.

225.2 *Die „Maus" ist ein Ladegerät für Zuckerrüben.*
Ein Mann kann damit in einer Stunde die Arbeit leisten, für die früher 10 Leute 8 Stunden benötigten. Die „Maus" kostet ungefähr 600 000 Euro.

Intensivierung durch:
- *Zunahme der Betriebsgrößen*

Viele kleinere Betriebe hatten in der Vergangenheit kein Geld für den Kauf teurer Maschinen. Sie mussten aufgeben und ihr Land verpachten.
- *Forschung und Wissenschaft*

Saatgut, Dünger und Spritzmittel zur Schädlingsbekämpfung werden ständig weiter verbessert.
- *Ausbildung*

Viele Bauern haben ihr Fach studiert oder eine mehrjährige Ausbildung an einer Landwirtschaftsschule durchlaufen. Als „Landwirtschaftsmeister" bilden sie angehende Landwirte selbst aus.
- *Zwang zu höherer Produktivität*

Mechanisierung und Intensivierung haben dazu geführt, dass immer weniger Menschen in der Landwirtschaft arbeiten. Gleichzeitig produzieren diese immer mehr. Die Erzeugerpreise sind in den letzten Jahrzehnten jedoch ständig gesunken. Die Bauern sind deshalb gezwungen, ihre Produktivität noch weiter zu steigern.

1. Kennzeichne die Ausstattung und die Arbeitsweise des Betriebes Hische.
2. Welche Bedeutung hat die Zuckerrübe für die Landwirtschaft in der Börde?
3. Beschreibe, wie sich die Landwirtschaft in den letzten 40 Jahren verändert hat.
4. Wie beeinflusst die Zuckerquote der EU den Anbau von Zuckerrüben in der Börde?

TRIO-Methode: Wir erkunden einen Bauernhof

Die Klasse 8 c möchte einen Bauernhof erkunden. Die GSW-Lehrerin hat bereits den Kontakt zu einem Bauern hergestellt. Der Hof ist mit öffentlichen Verkehrsmitteln gut zu erreichen.
Sie macht die Klasse darauf aufmerksam, dass sich alle wie gute Gäste auf dem Hof verhalten sollen. Vor allem müssen die Hinweise des Bauern beachtet werden, denn in jedem Betrieb gibt es Gefahren, die ein Fremder nicht unbedingt sofort erkennen kann.

Eine Betriebserkundung erfordert eine gute Planung.

1. **Schritt: Vorbereitung**
   - Auswahl des Betriebes, Kontaktaufnahme durch Lehrer oder Schüler
   - Erkundung des Weges (An- und Abfahrt, Kosten)
   - Erkundungsziele festlegen; z. B. sammeln und dokumentieren von Informationen über Viehwirtschaft, Anbau, Maschinenpark usw.
   - Festlegung der Arbeitsmethoden (z. B. Interview, Erkundungsbogen)
   - Aufgabenverteilung (Wer fotografiert/filmt? Wer macht das Interview mit dem Kassettenrekorder? Wer zeichnet, misst? usw.)

2. **Schritt: Durchführung der Erkundung**
   Das braucht ihr: Kassettenrekorder, Fotoapparate/Videokamera, Schreibzeug, Maßband

3. **Schritt: Auswertung der Ergebnisse**
   - z. B. Eine Wandzeitung erstellen/einen Beitrag für die Schülerzeitung machen

Maschinenpark des Bauern

Hofladen

Erkundeter Betrieb	
Ort	Bennigsen
Besitzer	Familie Hische
Größe des Betriebes	85 ha
davon gepachtet	alles
Familienangehörige	Vier: Herr Hische, Frau Hische, 2 Kinder (2 und 6 Jahre alt)
Weitere Beschäftigte	1 Auszubildender, 1 Verkäuferin (3/4-Stelle)
Aushilfskräfte	3 (während der Ernte als Fahrer)
Betriebszweige	
Viehwirtschaft	nein
Ackerbau	ja
Anbau	Winterweizen, Zuckerrüben, Kartoffel als Fruchtfolge 0,25 ha Gemüse und Kräuter zum Verkauf im Hofladen sowie auf zwei Wochenmärkten (Barsinghausen)
Abnehmer	**Getreide:** Großmühlen, Transport über den Hildesheimer Hafen **Zuckerrüben:** Zuckerfabrik (Braunschweig) **Kartoffeln:** Fa. Stöver, Bennigsen
Kosten für Dünger und Pflanzenschutz je ha	Grunddünger (Kali und Phosphat): 75,– Euro Pflanzenschutz: Kartoffeln: 500,– Winterweizen: 125,– Zuckerrüben: 225,– €
Saatgut	Zuckerrüben: 150,– Winterweizen: 60,– Kartoffeln: 500,– bis 750,–
Sonstige Kosten	Diesel: 14 000 l/Jahr z. Zt. ca. 11 200,–/Jahr (bei z. Zt. 80 Cent/l)
Maschinenpark	3 Schlepper (140, 115, 105 PS), 1 Mähdrescher, 2 Sämaschinen, 1 Pflug, 1 Pflanzenschutzspritze, 1 Kartoffelroder, verschieden zur Bodenbearbeitung, Wert ca. 500 000 Euro
Warum bauen Sie nicht ökologisch an?	Ich habe zu wenig Arbeitskräfte. Aber ich bin und gesunde Lebensmittel erzeuge und die U
Hofladen	Verkauf von Gemüse und Kräutern
	Säfte+Zukäufe von anderen Gemüs
Persönliche Situation der Familie	
Ausbildung	Abitur, Industrie- und Gro
	dem Abschluss „Lar
tägliche Arbeitszeit	In der Saat- und Err
Regelmäßiger Jahresurlaub	nein, der letzte war
Wird der Beruf gern ausgeübt	ja, sehr gern

Anbau im 3-Jahre-Rhythmus bei Bauer Hische
1. Jahr: Winterweizen-Kartoffeln-Zuckerrüben
2. Jahr: Zuckerrüben-Winterweizen
3. Jahr: Winterweizen-Kartoffeln

Vermarktung der Produkte

Ökologische Landwirtschaft

Der Kampfelder Hof

Der Kampfelder Hof
15 km südwestlich von Hannover betreibt das Ehepaar Baxmann seit etwa 10 Jahren seinen Hof ökologisch. Wir wollen wissen, was einen ökologischen Hof kennzeichnet.

228.1 Hühner auf dem Freilandgelände

Frau Baxmann, was ist eigentlich eine ökologische Landwirtschaft?
Unser Hof wird nach den Richtlinien des BIOLAND-Verbandes bewirtschaftet. Durch eine schonende Bodenbearbeitung und eine vielfältige Fruchtfolge wird der Boden zu einem lebendigen Organismus. Wir verzichten auf den Einsatz von Chemie und Kunstdünger. Dadurch kann sich das Bodenleben voll entfalten und unser wertvolles Grundwasser bleibt sauber.

Was verstehen Sie unter „vielfältiger Fruchtfolge?"
Wir bauen von Jahr zu Jahr auf derselben Fläche möglichst viele verschiedene Pflanzenarten an. Dadurch entsteht ein stabiles Gleichgewicht zwischen den unterschiedlichen Bodenorganismen. Die Pflanzen werden dadurch vitaler, das heißt, sie sind gesünder und widerstandfähiger gegen Krankheiten. Deshalb können wir auch auf chemische Spritzmittel verzichten.

Und wie düngen Sie den Boden?
Wir benutzen organischen Dünger. Das ist einmal der Stallmist von unseren Tieren und zum anderen die Gründüngung. Gründüngung ist eine Mischung aus Ölrettich, Wicken und Bohnen. Diese Pflanzen bilden an den Wurzeln Stickstoff. Wir erzeugen also einen natürlichen Dünger. Trotzdem können wir auf unseren Flächen nicht ganz so viel erzeugen wie in der traditionellen Landwirtschaft.

Gibt es denn bei Ihnen kein Unkraut mehr?
O doch! Und das macht bei der Bodenbearbeitung viele mechanische Arbeitsgänge nötig – das heißt: hacken, hacken, hacken. Ökologischer Anbau ist recht arbeitsintensiv. Deshalb sind unsere Produkte auch etwas teurer.

Sie halten auch Tiere?
Wir haben 15 Angus-Kühe und 20 Schwarzkopf-Schafe. Die Tiere sind von April bis November auf der Kleegras-Weide. Sie haben somit Bewegungsmöglichkeiten und fühlen sich „kuhwohl". Im Winter sind sie im Stall und werden mit Kartoffeln, Heu und Stroh gefüttert.
Für die Weide und die Futtergewinnung haben wir sechs Hektar Grünland. Das Kleegras ist ein ausgezeichnetes Futter für die Tiere und es benötigt keinen Dünger.

Betreiben Sie auch Ackerbau?
Auf unseren Flächen bauen wir Weizen, Roggen, Dinkel, Kartoffeln, Erbsen und Bohnen an. In der Gärtnerei werden viele Gemüsesorten angebaut. Ein Teil der Flächen liegt zur Gründüngung brach.

Was ist denn Ihr wichtigster Betriebszweig?
Der Schwerpunkt liegt bei uns in der Vermarktung. Deshalb spielt der Hofladen auch die entscheidende Rolle. In unserer eigenen Hofbäckerei backen wir zehn verschiedene Brotsorten, Kuchen, Brötchen und andere Backwaren, die wir im Hofladen verkaufen. Zum Angebot gehören auch Kartoffeln und unser Gemüse sowie das selbst erzeugte Fleisch.

Wo wachsen denn bei Ihnen die Bananen und Zitronen, die Sie im Hofladen verkaufen?
(Herr Baxmann schaltet sich in das Gespräch ein und lacht.)
Ja, wir erweitern natürlich unser Angebot, indem wir Obst, Nudeln, Gewürze usw. zukaufen. Aber alles kommt aus kontrolliertem, also ökologischem Anbau.

229.1 Widerstandsfähige Angusrinder im November auf der Weide

229.2 Die Hofbäckerei

229.3 Hoffest

Der Kampfelder Hof

Familienangehörige:
Bärbel & Cord Baxmann
Marie (9 Jahre), Peer (7 Jahre)
Hermann Baxmann (Altbauer)
Mitarbeiter: 8 Vollzeitkräfte, 3 Azubis, 8 Teilzeitkräfte
Betriebsgröße, insges. 90 ha.

Ackerbau

• Weizen	30 ha
• Roggen	15 ha
• Dinkel	2 ha
• Kartoffeln	5 ha
• Erbsen, Bohnen	21 ha
• Gemüse	5 ha
• Weide/Futtergewinnung	8 ha

Viehwirtschaft

- 15 Angus-Mutterkühe
- 20 Schwarzkopf-Schafe

Maschinenpark:
2 Ackerschlepper, 1 Kartoffelroder, 1 achtschariger Wendepflug, 1 Striegel, sowie Anhänger usw.

Hofbäckerei: Verarbeitung des eigenen Getreides zu 10 Brotsorten, Brötchen, Kuchen u. a. Backwaren.

Hofladen: Vermarktung der selbst erzeugten Produkte sowie der Backwaren aus der Hofbäckerei. Ergänzung des Angebots durch Zukäufe von anderen Öko-Produkten.

Bekleidungsshop: Verkauf von Bekleidung aus ökologisch erzeugten Rohstoffen.

1. Was erfährst du in dem Text über „Schonende Bodenbearbeitung und vielfältige Fruchtfolge"?
2. Wie vermarktet dieser Betrieb seine Erzeugnisse?

Massentierhaltung – Schweinezucht in Südoldenburg und Vechta

In einem einzigen Stall stehen 200 und mehr Schweine dicht an dicht. Die größte Gefahr droht hier durch Ansteckung von Krankheiten.

230.1 Schweine in einem Mastbetrieb

Im Zentrum der Schweinezucht

Fährt man nach Südoldenburg, in den Kreis Vechta, in das Münsterland und bis in die östlichen Niederlande, so fallen die vielen fabrikähnlichen Gebäude mit den runden Futtersilos auf. Auf den Feldern wächst Mais, so weit das Auge reicht.

Wir befinden uns in dem größten europäischen Verdichtungsraum der Schweinezucht. Die Schweine werden so gezüchtet, dass sie in kürzester Zeit ihr Schlachtgewicht erreichen. Diese Schweine sind sehr empfindlich, sie sterben oft vor Aufregung.

Abhängigkeit von Futtermittel-Importen

Die Tiere erhalten zweimal täglich ein spezielles Mastfutter. Die Fütterung erfolgt computergesteuert und wird meist nur von ein oder zwei Leuten erledigt. Das Futter beziehen die Mäster von speziellen Futtermittel-Herstellern. Mais und vor allen Dingen das eiweißreiche Soja werden aus den USA bezogen. Nur durch diese Importe ist es in Deutschland möglich, dass Schweine in so großer Zahl gemästet werden können.

Gülle

Bei der Massentierhaltung entsteht sehr viel **Gülle**. Das ist ein Gemisch aus Kot und Urin. Jedes Schwein scheidet täglich etwa 7 Liter aus.
Ein mittlerer Betrieb muss täglich die Gülle von etwa 800 Schweinen aus dem Stall abpumpen, in Tanks lagern oder auf die Felder bringen.
Gülle enthält Sauerstoff, Phosphat, Kalium und Nitrat – es ist damit ein hochwertiger Dünger.

Interview mit dem Schweinezüchter Herrn Strube

Herr Strube, haben Sie Probleme mit der Gülle?
O ja. Ich habe nur 29 ha. Das ist mein Problem!
Was hat der Landbesitz mit der Gülle zu tun?
Die Gülleverordnung legt fest, dass pro Hektar höchstens 2,5 Dungeinheiten aufgebracht werden dürfen.
Was sind Dungeinheiten?
Sieben Schweine produzieren eine Dungeinheit (DE) als Gülle. Das entspricht 80 kg Stickstoff. Mehr als 2,5 DE/ha würden den Boden überdüngen. Meine 800 Mastschweine produzieren ca. 114 DE. Ich müsste dafür schon 41,5 ha Land haben.
Wie lösen sie denn Ihr Problem?
Ich gebe zur Zeit Gülle an einen Betrieb im Nachbarkreis ab. Aber das ist teuer und geht wohl auch nicht auf ewig. Irgendwann brauchen die ihr Land für die Gülle aus ihrem eigenen Betrieb.
Im Winter kommt noch etwas anderes dazu – dann darf ich gar keine Gülle ausbringen.
Und wo bleibt die Gülle dann?
In Tanks. Aber wehe, wenn der Winter länger dauert. Dann reichen meine Tanks nicht aus.
Sie müssten eigentlich weniger Schweine mästen.
Das geht leider nicht, denn wir verdienen an dem einzelnen Schwein so wenig, dass ich die Masse schon brauche.
Und noch etwas. Ich habe Angst, dass die Gülleverordnung demnächst verschärft wird. Im Augenblick sind 2 DE/ha im Gespräch. Wenn das kommt, bin ich mit meinem Betrieb am Ende.

Ökologische Probleme der Massentierhaltung

231.1 Verteilen von Gülle

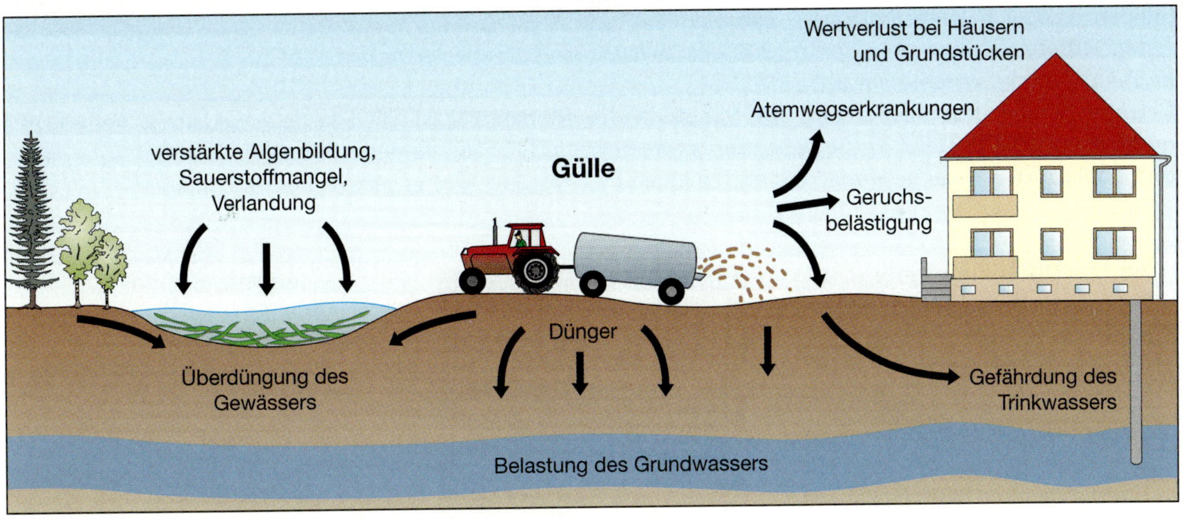

231.2 Ökologische Probleme der Gülle

Folgen der Überdüngung

Die Pflanzen nehmen nicht sofort alle Nährstoffe der Gülle auf. Viele Nährstoffe werden deshalb oberflächlich in die *Gewässer* und *Seen* gespült. Dort führen sie zur Überdüngung. Auf sandigen Böden gelangen die Nährstoffe leicht ins Grundwasser. Vor allem das Nitrat verseucht dann das Wasser für lange Zeit.

Auf überdüngten Böden wachsen kaum noch Pflanzen. Der Mais gehört zu den wenigen, die auf solchen Böden überhaupt noch gedeihen können.

1. Könnte die Schweinemast ohne Futtermittelimport auskommen? Erkläre.
2. Erläutere Abb. 231.1 und 231.2. Welche Probleme entstehen?
3. Erkläre, warum die Gülleverordnung wichtig ist.
4. Welche Probleme ergeben sich aus der Massentierhaltung?

Die Landwirtschaft am Wendepunkt

Gefahr der Massentierhaltung durch Seuchen

Im Jahr 2001 grassierte in den Gebieten mit Massentierhaltung Englands und der Niederlande eine gefürchtete Krankheit: die Maul- und Klauenseuche. Sie ist hoch ansteckend, da sie sich mit dem Wind verbreitet. Um die Seuche einzudämmen, wurden in England und in den Niederlanden Hunderttausende von Rindern, Schafen und Schweinen getötet und verbrannt. Betriebe wurden weiträumig abgesperrt. Tiertransporte waren wochenlang verboten. Aus Angst vor dem Einschleppen der Krankheit durften Touristen keine Fleischwaren aus den Seuchengebieten mitbringen – sogar belegte Brötchen waren verboten.

232.1 Vernichtung von Schweinen in England

In Deutschland herrschte in den Gebieten Oldenburg, Vechta und im Münsterland große Angst. Die Existenz der Betriebe, die Schweine und Rinder züchten, war gefährdet. Erst nach mehreren Monaten wurde die Seuche eingedämmt. Verbraucher und Politiker forderten eine Wende in der Agrarpolitik. Hierüber gibt es verschiedene Meinungen.

Die einen meinen

Die Verbraucher verlangen gute Nahrungsmittel. Allerdings sollen diese billig sein. Billige Produkte kann die Landwirtschaft aber nur durch Massentierhaltung und rationelle Produktion sowie durch den Einsatz von Kunstdünger und chemischen Pflanzenschutzmitteln erzeugen.

232.2 Gesperrter Schweinemastbetrieb

Andere meinen

Die herkömmliche Landwirtschaft belastet den Boden, das Trinkwasser und die Umwelt. Sie gefährdet durch den Einsatz von chemischen Pflanzenschutzmitteln beim Ackerbau und durch Antibiotika in der Tierzucht die Gesundheit der Menschen.

Wahrscheinlich wird es noch viele Jahre dauern, bis es tatsächlich zu veränderten Produktionsweisen kommt.

1. Nenne die Hauptunterschiede zwischen der herkömmlichen und der ökologischen Tierhaltung.
2. Wärst du bereit, für ökologisch erzeugte Produkte höhere Preise zu zahlen?
3. Führt eine Pro- und Kontra-Diskussion zum Thema herkömmliche Landwirtschaft – ökologische Landwirtschaft. Die Grafiken auf S. 233 können euch dabei helfen.

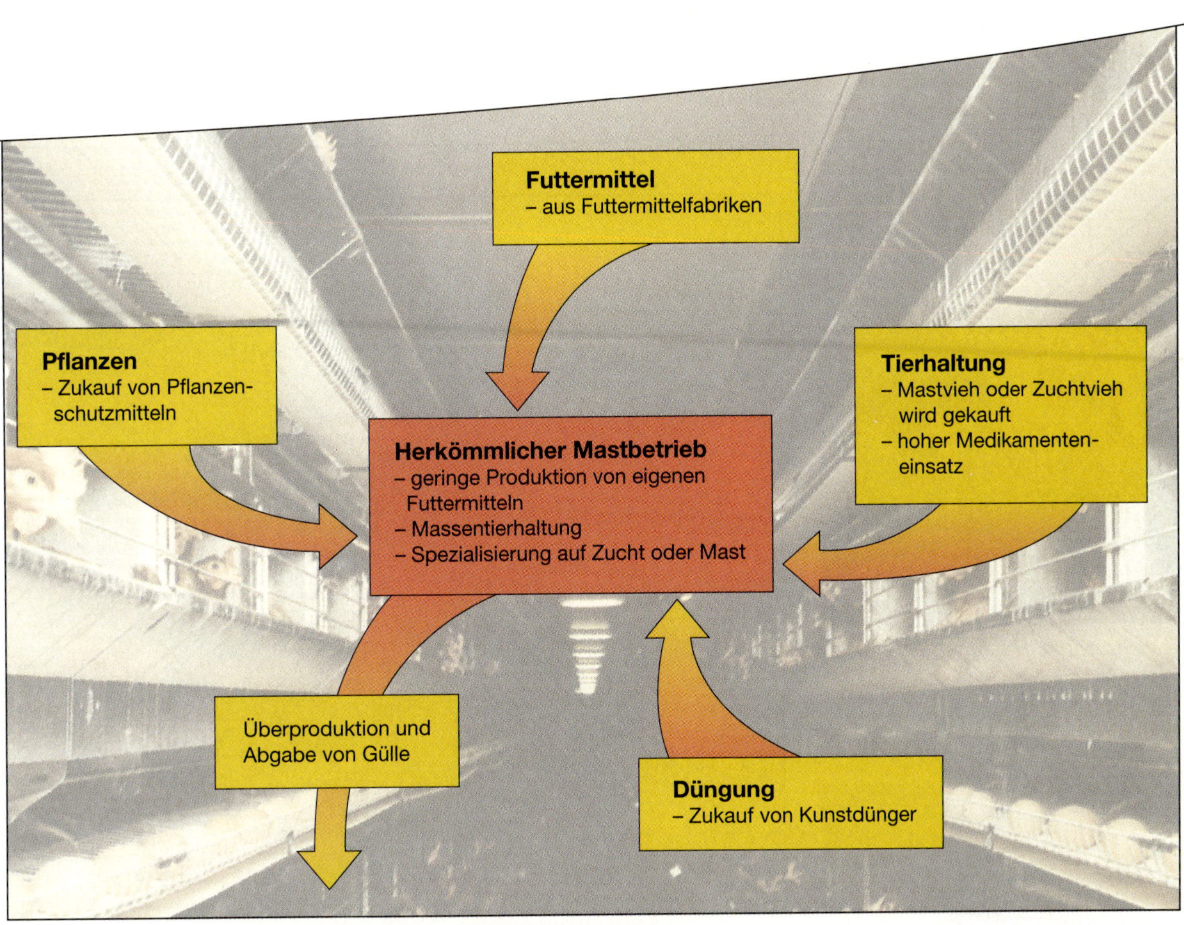

233.1 Produktionsweise eines herkömmlichen Betriebes: Offenes System

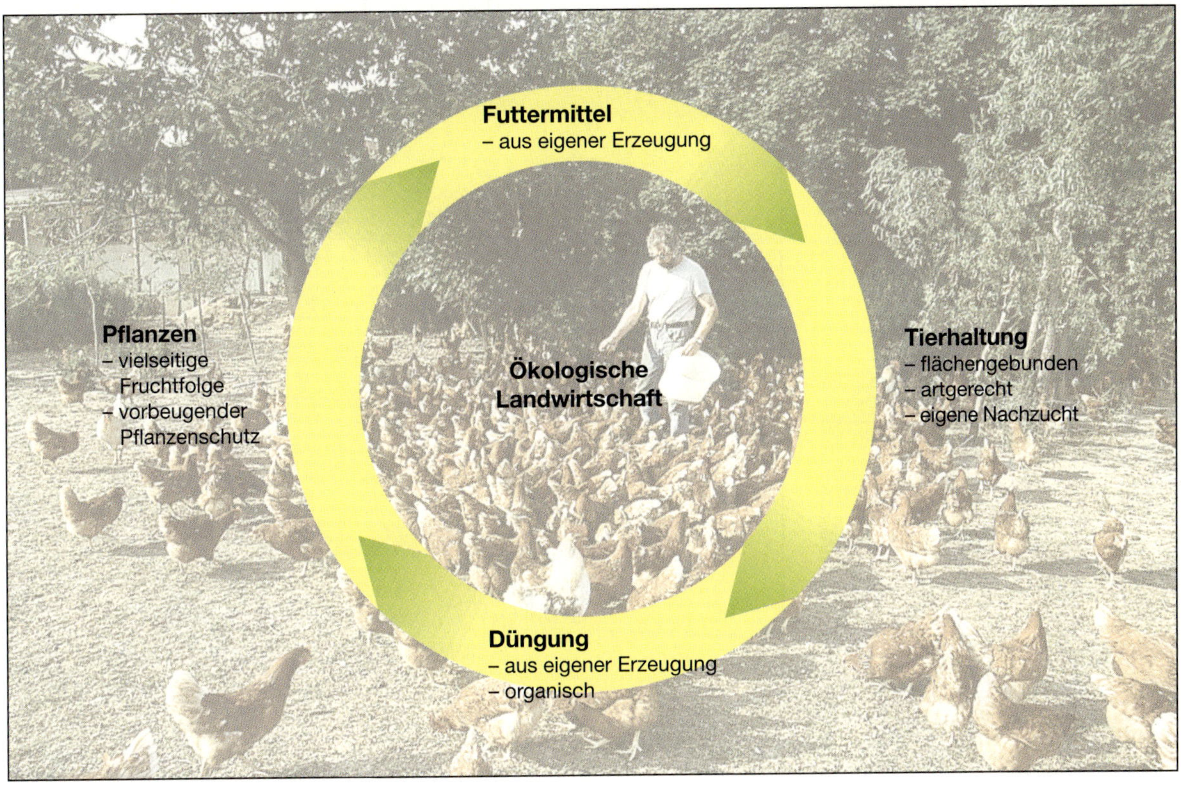

233.2 Ökologische Landwirtschaft: Geschlossener Kreislauf

Landwirtschaft in Deutschland

234.1 *Viehzucht in der Marsch*

234.2 *Kartoffeln in der Lüneburger Heide*

234.3 *Weinbau am Kaiserstuhl*

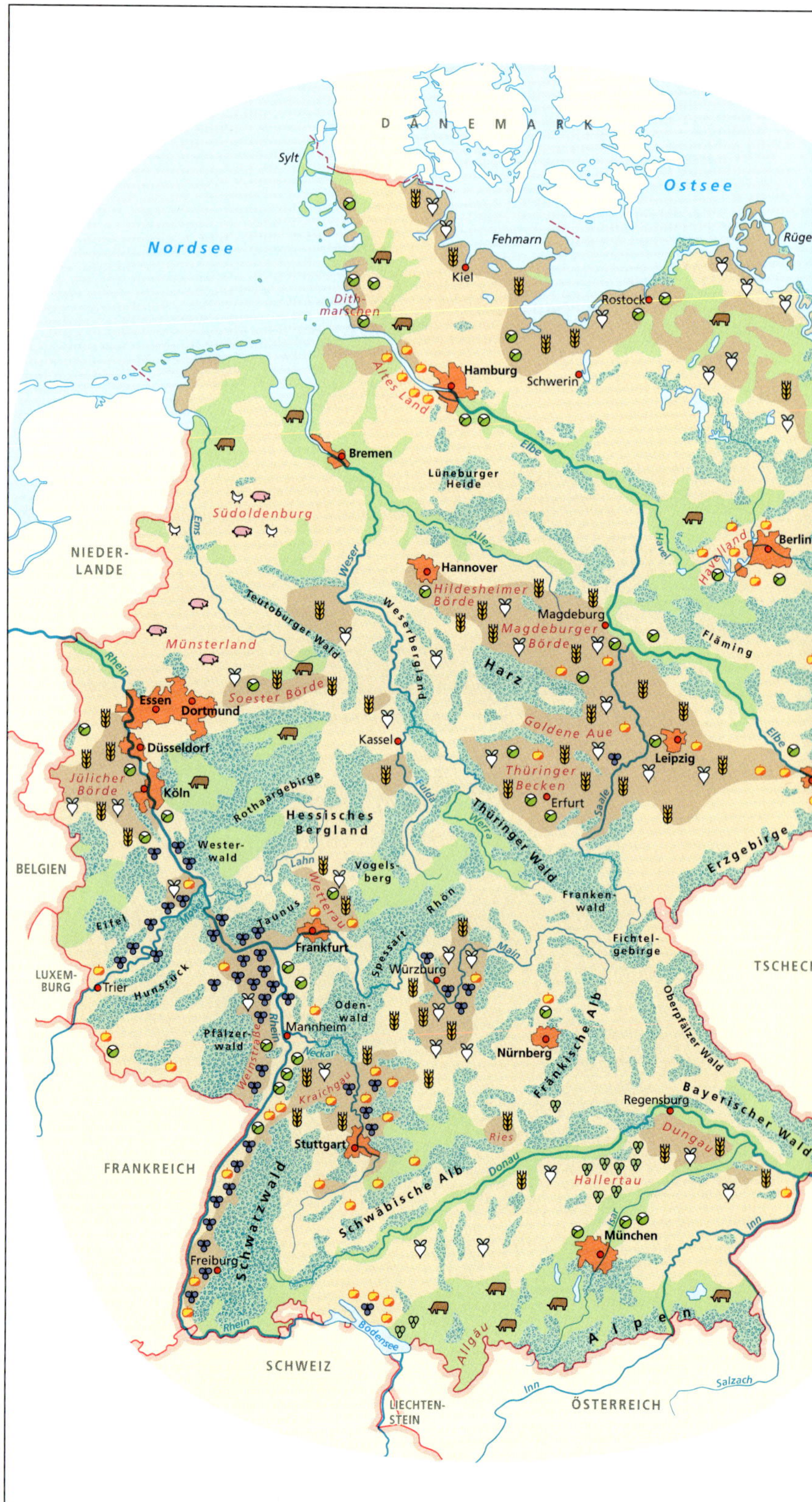

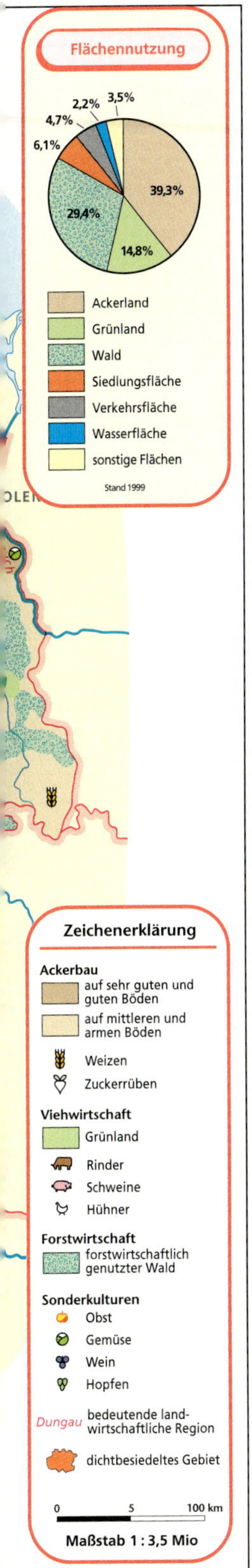

235.1 Apfelanbau im Alten Land

235.2 Zuckerrüben in der Börde

235.3 Weizen

Bodennutzung in Deutschland

Klima und Böden sind die wichtigsten Faktoren für die Möglichkeiten der Bodennutzung. Deutschland ist in dieser Hinsicht sehr unterschiedlich ausgestattet.

Auf den **Marschböden** an der Nordseeküste können anspruchsvolle Pflanzen wie Kohl und Weizen angebaut werden. Im *Alten Land* wird wegen des günstigen Klimas Obst in Sonderkulturen angebaut.
Die nassen älteren Marschböden eignen sich nicht zum Ackerbau, jedoch hervorragend zur Viehzucht.

Die **Moore** sind landwirtschaftlich kaum nutzbar. Allerdings gedeihen auf moorigen Böden Rhododendren und Azaleen besonders gut. Sie werden im *Ammerland* in Sonderkulturen angebaut.

Auf den **Sandböden** (z. B. in der *Lüneburger Heide und in Mecklenburg-Vorpommern*) gedeihen Kartoffeln besonders gut. Aber auch Sonderkulturen – wie der Spargel – finden hier beste Voraussetzungen.
Löß ist der beste Boden. Er bedeckt die *Börden*. Auf Lößböden gedeiht fast alles. Deshalb werden in den Börden Zuckerrüben und Weizen angebaut. Sie sind besonders anspruchsvolle Pflanzen.
Ähnlich günstige Voraussetzungen findet man im *Oberrheingraben*. Da dieser Raum zudem ein wärmeres Klima als das übrige Deutschland hat, können hier alle Früchte früher geerntet werden.
In vielen Flusstälern Süddeutschlands (*Rhein, Main, Neckar, Ahr, Nahe, Mosel*) wird wegen des warmen Klimas Wein angebaut.
In den höheren Regionen des *Mittelgebirges* und der Alpen ist es schon zu kalt für den Ackerbau. Hier herrschen Grünlandwirtschaft und Viehzucht vor.
An steileren Hängen und in noch größeren Höhen der *Gebirge* ist es zu rauh für den Ackerbau. Hier ist nur noch Wald- und Holzwirtschaft möglich.

1. a) Suche im Atlas die fruchtbarsten Gebiete Deutschlands.
   b) Wie heißen sie?
   c) Was wird dort angebaut?
2. Benenne die Gebiete, die hauptsächlich zur Viehzucht genutzt werden (Atlas).
3. Nenne Sonderkulturen und bestimme ihre Lage.

Trio-Lexikon

Abfallströme (S. 11)
Abgaben (S. 44)
Abgaben der Bauern an die Grundherren, z. B. festgelegte Steuern und Anteile an Ernteerträgen und Vieh.
Ablass (S. 38)
Ablasshandel (S. 39 f.)
Alpen (S. 212)
Alpenkonvention (S. 217)
Arbeitgeberverband (S. 161)
Zusammenschluss der Arbeitgeber in verschiedenen Organisationen auf Bundes- und Landesebene. Sie vertreten die Interessen der Unternehmer, besonders als Tarifparteien gegenüber den Gewerkschaften.
Arbeitervereine (S. 160)
Arbeitslosigkeit (S. 170)
Arbeitslosigkeit ist der Mangel an Beschäftigung für Arbeitsfähige und Arbeitswillige. Es gibt *saisonale Arbeitslosigkeit*, die, je nach Jahreszeit, bestimmte Berufe besonders betrifft (z. B. Bauhandwerker und Landwirte im Winter); *konjunkturelle Arbeitslosigkeit*, die in wirtschaftlichen Krisenzeiten auftreten kann (z. B. zu wenig Aufträge für die Wirtschaft); und *strukturelle Arbeitslosigkeit*, als Folge tiefgreifender Veränderungen in der Wirtschaft ist (z. B. Rückgang des Bergbaus).
Asyl (S. 174)
Ein Staat gewährt politisch verfolgten Ausländern Schutz vor Auslieferung oder Ausweisung. Das Asylrecht basiert auf dem Völkerrecht und dem innerstaatlichen Recht.
Asylbewerber (S. 174)
Augsburger Religionsfrieden (S. 48)
1555 wurden die Kämpfe der Konfessionen mit einem Friedensvertrag zwischen den Lutheranern und den Katholiken beendet. U. a. wurde den Landesherren das Recht eingeräumt, mit ihrer Konfessionszugehörigkeit das Glaubensbekenntnis ihrer Untertanen zu bestimmen.
Ausschuss (S. 204)
Bannbulle (S. 40)
Bannbulle ist eine kirchliche Urkunde, mit der ein Gläubiger aus der Gemeinde der Christen ausgestoßen wurde. Der Bann war die schärfste Strafe der Kirche gegen einen Christen. Durch Buße konnte der Gebannte die Aufhebung des Banns erreichen.
Bauernkrieg (S. 44 f.)
Bergbauern (S. 214)
Bibel (S. 41)
Bioland (S. 228)
Bezeichnung eines Anbauverbandes, dessen Mitglieder nach strengen ökologischen Grundsätzen produzieren. Weitere Verbände sind z. B. *Demeter, Füllhorn, Bio-Wertkost, Grünes Land.* Zur Vereinheitlichung wurde 2001 für alle ökologisch erzeugten Lebensmittel das 6-eckige Bio-Siegel geschaffen.
Bodennutzung in Deutschland (S. 234 f.)
Brandrodung (S. 122)
Eine Art, im tropischen Regenwald Felder anzulegen. Die Bäume werden gefällt und mit den anderen Pflanzen abgebrannt. Die Asche düngt den Boden.
Brokat (S. 54)
Kostbarer Seidenstoff, in dem dünne Fäden aus Silber und Gold eingewoben sind.
Bürger (S. 26)
Die Menschen, die in der Stadt lebten. Die Bürger waren persönlich frei. Wer länger als ein Jahr in der Stadt lebte, erhielt das Bürgerrecht. Ein Bürger musste Steuern zahlen und seine Stadt verteidigen.
Bürgeraktion (S. 202)
Bürgeraktionen oder Bürgerinitiativen sind Zusammenschlüsse gleichgesinnter Bürgerinnen und Bürger, um ein gemeinsames, meist zeitlich begrenztes, Interesse durchzusetzen. Sie kommen oft zustande, wenn Menschen meinen, dass ihre Interessen in Parlamenten nicht angemessen vertreten werden.
Bürgermeister/in (S. 204)
Bulle (siehe Bannbulle) (S. 46)
Daily Soaps (S. 82 f.)
Dampfmaschine (S. 151 f.)
Deponie (S. 14)
Ablageplatz für Abfälle aus Wirtschaft und Haushalten.
Diktatur (S. 145)
Unbeschränkte Herrschaft einer einzelnen Person. Der Diktator hat umfassende Macht.
Direktorium (S. 146)
Das Direktorium bestand aus fünf Mitgliedern. Jedes Jahr schied ein Mitglied aus, für das dann ein neues Mitglied gewählt wurde. Das Direktorium ist die oberste Regierungsbehörde Frankreichs gewesen.
Dreißigjähriger Krieg (S. 48 f.)
Dritte Welt (S. 65)
Bezeichnung für alle Länder, die weder den westlichen Industrieländern noch den (ehemals) kommunistischen Ländern zugerechnet werden. Die meisten Länder der Dritten Welt sind durch wirtschaftliche Not und Unterentwicklung gekennzeichnet (s. Entwicklungsländer).
Dritter Stand (S. 136)
Emigranten (S. 146)
Entwicklungsländer (S. 65)
Alle Länder, deren Einwohner ein Pro-Kopf-Einkommen von weniger als 500 US-Dollar im Jahr haben. Weitere Merkmale sind: ein hohes Bevölkerungswachstum, viele Analphabeten und eine mangelhafte Infrastruktur. Die meisten Entwicklungsländer waren früher Kolonien.
Erdrutsche (S. 217)
Erkundung (S. 16 f.)
Erster Stand (S. 136)

EU (S. 224)
Abkürzung für *Europäische Union*. Mit dem Vertrag von Maastricht wurde 1993 aus der EG die EU mit 15 Staaten (Stand 2001). Das Ziel ist eine dauerhafte politische Union in Frieden und Freiheit.
Evangelium (S. 41)
Fabriken (S. 156)
Fahrradkauf (S. 98)
Flüchtlinge (S. 173 f.)
Fraktion (S. 204)
Frondienst (S. 44, 135)
Arbeiten, die die Bauern ihrem Grundherrn unentgeltlich leisten mussten.
Gastarbeiter (S. 170)
Gemeinde (S. 198)
Die Gemeinde (auch Kommune) ist die unterste Entscheidungs- und Verwaltungseinrichtung im Staat. Sie umfasst eine oder mehrere Ortschaften. Die Entscheidungen fällt der Gemeinderat. Die Gemeindeverwaltung setzt diese um.
Gemeinderat (S. 200)
Generalstände (S. 137)
Versammlung der drei Stände in Frankreich, die in unregelmäßigen Abständen vom König einberufen wurde. Bedeutung erlangte die Versammlung dadurch, dass sie 1789 Ludwig XVI. einberief, damit sie ihm neue Steuern bewilligte.
Gewalt (S. 184)
Anwendung von körperlichem und seelischem Zwang gegenüber Menschen. Gewalt umfasst erstens die rohe, gewalttätige Einwirkung auf Personen. Zweitens umfasst sie das Durchsetzungsvermögen in Macht- und Herrschaftsbeziehungen.
Gewalt in der Familie (S. 187)
Gewalt, sexuelle (S. 192)
Gewalt und Medien (S. 188)
Gewalt und Fußball (S. 190)
Gewerbeansiedlung (S. 201)
Gemeinden weisen in ihrem Gebiet Gewerbeflächen aus. Dort können sich Betriebe niederlassen. Oft werden deshalb Gewerbegrundstücke besonders günstig angeboten. Die Gemeinde erhofft sich so neue Arbeitsplätze und Gewerbesteuereinnahmen.
Gewerbesteuern (S. 201)
Gewerbesteuern werden von örtlichen Betrieben an die Gemeinden entrichtet. Die Gewerbesteuer wird prozentual vom erwirtschafteten Betrag des Betriebes gezahlt. Die Höhe dieses Prozentsatzes (Hebesatz) wird von der jeweiligen Gemeinde festgelegt.
Gewerkschaft (S. 160 f.)
Vereinigung von organisierten Arbeitnehmern, um ihre sozialen und wirtschaftlichen Interessen gegenüber den Arbeitgebern durchzusetzen.
Grundherr (S. 44)
Eigentümer von Grund und Boden. Der Grundherr konnte entweder ein weltlicher Adliger, der Abt eines Klosters oder ein Bischof sein. Die Bauern bebauten das Land, dafür zahlten sie Abgaben und leisteten Frondienste.
Grundsteuern (S. 201)
Grundsteuern müssen für land- und forstwirtschaftliche Betriebe und für bebaute und unbebaute Grundstücke an die Gemeinde bezahlt werden. Ihre Höhe wird vom Finanzamt und von der Gemeinde gemeinsam bestimmt.
Gülle (S. 231)
Hacienda (S. 61)
Großes Landgut in Lateinamerika, dessen Besitzer Nachfahre der spanischen Eroberer war. Die Indianer waren die Arbeitskräfte (colonos) und erhielten eine kleine Parzelle Land für ihren Lebensunterhalt. Sie waren aber verpflichtet, bis zu fünf Tage in der Woche für den Grundbesitzer zu arbeiten. Die Landwirtschaft auf der Hacienda wird mit viel Arbeitsaufwand und wenig Kapitaleinsatz betrieben.
Haushalt (S. 201)
Hexenverfolgung (S. 46 f.)
Hooligans (S. 190)
„Hooligan"-Gruppen nutzen Fußballspiele oft als Anlass für „Randale" aus. Sie suchen die gewalttätige Konfrontation mit anderen Hooligans, aber auch mit Unbeteiligten bzw. mit Sicherheitskräften.
Indizieren (S. 188)
Computerspiele oder Filme werden indiziert, d. h. sie werden auf die Liste verbotener Filme oder Computerspiele gesetzt. Dies geschieht, weil z. B. zu viele gewalttätige Szenen enthalten sind.
Industriegebiet (S. 154 f.)
Industrieländer (S. 65)
Hoch entwickelte Staaten mit einem Pro-Kopf-Einkommen von über 15 000 US-Dollar im Jahr. Die Industrieproduktion ist das kennzeichnende Merkmal dieser Länder. Viele waren früher Kolonialmächte.
Intensivierung der Landwirtschaft (S. 225)
Internet (S. 84 f.)
Kandidat (S. 204)
Kinderarbeit (S. 158)
Kinderschutzgesetz (S. 162)
Kleidung (S. 90)
Klima (S. 120)
Der typische durchschnittliche Verlauf des Wetters in einem Gebiet innerhalb eines Jahres. Es werden in langen Beobachtungsreihen (mindestens 30 Jahre) Mittel- und Häufigkeitswerte ermittelt, z. B. von Temperaturen und Niederschlägen. Weitere Faktoren, die das Klima beeinflussen können, sind u. a. die Höhenlage eines Ortes und seine Entfernung zum Meer.

Koalition (S. 204)
Kohlenkrise (S. 164)
Kolonien (S. 62)
Auswärtiger Landbesitz eines Staates, der als Kolonialmacht die direkte Herrschaft über die Bevölkerung ausübt. Kolonien wurden seit dem 16. Jahrhundert erworben oder erobert. Vor allem Afrika, aber auch Asien waren bis in das 20. Jahrhundert hinein in Kolonien aufgeteilt. Die bedeutenden Kolonialmächte in Afrika waren Belgien, Großbritannien, Frankreich und Deutschland.
Konsum (S. 88)
Kreisdiagramm (S. 163)
Kurfürsten (S. 43)
Im Deutschen Reich waren bei der Königswahl nur sieben Kurfürsten wahlberechtigt. Diese Kurfürsten hatten großen Einfluss auf die Politik des Reiches.
Lageskizze (S. 12)
Lava (S. 108)
Glutflüssiger Gesteinsbrei, der aus einem Vulkan strömt oder ausgestoßen wird. Die Lava erkaltet nach dem Austreten und erstarrt. Solange er sich im Erdinnern befindet, wird der Gesteinsbrei Magma genannt.
Lawinen (S. 217)
Leibeigenschaft (S. 44)
Liga (S. 48)
Luther (S. 39 ff.)
Magma (S. 104)
Glutflüssige Gesteinsschmelze im Erdmantel und in der unteren Erdkruste. Das Magma setzt sich aus flüssigen und gasförmigen Bestandteilen zusammen und hat je nach Beschaffenheit eine Temperatur von ca. 750 °C bis 1300 °C.
Manipulation (S. 78 f.)
Massenmedien (siehe Medien) (S. 72 ff.)
Massentierhaltung (S. 230, 232 f.)
Mechanisierung der Landwirtschaft (S. 225)
Medien (S. 72 ff.)
Auch Massenmedien: Alle Vermittler von Unterhaltung, Nachrichten und Wissen, die ein großes Publikum erreichen, z. B. Fernsehen, Zeitungen und Illustrierte.
Medienanalyse (S. 189)
Mirabeau (S. 131)
Mode (S. 91)
Müll (S. 11)
Multimedia (S. 84)
Zusammenwirken verschiedener Medientypen (Texte, Bilder, Grafiken, Ton, Animationen, Videoclips) in einem System.
ökologische Landwirtschaft (S. 228 f.)
Ökosystem (S. 126, 217)
Wirkungsgefüge zwischen allen Organismen und Stoffen eines Lebensraumes und der Umwelt. Bei Störungen oder Überlastung besteht die Gefahr, dass das Ökosystem kippt oder völlig zerstört wird.
Opposition (S. 204)
Patrizier (S. 28)
Plantagen (S. 62)
Große landwirtschaftliche Güter, hauptsächlich in den Tropen (Lateinamerika, Asien). Dort wird überwiegend nur ein Produkt, z. B. Bananen, Kaffee, angebaut.
Prager Fenstersturz (S. 48)
Pranger (S. 23)
Private Fernsehsender (S. 78)
Fernsehsender wie RTL oder Pro 7, die privaten Eigentümern gehören. Im Gegensatz zu ARD und ZDF finanzieren sie sich ausschließlich aus Werbeeinnahmen.
Rat (S. 30)
Im Mittelalter die Selbstregierung der Stadt. An der Spitze stand der Bürgermeister. Der Rat entschied über alle Angelegenheiten der Stadt. Er bestimmte, wofür die Steuereinnahmen ausgegeben werden sollten. Ratsmitglieder waren meist reiche Kaufleute, später auch Handwerker. Das Amt war ein Ehrenamt ohne Bezahlung.
Ratsfrau, Ratsherr (S. 204)
Ratsvorsitzender (S. 204)
Rechte Gewalt (S. 178)
Rechtsextrem (S. 178)
Als rechtsextrem werden Meinungen, Personen, Gruppen oder Handlungen bezeichnet, die in feindseliger Absicht Menschen anderer Nationen, Herkunft, Kultur und Hautfarbe verachten, bedrohen und angreifen.
Recycling-Papier (S. 15)
Reformation (S. 40 ff.)
Die Lehre Martin Luthers und seine Kritik an den Missständen in der Kirche führten zu einer Spaltung. Neben der katholischen Kirche unter der Leitung des Papstes entstand die evangelische Kirche.
Reichsacht (S. 40)
Die schwerste Strafe im Mittelalter. Sie wurde vom König oder einem von ihm beauftragten Richter verhängt. Der Geächtete war aus der Gemeinschaft ausgestoßen und durfte von jedem getötet werden. Er war „vogelfrei". Niemand durfte ihn beherbergen, zu essen geben oder sonstwie helfen.
Reichsstände (S. 43)
Kurfürsten, Fürsten, Herren und Reichsstädte im Deutschen Reich. Sie vertraten ihre Interessen auf dem Reichstag gegenüber dem Kaiser.
Reichstag (S. 43)
Richterskala (S. 102)
Messskala, die die Stärke der Erschütterung bei einem Erdbeben angibt. Die Maßeinteilung ist nach dem Amerikaner Charles Richter benannt, der sie entwickelte. Sie ist „nach oben offen". Erdbeben mit der Stärke 1 oder 2 sind kaum zu spüren. Bei einem Wert von 7 oder darüber spricht man von Beben, die zur Katastrophe führen. Der höchste bisher beobachtete Wert betrug 8,6.
Robespierre (S. 144)

Rollenspiel (S. 97, 218)
Sickerwasser (S. 14)
Dies ist im Boden versickerndes Wasser der Erdoberfläche (Regen, Schnee, Gewässer) das das Grundwasser bildet. Durch verschmutztes Sickerwasser (z. B. durch Öl, chemische Abfälle) kann es zu langfristigen Schädigungen des Grundwassers kommen.
Skinheads (S. 191)
Eine auffällige Gruppe gewaltbereiter Jugendlicher. Sie werden vor allem wegen ihrer Frisur (Glatze, kurzgeschorene Haare), aber auch aufgrund ihrer Kleidung (Bomberjacke, Doc-Martens-Stiefel) und ihres Auftretens, pauschal als Skinheads bezeichnet. Das typische Skinheadoutfit ist allerdings weit über die eigentliche Szene hinaus verbreitet.
Soziale Frage (S. 159 f.)
Schlagwort für die Auswirkungen der Industrialisierung im 19. Jahrhundert. Der Begriff bezieht sich auf die Lebens- und Arbeitsbedingungen der Lohnabhängigen („Arbeiterfrage") und der verschiedenen Versuche, die Lage der Arbeiter zu verbessern.
Sozialhilfe (S. 201)
Sozialhilfe ist Hilfe zum Lebensunterhalt in Notlagen für Familien und Einzelpersonen. Sie wird gezahlt, wenn andere Maßnahmen, wie Arbeitslosengeld oder Rente, nicht oder nicht ausreichend zur Verfügung stehen. Zur Zahlung von Sozialhilfe sind Gemeinden auf Grund des Sozialhilfegesetzes verpflichtet.
Standortbedingungen (S. 154)
Hierzu zählt man u. a. das Angebot an Arbeitskräften und das Lohnniveau, das Vorhandensein von Rohstoffen und die Entfernung zum Absatzmarkt, die Energieversorgung und die Verkehrsanbindung. Aufgrund der Bewertung der Standortbedingungen (auch „Standortfaktoren") trifft ein Unternehmen die Entscheidung über seine Ansiedlung.
Stadt (S. 22 ff.)
Im Mittelalter Ansiedlung, die durch Mauern befestigt war. Städte hatten vom Stadtherren, einem Adligen oder Bischof, oftmals besondere Rechte verliehen bekommen. Sie durften Steuern erheben und Märkte abhalten. Städte verfügten zumeist über eine eigene Gerichtsbarkeit.
Stadtrat (S. 200)
Stiftung Warentest (S. 99)
Streik (S. 160)
Tageszeitenklima (S. 118)
Klima, das besonders durch Schwankungen wichtiger Klimaelemente im Tagesverlauf gekennzeichnet ist, wie z. B. die Temperatur. Die Tagesschwankungen sind größer als die jahreszeitlichen Schwankungen. Das Tageszeitenklima kommt vor allem in der tropischen Zone vor.
Tarifvertrag (S. 161)
Taschengeld (S. 88, 94)
Touristenort (S. 215)
Umweltprobleme (S. 9)
Sie entstehen durch die Auswirkungen von Schadstoffen auf Natur und Umwelt, die z. B. durch Autoabgase, Fabrikschornsteine oder Abwässer in die Luft, das Wasser oder in den Boden gelangen können. Des Weiteren entstehen Umweltprobleme durch Verbauung von Natur und Landschaft.
Union (S. 48)
Urlaub (S. 210 f.)
Urlaubsziele (S. 220)
Verfassung (S. 138)
Gesetzliche Grundordnung eines Staates. Die Verfassung der Bundesrepublik Deutschland ist das Grundgesetz.
Wahl (S. 204)
Wahlberechtigung (S. 204)
Wählbarkeit (S. 204)
Wandzeitung (S. 18 f.)
Werbemethoden (S. 92)
Werbung (S. 75 f., 78, 93)
Wanderfeldbau (S. 124)
Landwirtschaftliche Nutzungsform in der tropischen Zone. Die Felder werden aufgegeben, wenn der Boden ausgelaugt ist. Durch Brandrodung werden dann neue Flächen für die landwirtschaftliche Nutzung gewonnen. Der tropische Regenwald überwuchert die verlassenen Felder bald wieder.
Weltwirtschaft (S. 65)
Die ganze Welt umspannenden wirtschaftlichen Aktivitäten wie z. B. Handel, Produktion oder Geldgeschäfte.
Westfälischer Frieden (S. 48)
Mirabeau (S. 138)
Leibeigenschaft (S. 140)
Ruhrgebiet (S. 154, 164 f.)
Versiegelung (S. 111)
Alle Maßnahmen, die dazu führen, dass Regenwasser nicht mehr im Boden versickern kann, z. B. Straßenbau, Pflasterung von Höfen und Wegen, Bebauung. Der Boden wird dadurch an der Oberfläche abgedichtet (versiegelt). Das Wasser fließt dann direkt oder über die Kanalisation in die Gewässer.
Zweiter Stand (S. 136)
Zuckerquote (S. 224)
Zunft (S. 26)

Bildnachweis

Aerophoto-Demuss, Pattensen: 6.1, 7.1
Amnesty International, Bonn: 172.2
Archiv für Kunst und Geschichte, Berlin: 38.1, 40.1, 41.1, 42.1, 46.1, 55, 132/133, 136.1, 136.2, 138, 141.1, 144, 145.1, 145.2, 156.1, 159.1
Archiv Mehrl., Maintal: 114.1
ARGUS-Foto, Hamburg: 71.2
Artothek, Weilheim: Umschlag links oben
Associated Press, Frankfurt: 71.1, 216.4
AXA, Köln: 76.1
Bavaria, Gauting: 215.2
M. Bax, Hannover: 88.1, 97
Bibliothèque Nationale, Paris: 140.2
Bildarchiv Foto Marburg, Marburg: 45.2
Bildarchiv Preußischer Kulturbesitz, Berlin: 28.1, 30.1, 65.1, 162.1
Bongartz Sportfotografie GmbH, Hamburg: 190.1, 2, 3
Bundesanstalt für Arbeit, Bonn: 170
Bundesanstalt Technisches Hilfswerk, Bonn: 103.2
Bundesministerium f. wirtschaftl. Zusammenarbeit u. Entwicklung, Bonn: 122.2
Busching, Ludwigshafen: 222
BzgA, Köln: 186.3, 186.5
Aus „La Renaissance", p. 8 Castermann S. A., Tournai: 134.1
Cartoon-Caricatur-Contor, München: 80.2,115.2,178.1,181.1
Cinetext, Frankfurt: 83
Claas, Harsewinkel: 230.1
DDB, Berlin: 76.2
D. Deiseroth, Niederaula: 77.1, 200.2
Deutsches Historisches Museum, Berlin: 41.1
Deutsches Museum, München: 151.2, 152.1
Aus: Illustrierte Geschichte der deutschen frühbürgerlichen Revolution. Berlin: Dietz 1974: 39.1
DKSB Bundesarbeitsgemeinschaft Kinder- u Jugendtelefon e.V.: Wuppertal: 193
dpa, Frankfurt: 50.2, 52/53, 102.1, 107.1, 110.2, 111.2, 122.1, 125.1, 13147, 172.1, 172.4, 172.5, 176.1, 177, 178.1, 181.1, 216.2, 232.1, 232.2
Edition Schwarz Weiss, Spröda: 36/37
D. Ehlers, Hannover: 186.4
M. J. Fabian, Hannover: 15.2, 15,4, 16.1, 16.2, 25.1, 64.1, 76.3, 82, 85.1, 86/87, 106.2, 188.1, 193, 198.4, 211, 216.3, 220.1, 224
J. A. Fischer, Hannover: 15.4: 186.1, 186.2, 186.6, 186.7
Focus, Hamburg: 78
H. Frühsorge, Wunstorf: 80.1, 182, 183, 184.6, 185.2, 194.1, 194.2, 194.3, 200.1
Fürstl. Waldburg, Zeil'sches Gesamtarchiv, Leutkirch: 45.1
Garsten u. Partner GmbH, Frankfurt: 93.2
Giraudon, Paris : 132/133
Giraudon, Vanves: 143.1, 146.1
M. Gollon, Herxheim: 167.2
Greenpeace Magazin, Hamburg: 173
Grey worldwide, Düsseldorf: 93.1

Härle, Wangen: 126.4
Helga Lade Fotoagentur, Frankfurt: 100.1
Hexenbürgermeisterhaus, Städtisches Museum, Lemgo: 47.1
Hutegger, Rohrmoos/Österr.: 214.1, 214.2, 215.1
P. Jöckel, Bottrop: 15.1
Aus, Franz-Josef Kaiser, Jugend und Konsum, Launhardt-Verlag, Bad Heilbrunn 1985, S. 65: 89
U. Köcher, Hannover: 147.1
Kommunalverband Ruhrgebiet, Essen: 164.1, 165.1
Landesarchiv Berlin, Berlin: 157.2
Mägdefrau, Lauf: 124.1
Media und Mehr Werbung GmbH, Jesteburg: 221.1, 221.2
Meinel, München: 212.1, 216.5, 220.2
H. Mertins, Vollbüttel: 109.1-3, 112.1, 112.2
G. Mester, Wiesbaden: 115.1, 175.1
Nieders. Umweltministerium, Hannover: 10.3
NOAA,Vancouver: 106.1
E. Pflüger, Springe: 222.1, 224.1, 224.2, 225.1, 226.2, 226.3, 228.1, 229.1, 229.2, 229.3, 229.4, 234.1, 234.2, 234.3, 235.1, 235.2, 235.3
Photo Selection, Hamburg: 78
Phototèque des Musées nationaux, Paris: 142.1
Photo- und Presseagentur Focus, Hamburg: 78
Preussischer Kulturbesitz, Berlin: 139, 162.1
Pressefotos Droese, Langenhagen: 197
PRO ASYL, Frankfurt: 174
Rabenverlag von Wittern KG, München: 9.1, 9.2, 9.3
S. Rautmann, Emden: 24.1, 24.2
Sauerländer Verlag, Frankfurt: 20/21, 32.1, 34.1, 35.1, 35.2
Schlicksbier, Donaustauf: 101.2
Schmidtke, Melsdorf: 65.2, 67.1, 67.2, 108.2
Spiegel Spezial 3/1999: 70
Spolvint, Hannover: 179.1
Stern.de GmbH, Hamburg: 79
Stiftung museum kunst palast, Düsseldorf: 49
Stiftung Warentest, test 5/2001: 99
SV Bilderdienst, München: 66.1
Oso Foto, Venedig: 58.1, 58.2
THW, Bonn: 103.1
UNICEF Deutschland, Köln: 172.4
United Features Comp./Charles M. Schulz: 70
D. Vorrath, Oldenburg: 12.1, 12.3, 13.1, 13.2, 18.1
Volkswagenwerk AG, Wolfsburg: 148/149
Weber-Kellermann, Die Familie, Insel-Verlag, Frankfurt 1961, S. 176: 156.2
H. Wessel-Schulze, Hemmingen: 8, 12.2, 13.3, 14.1, 14.2, 166, 186.8, 198.1, 198.3, 198.4
Wilczek, München/Noé von Atzingen: 123.2

Grafiken- und Kartenquellenverzeichnis:
FRD, Berlin: 54.1, 62.2, 102.3, 105.1, 116, 213.1
Heidolph, Kottgeisering: 22.3, 27.3, 104.1, 163.1, 163.2, 205, 211.1, 211.3, 225.2, 231.2